本书系教育部人文社会科学研究一般项目
"纳米技术的风险与伦理问题研究"（10YJA720020）最终成果

本书系西南民族大学哲学博士点建设项目系列专著

纳米技术的伦理审视：

基于风险与责任的视角

刘松涛 著

中国社会科学出版社

图书在版编目（CIP）数据

纳米技术的伦理审视：基于风险与责任的视角/刘松涛著.—北京：
中国社会科学出版社，2016.6
ISBN 978-7-5161-8374-8

Ⅰ.①纳… Ⅱ.①刘… Ⅲ.①纳米技术—伦理学—研究
Ⅳ.①B82-057②TB383

中国版本图书馆 CIP 数据核字（2016）第 134039 号

出 版 人	赵剑英
责任编辑	田　文
特约编辑	徐　申
责任校对	古　月
责任印制	王　超

出　　　版	中国社会科学出版社
社　　　址	北京鼓楼西大街甲 158 号
邮　　　编	100720
网　　　址	http://www.csspw.cn
发 行 部	010-84083685
门 市 部	010-84029450
经　　　销	新华书店及其他书店

印刷装订	三河市君旺印务有限公司
版　　次	2016 年 6 月第 1 版
印　　次	2016 年 6 月第 1 次印刷

开　　本	710×1000　1/16
印　　张	15.25
插　　页	2
字　　数	258 千字
定　　价	58.00 元

目　录

第一章　高技术风险及其伦理规约

随着科学与技术关系的变化，基于科学革命的技术发展，已经进入高技术形态。高风险是高技术的内在要素和突出特征，它对人类当下生活和未来发展有着不可估量的影响，越来越为人们所重视，与之相关的伦理道德问题也引起了学术界的广泛关注。本章旨在探讨高技术风险的本质、高技术风险的放大机制及其与风险社会的关系，并在此基础上进一步揭示高技术的价值负载和伦理挑战，提出"不伤害"是应对高技术风险的伦理底线，倡导建设责任共担的风险文化，以期为纳米技术的伦理问题研究奠定理论基础。

第一节　高技术风险与风险社会

一　高技术风险是人类面临的一个重大而紧迫的现实问题

在科学技术哲学中，人们对科学与技术有着比较严格的区分。就最一般的意义上讲，科学主要是一种认识活动，其目的在求真，即获得关于研究对象的客观知识，是对研究对象的观念性把握；而技术则主要是一种实践活动，目的在于变革对象物，其结果是得到某种合意的人造物。就历史存在来说，技术先于科学，技术经验乃是科学知识萌芽的基础，但科学与技术的发展还是相对独立。"前技术"或者"前现代技术"，其物化形态为手工工具，其软件是操作这些手工工具的技艺，即 technique, skill, art 等，是熟能生巧甚至出神入化的"手艺"，富有美学意味和个性色彩。正如陈尧咨的百步穿杨之术与卖油翁的沥油之术，其知识含量很低，但随着技术主体经验的积累，某些机械性的技术动作可以达到"炉火纯青"的地步，究其本质则是熟能生巧。总体上说，"前现代技术"水平高低主要取决于技术主体的经验积累，而不在于工具本身。

机器的出现是现代技术诞生的标志。海德格尔把机器出现之后的技术称为现代技术，"都是这样或那样与真正意义上的科学建立了某种联系的、由于自觉地运用了自然科学原理才成为可能的技术，即 technology"。①第一次科学革命，始于哥白尼的"日心说"，集大成于牛顿的万有引力理论，而第一次技术革命则以瓦特对蒸汽机的改进为标志，主要还是依靠一线的技术工匠完成，科学与技术尚未发生密切关联。但是，到第二次科学革命与技术革命之时，科学与技术之关系发生了重大变化，技术革命以科学革命所取得的理论突破为基础，突出表现为技术是理论的直接或者间接应用。作为第二次技术革命主要标志的内燃机、电动机和发电机，如果没有热力学、电磁学的指导，是根本不可能设计出来的，更不用说第三次技术革命中的原子能、计算机和空间技术。正是在这种意义上，我们可以说，中国古代的能工巧匠完全可以凭借其经验积累而制造出蒸汽机，但决不可能制造出一台现代意义上的计算机或者发电机。至此，科学对技术的渗透日益深刻，技术对科学的支撑日益重要，科学与技术发展日益呈现出一体化特征。

20 世纪 70 年代以后，科学与技术结合日益紧密，科学与技术之间的界线日益模糊，特别是在科学与技术前沿，很难再把二者做出明确区分，人们往往把科学与技术合称为科学技术，或者简称为科技。把科学研究前沿理论及其技术成果称为高科技，若侧重从技术一方说，则可以称之为高技术。

学术界对"高技术"概念进行了较为深入的讨论。王滨教授认为，高技术（High‑Tech）一词最早出现在美国，美国经济学界 1971 年出版的《技术与国际贸易》中首次使用了"高技术"一词。总体上可以从三个角度理解高技术：一是从社会和经济角度，立足于技术的物化形态或者载体，认为高技术是对知识密集、技术密集的一类产品、产业或者企业的通称。日本学者还认为，高技术是以当代尖端技术为基础建立起来的技术群。二是从技术角度，立足于最新科学理论与技术之关系，认为高技术是在较高技术水平上或者最新科学成就的基础上发展起来的，它标志着高技术本身的水平是高层次的、新兴的、前沿的甚至是尖端的。三是从时空角

---

① 肖峰：《高技术时代的人文忧患》，江苏人民出版社 2002 年版，第 9 页。

度，认为高技术是个具有时空特性的动态概念，即不同时代具有不同的高技术，而高技术更新换代快，生命周期短，使高技术处于不断地生成与消亡中。①

　　陈昌曙教授通过比较高技术与高水平技术，提出"知识密集度高是构成高技术的基本条件"。他认为，高技术不同于高水平技术，如刺绣、微雕、体操等高水平技术从来就有，而高技术不是从来就有的，高技术是在历史发展到可能出现知识密集的情况下才出现的。②的确，从科学知识的大量生产及其在技术上的运用这一角度看，技术要达到知识密集度高从而呈现为高技术，在时间上应该是第二次科技革命以后的事情。

　　综上所述，可以把高技术界定为"人类在利用自然、改造自然的劳动过程中所掌握的建立在现代科学理论基础上、知识密集度较高的各种活动方式的总和"。③ 也可以说，它是以最新科学成就为基础、主导社会生产力发展方向的知识密集型技术，是基于最新科学发现和创新产生的高水平技术。那么，基于当代科技革命所产生的高技术包括哪些内容呢？比较一致的看法是，它是由信息技术、生物技术、新材料技术、新能源技术、激光技术、海洋技术、空间技术等组成的一个技术群。童天湘教授则突出了高技术的科学基础，将其概括为以下十项技术：微电子科学和电子信息技术、空间科学和航空航天技术、光电子科学和光机电一体化技术、生命科学和生物工程技术、材料科学和新材料技术、能源科学和新能源及高效节能技术、生态科学和环境保护技术、地球科学和海洋工程技术、基本物质科学和辐射技术、医药科学和生物医学工程等。④

　　现代社会是以技术为支撑的技术化社会，人类生产生活一刻也离不开技术，人的生存已经是一种"技术化生存"。可以说，技术作为现代人的一种生存境遇，就像水之于鱼，空气之于鸟一般，不可稍离须臾。正是技术上的一次又一次突破，带来了一次又一次的产业革命和生产生活方式的变化，使人类步入现代文明。文明的发展史，也是技术的变迁史，技术是内在于文明本身的。也正是在这种意义上，我们可以根据技术发展情况，把人类文明划分为石器时代、青铜器时代、铁器时代、蒸汽机时代、电气

---

① 参见王滨《科技革命与社会发展》，同济大学出版社 2003 年版，第 113—114 页。
② 参见陈昌曙《技术哲学引论》，科学出版社 1999 年版，第 108—109 页。
③ 赵迎欢：《高技术伦理学》，东北大学出版社 2005 年版，第 8 页。
④ 参见肖峰《高技术时代的人文忧患》，江苏人民出版社 2002 年版，第 2—3 页。

时代、原子时代、信息时代等不同的形态。不同时代的人之间的差别，以其依托的技术形态不同而相互区别开来。

现代高技术不仅已经给人类带来了巨大的福利，还给人类描绘了似乎触手可及的美好未来——清新的空气、清洁的水源、充足的食物，便捷的交通、不竭的能源、发达的通信，等等。既有的技术历史表明，一切问题最终都只是时间问题，随着技术的不断进步，昨天的梦想都可以变为现实，昨天的问题都可能得到解决，没有什么是不可能的。然而，20 世纪中后叶以来与科技有关的几件大事，促使人们认识到——科技使人类物质富足而风险增加。这几件大事主要包括第一颗原子弹在广岛爆炸、1945年对纳粹战犯医生的纽伦堡审判、50 年代末出现的"寂静的春天"。核技术既可以建造核电站，也可以生产原子弹；医学既可以救死扶伤，也可以用于战争与谋杀；化学合成物既可杀死害虫，也可污染环境。这些大事使科学家和公众不得不关注和思考科学研究的社会后果、应用这些研究成果对社会、人类和生态等的影响，这些反思甚至触及科学技术本身的目的、意义和价值。爱因斯坦因制止法西斯惨无人道的血腥屠杀和疯狂战争而建议研制原子弹，又因原子弹被用于屠杀无辜平民而为世界和平奔走呼号。70 年代初，基因重组技术取得重大突破。然而，作为基因重组技术的开创者之一，美国斯坦福大学的 P. 伯格教授因为意识到该技术有可能造成难以预料的后果而毅然决定暂停实验，并说服一些著名科学家共同公开呼吁要高度重视重组 DNA 的"潜在生物危险"，并自愿推迟某些实验。①

"技术化生存"也同时意味着，人对技术的依赖程度越高，技术特别是高技术给人带来的负面影响越大，对人类的可能伤害也越严重。工业革命初期所造成的肮脏环境还仅限于厂房内和工厂区，而以现代技术为基础的大工业所造成的环境污染，已经扩大到地球上任何一个角落，DDT 污染到南极企鹅，核爆炸产生的放射性物质对生活在北极的爱斯基摩人也产生了毒害。人类生活在地球磁场中，然而现代技术创造的许多人工磁场，比地球磁场要强得多。不同强度的磁场的生物效应差别很大，强磁场会损害人体健康。研究发现，过强磁场能引起头晕、嗜睡等副作用，而长期暴露在强磁场中，则可能引起中枢神经系统机能衰退和激素失调。随着现代

---

① 邱仁宗：《科学技术伦理学的若干概念问题》，《自然辩证法研究》1991 年第 11 期，第14—22 页。

通信技术的发展，电磁波无处不在，并成为现代化的重要标志之一。然而，电磁波也造成了广泛的电磁辐射污染，被联合国环境会议列为"造成公害的主要污染"之一。当人体承受超量的电磁波时，会导致头晕、恶心、工作效率下降、记忆力减退等病状，当人体暴露在 $100mW/cm^2$ 以上的功率密度中时，就会产生明显的病理不可逆变化。城市是综合运用现代技术而形成的复杂人工巨系统，也是现代化的重要标志。随着人口在特定有限空间的集中，使城市能耗与能量交换发生重大改变，市区温度明显高于郊区，形成"热岛"效应，再加上辐射与烟尘作用，极易形成雾、雨和阴天，不利于城市居民的身体健康。随着化学和化学合成技术的发展，新化学药品弥补了天然药物的不足，对人类健康事业作出了重要贡献。然而，正如中医所说，"是药三分毒"。化学药物的毒副作用更是给人类健康带来了巨大的风险与危害。从化学和生理学的角度看，人体犹如一座复杂的化工厂，人体本身的化学物质和摄入体内的化学物质都会参与人体的生化反应，反应过程及其产物会对人体产生什么样的结果，很难一时弄清楚。尽管合格的药物都以动物试验和临床试验为基础有比较详细的关于"药物相互作用"、"药理毒性"、"不良反应"等的说明，但不可否认的事实是，任何新药的这些根据都是相当有限的，并不能排除其潜在的风险。在 20 世纪 60 年代，沙利度胺（反应汀）曾经广泛地用于治疗孕妇的妊娠反应，且毒性很低；但随后临床发现，这种镇静效果很好的药物，却对胚胎具有很强的致畸作用。阿司匹林是很好的镇痛、抗风湿和退烧剂，但服用过量或者成为习惯，会引起胃肠和其他器官出血。

化工技术和化学工业的发展，许多剧毒、难分解的化学物质源源不断地涌入环境，使环境质量变得越来越差，使现代人类从胚胎到死亡的全过程，都处于有毒化学物质的包围之中。而与环境污染有关的心血管疾病、癌症、职业病等已经取代了生物性和营养性疾病，使人类疾病病谱发生了重大变化。其中，与环境有关的疾病变化中，被医学界称之为"变态反应性疾病"的过敏症的发病率攀升表现得尤为突出，而主要的致敏原就是人工制造的化学物质。由于个人体质和对各种物质的敏感性相差极大，对过敏症很难进行有效防治。可以说，在大量化学合成物涌入的环境中，每个人都处于过敏症的风险之中。据估计，20 世纪 50—60 年代只有 1% 左右的人患过敏性疾病，而近些年可能有 10% 左右的成年人和 20% 的儿童患此类疾病。以合成塑料、合成纤维和合成橡胶为代表的石化产品，在发达国家的使用已经到了无可替代的程度，可以说，没有这些产品，就没有现代化的繁荣富足生活。在塑料加工中，为了改进其性能和满足特殊需求，往往要加入增塑剂、润滑剂、安定剂、着色剂、抗氧化剂、紫外线吸收剂、防静电剂等添加剂，使塑料成分复杂程度大大增加，更为重要的是，这些添加剂大多为低分子类物质，容易在使用过程中蒸发或者逸出，从而威胁使用者健康，污染环境。1970 年，美军越南战争野战医院在抢救受伤士兵时发现，接受输血治疗的士兵不久就出现呼吸困难、缺氧、血压下降以致休克死亡的现象。经过犬类试验和仔细分析，证实这是由于作为输血袋的聚乙烯中的增塑剂酞酸酯与血液中的血小板有很强的亲和性，二者结合形成微小凝聚体，含有这种微小凝聚体的血液输入体内，会形成微小的血栓塞，从而导致输血士兵出现上述临床症状甚至死亡。合成纤维已经在很大程度上代替了棉布成为主要的服装原料之一。从 20 世纪 60 年代中期开始，就有关于合成纤维服装引起湿疹、皮肤瘙痒、头晕、支气管炎等疾病的报告。据研究，这些疾病主要是由纤维中化学物质离解产物所引起的。

绝大多数化学物质不仅污染环境，降低当代人的生活质量和威胁当代人的生命健康，而且还有很强的致畸和致突变作用，通过遗传危害子孙后代。需要明确的是，对于人类物种稳定性和功能完善性而言，环境中的致突变物导致有益基因突变的概率很小，而带来疾病或者其他不良后果的可能性却很大。在目前的环境中，已经确证具有致癌危险的物质有近 30 种，列为有致癌危险的有几百种，怀疑有致癌危险的达上千种。实验发现，化学物质的致癌性与致突变性有着形式上的一致性，绝大多数致癌物以及绝大多数化学致突变物都是强亲电子反应物。有机体受到某些致癌物作用时，细胞就会受到相应的刺激，这种刺激强度较大或者时间较长，就可能引起染色体畸变成基因突变。这种作用如果作用于胚胎，就可能引起胚胎畸形或者增加胎儿的癌症风险。近年来，对甲基亚硝基脲等化学物质的动物试验表明，化学致癌物不仅可以引起子代肿瘤高发，而且可能危及第三代、第四代。

人口激增对食物数量和品质的需求，刺激食品科学和食品工程得到了长足发展。可以说，没有食品化学化，人类就不可能解决温饱问题，更不要说吃得色、香、味俱全。然而，食品保鲜剂、防腐剂、添加剂等又使食物变得不再安全。实践证明，它们中的多数都有一定的毒性，过多地摄入，会在体内积累，甚至产生致癌、致畸等伤害。过量摄入防腐剂水杨酸，可引起中枢神经麻痹，甚至造成死亡；用于柠檬和橘子防腐的联二苯，对心、肝、肾等均有慢性损伤；用于肉类发色保鲜的亚硝酸盐和硝酸盐，是生成强致癌物质亚硝胺的前体。此外，由于农作物栽培过程中的农药、空气、水体和土壤污染，加上从原料到生产、运输过程中的各种保鲜防腐，最终必然造成食物污染。①

在以往的以机器为代表的技术体系中，人的身体是整个体系的出发点或者操纵的基点，机器是人体器官的延伸和功能上的强化。而在当代高技术中，技术直指人本身，身体成了技术塑造的对象和加工改造的材料，我们不仅在改造生物体的结构和功能，而且已经在重新设计生物和我们自己的身体。计算机和生物技术的结合，还可以出现像哈拉维等人所说的 Cyborg、Bioberg 这样的混合体，或者更抽象地说，当代高技术在生理和精神两个方面重新塑造和定义着"人"的含义。正如李建会教授指出："由于纳米科技、信息科技、生命科技和认知神经科技被称为对当代社会最有影响的四大领域，每个领域都发展迅速，每个领域都潜力巨大，其中任何技术的两两融合、三种会聚或者四者集成，都将产生难以估量的效能。"②毫无疑问，这些效能中当然也包含着负效能，而且这些负效能与正面的当下可见的正效能相比，往往是以潜在的形态存在，其危害很难在目前做出准确的估计。这种潜在的危险演变为现实的可能性不大，但一旦成为现实危害，其后果就非常严重。在这种意义上说，高科技使人类面临着巨大的风险。传统技术的负面影响主要表现为直接的物质性危害或损失。与此不同的是，高技术风险更多地涉及一些潜在的深层次问题，如人的本质及其异化、人的尊严、人的自由、社会公平与正义、人类的安全等。具体地说，随着生命科技的发展，克隆羊"多莉"早已诞生，如果认可生殖性克隆，甚至加上人为的基因选择从而"制造"人，那克隆技术之于人的生物学意义和社会学意义是什么？如果基因治疗能被接受，那么基因增强的边界在哪儿？人类作为一个物种是否还将存在？纳米技术与生命科技融合，当人们能在原子层次上随心所欲地"搬动"原子以重组物质时，那人是否

---

① 参见罗云等编著《风险分析与安全评价》，化学工业出版社 2009 年第 2 版，第 1—30 页。

② 李建会主编：《与善同行——当代科技前沿的伦理问题与价值抉择》，中国社会科学出版社 2013 年版，第 3 页。

也可以成为工业制造品呢？生物技术、信息技术与纳米技术的融合，是否能实现包括人在内的生命体的 3D 打印？如果生命科技与认知科技相融合，人的智力及学习能力是否意味着只是某些基因版本升级的事情？在"数字化"生存方式中，每个人都可能面临通过大数据分析而形成的针对特定人群的行为控制，国家安全和个人隐私可能因网络监听而受到威胁和侵犯（比如美国的"棱镜门"），更不用说暴露于网络色情、沉迷于网络游戏等对人与社会的直接或间接伤害。现代高技术带来的类似问题，每一个都可能使人类的未来步入万劫不复的不归之路，正是在这种情景下，认识和应对高技术风险，日益凸显为一个重大而紧迫的现实问题。

二 风险是高技术的内在构成要素

要认识高技术风险，首先要对"风险"有个比较准确的认识。风险是一个历史久远而又颇具分歧的复杂概念。据学者们考证，我国很早就有关于风险及其规避的意识，比如夏朝后期就有"天有四殃，水旱饥荒，其至无时，非务积聚，何以备之"的论述。司马相如在《上书谏猎》中，规劝皇帝不要以狩猎为乐，因为其中有意想不到的风险，最后他还指出："盖明者远见于未萌，而知者避危于无形，祸固多藏于隐微，而发于人之所忽者也。"① 从词源看，英语中的"风险"（risk）一词出现于 17 世纪中期，来自法语的"risque"，意指航行于危崖之间，而这一法语词汇又来自意大利语中的"risicare"，其意是"胆敢"，再追问意大利词汇的源头，则是希腊文的"risk"。

在现代社会中，"风险"一词出现频率极高。从自然原因引起的流行疾病、地震、暴雨到人为的环境污染、食品安全、交通事故、通货膨胀、局部战争，都在不同程度上使个人、团体、经济组织和国家面临各种风险，影响人们对未来的预期与选择。最早对风险进行系统研究并对其进行定义的是金融、保险等与经济相关的行业和领域。在风险理论研究中，由于对风险的理解不同，形成了实体学派和建构学派。

早期的风险研究主要属于实体学派。其中，美国学者威雷特（Allan H. Willett）是这一研究的早期代表。他认为："所谓风险就是关于不愿意发生的事件发生的不确定性之客观体现。"这一定义包含三层意思：一是

---

① 吴楚材、吴调侯编：《古文观止》，四川文艺出版社 2001 年版，第 95—96 页。

风险是客观存在的现象；二是风险的本质与核心具有不确定性；三是风险事件是人们主观上所不愿意发生的事情。从此，关于风险的研究和对风险的定义层出不穷。美国经济学家奈特（Frank H. Knight）对风险与不确定性进行了明确的区分，认为严格意义上的风险是可测定的不确定性。美国著名风险管理学家威廉姆斯（C. A. Williams）将人的主观因素引入风险，并把风险定义为"是关于在某种给定的状态下发生的结果的客观疑问"。美国学者罗伯特·梅尔则直接把风险定义为"有关损失的不确定性"。普雷切特（S. T. Pritchett）认为，"风险是未来结果的变化性。当我们处于这么一种状态中，即事件的结果可能不同于我们的预期，那么风险就存在了"。哈林顿（Scott E. Harrington）和尼豪斯（Gregory R. Niehaus）认为，"风险通常的含义是指结果的不确定状态，或者实际结果相对于期望值的变动"。斯凯伯（Skipper）认为，"风险为预期结果与实际结果间的相对变化。当结果存在几种可能且实际结果不能预知时，我们就认为有风险存在"。这些看法，突出了与损失相关的不确定性。卓志教授认为，"风险可以从两个方面加以定义，从易于定性分析要求看，风险可描述为与不确定性相联系的损失的可能性。从易于定量分析的角度看，风险可描述为实际结果偏离预期结果而导致的损失的可能性"。[①]

实体学派的风险定义，既强调风险的不确定性，又强调由这种不确定性带来的损失。风险包括风险事件出现的概率和风险事件发生后其后果的严重程度与损失的大小。从风险的形成机理看，风险是由风险因素（hazard）、风险事故（peril）和损失（loss）三个主要要素构成的统一体。风险因素是指促使损失频率和损失程度增加的要素，是导致事故发生的潜在原因，是造成损失的直接或间接原因。根据风险因素的性质，可以分为物理因素、道德因素和心理因素三种。风险事故是指造成生命财产损失的偶发事件，是直接或间接造成损失的事故，也可以认为风险事故就是损失的媒介物，使风险由可能变为现实。损失是指非正常的、非预期的价值减少，包括经济上的损失和人身伤害等。风险的客观性，决定了发生损失的可能性。不是所有风险都必然造成损失，但风险程度与损失机会之间存在相关性，风险程度越大，损失机会越大，风险程度越低，损失机会越小。风险因素是促进风险转化为事故的原因或条件，没有风险因素，风险事故

① 卓志主编：《风险管理理论研究》，中国金融出版社 2006 年版，第 8 页。

就不会发生,风险就不可能造成损失。风险是潜在的、隐蔽的,不易为人们把握,风险事故则一般是外露的、显性的,是人们观察得到的事件。

实体学派所理解的风险,包括以下特征:(1)风险是客观存在的。究其原因,主要在于无论是自然界的运动还是社会的运动,都有其发展规律,而这些规律是不以人的意志为转移的,不因为对人不利就不发生。风险的客观性决定风险不可人为消灭或者杜绝其发生,人的努力主要在于在特定时空中改变风险存在和发生的条件,减小风险事故发生的概率,或者如果已经发生,又如何应对,以减小损失。(2)风险具有不确定性。是指在风险客观存在的前提下,个别风险是否发生、何时发生,损失大小等具有不以人的意志为转移的不确定性。强调的是个体风险发生的偶然性以及相应结果的不确定性,是一种客观不确定性。也可以说,是相对于宏观必然性的微观偶然性,统计上某类风险必然发生,而在个体层次上某种风险事故的发生则具有偶然性,是确定性中的不确定性。(3)风险具有可测性。相对于个体风险事故的不确定性而言,某类或者大量风险发生具有必然性,风险"群体"作为整体发生的可能性可以通过概率表达出来,使得风险具有可测性。(4)风险具有可变性。是指随着条件的变化,风险在性质、数量、形态等方面可以发生改变。比如汽车普及前,车祸为特定风险,而汽车普及后,车祸和尾气引起的空气污染就是基本风险;随着人类认识能力和技术水平的提高,可以消除某些风险因素从而降低甚至消除某些风险事故发生的概率,减小相应的损失,把曾经的高风险变为低风险。再者,就是随着科学技术水平的发展,人类开辟了新的活动,又必然带来新的风险。比如我们本书所在探讨的主题——高技术风险,高技术的使用,必然会消除以前的一些技术风险,但它也必然带来新的风险。核电技术代替火电技术,空气污染问题得以缓解或者消除,但核废料和核电站事故引起的放射性风险比煤烟污染又可怕得多。一般说来,从传统社会到现代社会转变过程中,人类面临的风险越来越多,风险发生的频率也越来越高,风险事故所造成的损失也越来越大。(5)风险具有传递性。是指风险可通过信息、社会、组织及个人扩散和传播,形成社会经验、引起各方关注,以致影响人们的风险决策。

自20世纪80年代以来,实体学派的风险研究受到来自人文社会科学方面的挑战,形成了主观建构学派。比如以心理学为基础的学者认为,风险的一切不利后果应涉及人们心里的感受;以社会学、文化学、哲学为基础的学者认为，风险不是独立于社会、历史文化因素之外的客观实在，换言之，风险是相对于特定人群的，它是在特定的社会、历史文化背景中由人们建构而来的。马汀（Fone Martin）等就从更广泛的角度提出了关于风险的定义，认为"风险是确定性消失的时候，世界存在不确定性的一种特性。客观上来说，风险是围绕相对于预期而可能出现的种种不同结果的变化；而主观上说，风险是我们对风险的态度和看法，这些态度和看法受不确定性、个人、社会以及文化因素的影响，风险还包括与风险所处的大的环境之间的关系等诸多因素的影响"。①

建构学派所理解的风险概念有如下特征：（1）风险具有建构性。风险不是客观的，而是人们根据特定的认知、文化、习惯等建构的结果，故对同一事物，一些人会建构出一定的风险，而另一些人则认为它没有风险。（2）风险具有社会性和团体性。即强调风险是对社会文化的普遍价值取向或者规范的偏离。用社会学的术语说，就是越轨，即某种行为超出常规，违背公认的社会规范。不同社会和团体的规章制度、价值取向不同，某种行为是否越轨显然也不完全相同，故风险因社会和团体而异。（3）风险具有不确定性与不可测性。不确定性是强调风险事故发生的可能性、发生的时间、发生的环境及发生的结果等，难以为人们所事前确切知道和准确判断；不可测性是指社会文化观念下的风险不能用大数原则和概率来进行分析测定。因为风险不是客观的，是人们主观建构的，风险真实性的认定，以人们的认知、文化差异、社会行为、承受能力等为基础。

如果说实证取向和量化取向，使实体学派在风险管理和风险控制中更有操作优势，那么建构学派将文化和社会价值等因素纳入风险概念，更突出了风险的复杂性和不确定性，使人们对风险的认识更全面，也更有理论深度，它揭示了风险的内生性，认为风险是与人类正常行为如影随形的，是各种社会制度正常运行的共同结果。随着自然"人化"程度的提高，风险的内生特点更加明显，而其影响和后果更加广泛和持久，既可以是全球和全人类的，也可以是持续的和跨代际的。随着对风险感知能力的提高，人们建构出来的风险越来越多，说明我们对自己行为及其后果的认识越来越深刻，对发生概率小但后果严重的风险越来越重视，风险意识越来

---

① 转引自卓志主编：《风险管理理论研究》，中国金融出版社2006年版，第7页。

越强。①需要说明的是，建构出来的风险越多，并不意味着我们的生活就更加不安全了。一是随着风险感知能力的增强，技术手段的完善，管理体制的健全，以前的某些风险可能被控制在可接受的范围内，甚至被消除。以健康风险为例，我国人口平均寿命从新中国成立前的 36 岁提高到近年来的 68 岁，说明新中国成立前的健康风险比现在的健康风险要大得多，由于认识上的局限，过去一些致命性健康风险因素并不为国民所知，即使"死到临头"，也不知所以然，似乎可以视为"无知者无畏"。随着医学的发展和健康知识的普及，个体与社会对健康的重视，人们对健康风险因素了解得越来越多，对健康风险的感知能力越来越强，并且从政府、组织到个人都积极采取了应对健康风险的措施，所以尽管感觉健康风险无处不在，而且越来越大，但风险因素造成的健康伤害却相对减小。二是安全是一种常态，而因风险故事造成的伤害显然是一种反常状态，人们对反常状态往往具有更强烈的心理感受。加上现代信息传播技术，也不断强化甚至放大风险的可感性，即使是发生在遥远角落的风险事故，也让人身临其境，感同身受。

国际风险管理理事会（IRGC）在其 2005 年 8 月发布的《风险治理白皮书——面向一体化的解决方案》将"风险"界定为"某个事件或行为的不确定的后果，这些事件或行为有可能影响人类的价值"。风险包括潜在后果发生的可能性和这些后果的严重程度。这种影响可能是积极的，也可能是消极的，这主要依赖于人们对这些影响的评估。根据风险诱因的特征，可以把它们分为简单风险、复杂风险、不确定风险和模糊风险四种类型；根据危险的诱因②，可以把风险分为物理诱因风险、化学诱因风险、生物诱因风险、自然力诱因风险、社会诱因风险、综合诱因风险。根据

---

① 以上关于风险的定义、特征、理论发展等内容主要参考了范道津、陈伟珂主编的《风险管理理论与工具》，天津大学出版社 2010 年，第 1—14 页；卓志主编的《风险管理理论研究》，中国金融出版社 2006 年，第 1—20 页。

② IRGC 发布的《风险治理白皮书》和《纳米技术风险治理》等相关报告中，对"风险"（risk）和"危险"（hazard）进行了区分。报告认为，危险主要描述潜在的伤害（harm），风险主要指相对于某种社会价值而言某种事件或行为的不确定后果。就二者的关系来说，二者在实际使用中常常是互换的。危险刻画了风险动因或相关过程的内在特征，在这一过程中，风险将描述危险对诸如环境、生态系统和人类健康等特定目标可能引起的潜在影响。由此可见，危险是一阶的，风险是二阶的，危险描述的是风险诱因和相关作用的内在特征，而风险描述的是这些危险对具体目标的潜在影响和这些影响的可能性。

IRGC 的理念，风险产生于人类将自然环境融入社会环境中以改善人们的生活条件，满足人类的需求的过程中。①

技术是人类干预自然的方式，运用技术就会存在风险。技术是典型的将自然环境融入社会环境以改善人们生活条件，满足人类需求的人为过程。在人为地干预自然的进程中，风险已经成为内在于现代技术的构成要素。正如刘大椿教授所说："技术从本质上来讲是一种伴随着风险的不确定性的活动。在现代技术运行过程中，技术人员与其说是把握了知识的应用者，不如说是处在人类知识限度的边缘的抉择者。因此，技术决不仅仅意味着由所谓科学真理决定的正确无误的应用，科技的发展已经使风险成为内在于现代技术中的构成要素。"②技术风险是因技术设计、研发与使用过程中的不确定性而导致结果与既定目标的背离。我们主要关注这种背离对人与环境的负面影响。它与我们平常所说的技术负效应不同，后者是确切知道的一种危害，只要技术正常运行，它就会实际地发生，比如患者服用某种具有肝损伤作用的药物，就一定会对肝造成损伤。而技术风险则是关注不确定性伤害发生的可能性，它是指向未来的，是技术反常运行的结果，一旦这种可能性的伤害变成现实伤害，也就成了负效应。相对于常规技术，现代高技术潜藏着更大的风险。从高技术的科学基础上说，它是基于科学前沿，科学前沿同时也意味着处于知识的边缘。在边缘上的行动，只能靠抉择，因为前方的路是一马平川还是万丈深渊，这是不能事先预知的充满不确定性的风险事件。我们把对风险的理解和技术风险本质的看法相结合，认为高技术风险就是基于科学知识的不完备、技术设计与创新的不完善、人造物与环境作用的未知以及技术使用的系统性失误而带来伤害的可能性。下面，我们将根据对高技术风险的这一界定进一步探讨高技术风险的根源与实质。

技术的核心机制是"设计"和"创新"。如前所述，高技术的基本特征是"知识密集"，是高度知识依赖性的技术形态，其"设计"和"创新"的基础是最新的科学成就（理论）。以牛顿力学为基础的简单性、确定性科学观，其核心价值是对自然的控制。自然是简单的，自然的规律具

---

① 国际风险管理理事会（IRGC）：《风险治理白皮书——面向一体化的解决方案》（非正式出版物），第12—14页。

② 刘大椿：《科学伦理：从规范研究到价值反思》，《南昌大学学报》（人社版）2001 年第2 期，第1—10 页。

有确定性，人对自然可以实施有效的控制，科学技术总是服务于人类既有的目的，运用科学技术的结果总是在人们的预期之中。正如拉普拉斯决定论所表明的，只要知道事物的初始状态和相应的运行规律，其未来某时某刻的状态便被唯一地确定了。基于确定性科学知识的技术对自然实施的控制，其逻辑结论必然是技术无风险。然而，从简单性科学到复杂性科学，从线性科学到非线性科学的发展，科学观发生了根本性的变化：科学并非保证获得确定无疑的知识。科学就是分科之学，是对自然对象分门别类的研究，能够获得其研究对象的相对正确的认识，但这些知识是可错的，也一定是不完备的。从认识论上说，这种可错性、不完备性和相对性有多方面的原因。从认识客体来说，研究对象本身是复杂的，科学的研究不可能穷尽其奥秘，科学理论总是有限的和近似的；从存在到演化、从简单到复杂、从确定到非确定，这是当代科学技术所揭示的新自然观。新自然观表明，作为一个动态的生成的复杂巨系统，自然界远远超出人们的控制能力。自然的复杂性是其原则上不可控性的本体论根源。到目前为止，人对自然的影响和控制效果，表现为局部的可控及整体的不可控，眼前的收益与长远的损失，局部的改善与整体的恶化并存。从认识主体来说，人的认识能力是至上性与非至上性的统一。就至上性而言，某个时代的认识主体总是能站在前人的基础上深化认识，但就非至上性而言，这种深化也是相对的、有限的，每一代人的认识都要受到历史条件与时代能力的限制，只能处于认识进程中的特定阶段，达到认识阶梯中的某一"台阶"。因此，任何时代的科学都只能是对自然的部分对象的有限的认识，科学的"真"是特定时空中的"真"。从方法论上说，无论是分析方法、还原方法、数学方法还是模拟方法，都还只能在近似的意义上，按研究者的理解对研究对象进行人为的"去粗取精"和主次取舍，因而，所获得的研究结论只能部分地反映自然对象的真实情况，甚至研究结论与自然对象的运行规律之间可能也只具有类推的相似性。再者，自然界并不是按照几条简单的科学定律运行，基于似真性和简单性甚至是错误的认识去改造世界，必然潜藏着巨大的风险。如果无视这种知识性缺陷，把高技术看作解决一切问题的灵丹妙药，就会从主观上麻痹人类的风险意识，从客观上加重其不确定性造成的伤害。

在技术设计和产品开发活动中，除了科学知识的不确定性以外，技术产品也还存在着价值的不确定性。技术风险不仅会在开发过程中显露出来，而且更容易潜伏于产品之中，只有在长期使用过程中，风险事故频发，造成实实在在的伤害之后，风险才为人所知并引起重视。以四环素为例，为减轻炎症给病人带来的痛苦，科学家进行了大量的科学实验和临床试验，确认四环素是一种很好的抗生素药。然而，四环素的广泛运用却对整整一代人的牙齿造成了伤害。从目的性来讲，科学家研制药品是为了医治疾病，同时又不损害人的健康。从科学知识的角度来看，药物的作用范围和作用机理是复杂多变的，人类目前所使用的绝大部分药物都有一定程度的毒副作用，充满了不确定性，即使是科学家也不可能获得完备的知识，对成果应用所造成的副作用也不可能有充分的预见性。从哲学上讲，就是要实现价值尺度与真理尺度、内在尺度与外在尺度之间的统一。然而，在实践中，这种统一很难以一一对应的方式实现。四环素消炎价值与其对牙齿的损伤是不可分离的。另一个有说服力的案例是 DDT 的发明和使用。20 世纪 40 年代之前，当大面积虫害困扰农业生产时，人们几乎束手无策。瑞士化学家米勒（P. H. Muller, 1899—1965）于 1939 年首次制成 DDT 用以防治棉铃虫、蚊、蝇等害虫，并申请了专利。1942 年美国将其正式投入商业生产。这种杀虫剂能够扑灭危害作物、果树、树木、仓储和环境中的昆虫。从 40 年代以来，DDT 被广泛用于农业。因为消除了病虫害，农业大幅度增收，50 年代末全世界大约有 500 万人因此免于饿死。在"二战"中，DDT 还成功地阻止了意大利那不勒斯的斑疹流行病，为联军的胜利奠定了基础。但令米勒始料未及的是，DDT 的危害也在广泛使用中逐渐显露出来。首先，昆虫体内产生了强大的耐药性，导致用量大幅度增加，形成了人虫之间的拉锯战，结果是大量新农药被生产出来并投入使用；其次，稳定高效曾被认为是优秀杀虫剂的一个特征，而正是这种特征导致农药超期残留，残留的农药进入生物体内逐渐富集后浓度增加产生毒性，结果是包括人在内的动植物食物链又受到了污染，大量动植物和人因此死亡。1973 年 1 月 1 日，美国正式禁止使用 DDT，中国也于 1983 年正式禁止使用。以上案例表明，"技术风险完全在于技术的不完善，技术的负面影响终将随着技术进步而得以消除"这一看法对技术个案也许成立，但对整个技术系统及其演进并不成立。事实上，不仅仅是风险事故造成的伤害提高了人们对风险的感知，更重要的是技术本身的发展，更能让人发现原有技术的缺陷。当发现既有技术的缺陷时，我们总会中止有缺陷的技术的使用，并力图用更好的技术使之完善，然而以高技术对完善的追求，不仅不能得到一个完善的过程和一个完善的结局，这一追求本身也许就是一种制造新风险的罪行。克服旧技术的缺陷，满足一个价值目标，又可能同时对其他价值目标造成伤害，新的风险又在酝酿和产生之中，追求美好的愿望总是与新风险的产生纠结在一起，给人类带来意料之外的伤害。比如，当我们在追求汽车的舒适性与安全性时，也在不断增加汽车的自重，自重的增加，恰恰又增加了油耗，消耗了更多的资源和能源，产生了更多的尾气；为了减少汽车尾气，我们力图精炼石油，提高汽油的纯度，但这些工艺又必然会消耗能源，产生废物；或者加入助燃剂，提高燃烧效率，但这些加入的助燃剂本身又可能是一种污染物。若从宏观上看，无论怎样改进汽车技术，只要汽车的保有量增加，能源消耗与污染增加就是必然的趋势。就目前而言，没有负效应的技术是没有的。高技术影响的不确定性更大，其风险可能性也更大。

自然物不可能完全满足人类多样化和不断增加的需求，技术是人得以不断满足自己需要的手段和方式，是人不断积累起来的生存智慧。技术设计与创新的本质就是要创造出自然界中没有的人工物，以满足人类的种种需要。就模仿来说，即使技术所使用的知识是确证无误的，模型也永远不可能超越于原型，其结构与功能不可能做到"巧夺天工"，人工物在技术上的完善性，与天然物相比较，还是有很大的差距。"智者千虑，必有一失"，技术风险还隐藏于技术设计的不完善中。1912 年 4 月沉没的"泰坦尼克"号，成为有史以来的最大一次海难，也是 20 世纪最令人震惊的灾难之一。这艘耗资巨大的 8 层楼高豪华邮轮，有双层底和 16 个水密舱，号称能防止任何可能的撞击，即使 1/4 的舱室进水，也不会危及它的浮力，被视为"永不沉没"的巨轮。事故调查发现，设计者只考虑到了船体的正面冲击，忽视了冰山可能的高速侧撞。而恰恰是巨轮以高速擦过冰山形成的侧面冲击，给它带来了灭顶之灾。类似的案例比比皆是。1974 年，土耳其的 DC - 10 客机爆炸，造成机上 346 名乘客和机组人员全部遇难，成为当时最惨烈的空难事件。调查结果表明，事故是由飞机下层货舱一道设计不合理的舱门引起的，这道密封性舱门在空中脱落，上下两层货舱内压力差使得地板下陷，导致飞机失去控制而引发空难。1981 年 7 月，美国堪萨斯州的海特饭店二层与三层之间的钢筋水泥过道突然断裂，造成 118 人当场被压死，200 多人受伤。调查发现，过道自重就已经超过钢筋的负荷，即使过道上无人，过道迟早也会自行断裂，这完全是设计上的缺陷所致。1986 年发射后 73 秒即爆炸的"挑战者"号事故，是由于航天飞机右侧固体火箭助推器连接处的 O 形环密封圈在低温下密封性能降低所致。以上这些案例，充分说明无论是何种程度上的高技术，都有可能存在设计上的缺陷和不完善，而风险恰恰就潜藏于这些缺陷和不完善之中。

技术人造物一旦按照人的需要设计制造出来，就总要进入真实的环境中，并与环境中的各种要素发生相互作用，而这种相互作用的结果在很大程度上也是不确定的，并且因此可能潜藏着巨大的风险。1963 年 10 月 9 日晚，意大利贝尔鲁诺附近的维爱特水库的积水突然铺天盖地般从堤坝上溢出，吞没了下游的 5 个村庄，大约 4000 人遇难。但令人惊讶的是，水库堤坝竟然看不出有任何破损与渗漏的痕迹，显然这一灾难与因水坝设计或者建设质量而引起的一般决堤事故不同。经过调查得知，由钢筋混凝土建成的水坝本身确实没有问题，原来连续数周的暴雨浸透了环绕人工湖的陡峭山坡，使得大约 1.5 亿吨泥土和石块突然滑入水库，使库存水位暴涨并最终导致上千万立方米的湖水瞬间越过大坝倾泻而出。在这一案例中，水坝的设计和施工质量都没有问题，问题在于水坝形成的人工湖与周围环境中特殊的气象与地质条件之间的相互作用，酿成了这次突发灾难。当然，如果回溯到设计环节，也可以说设计师只关注了大坝的单一技术可行性，而忽略了与之相关的环境因素的综合影响。从其他大型工程案例看，不经过实际运行，确实很难甚至根本不可能事先完全了解人工物与环境的作用效果。同样地，阿斯旺大坝本身的技术指标和建设质量都没有问题，也实现了最初的设计目标——使人们免受了洪水泛滥之灾。然而，大坝与环境、气候和地质构造有关的复杂性相互作用，改变了尼罗河流域的地质、环境与生态，并最终带来更致命的灾难——尼罗河流域的生态破坏和下游地区的无可修复的沙漠化。实验室这种小环境与人工物投入使用后所处的真实环境相比，在要素的复杂性、作用的多样性以及历时的演化行为等方面毕竟相去甚远。在实验室研究中，对单一因素完全可以因技术上的需要而修正，以实现设计者的意图。而人造物在真实环境中的运行，总是牵一发而动全身，其与环境中各种因素的相互作用的机制的复杂性和结果的多样性，往往超出设计者的预想。实验室中的模拟研究结果，对人造物与真实环境之间的相互作用只有参照意义，而不能完全等同。这种对人工物技术性能的实验室外部检验（即真实使用），包含着由于各种"意外"事故而引发的极大风险。再说由地震引发的日本福岛核电站事故，核电站按七级地震设计，可谁也没想到结果发生的是九级地震。当福岛核电站处于九级地震环境中时，其灾难就难以避免了。按这一逻辑，即使福岛核电站按抗九级地震设计，谁又能保证不发生十级甚至更强的地震呢？同样，从这一角度看，关于转基因作物离开实验室的大面积栽种潜藏的生态风险及转基因食品对人体的健康风险的争论，都不可能基于实验室里的有限实验予以一劳永逸的判决性解决，何况纳入考虑的风险只是我们基于现有知识能想象得到的，而此处，我们真正所关心的，恰恰是那些超乎我们想象的风险。

无论技术设计如何完善，技术人工物都是在人的使用中才能发挥其功用。其实，把技术设计与技术使用完全割裂开来，与技术体系的真实情况并不相符。在技术体系的运行中，技术使用者一定会占据一席之地，技术体系应该是人与物的现实的结合。技术人工物的结构是由设计所确定，它要遵循特定的自然法则，或者说受自然法则的支配；另一方面，这种结构一旦形成，就具有一定的功能，在使用中，其功能得以展现，但这种展现与使用者息息相关。技术人工物的结构与功能并非一一对应，特定功能可以由不同的技术设计来实现，即功能的多重实现；反之，某一特定结构并非只有一种功能，即结构的多种功能。从使用者角度看，某种已经成形的技术结构，其功能可以表现为预设性功能、创造性功能和意外性功能三种样态。预设性功能是设计者在设计过程中根据对潜在使用者需求的感知和理解，通过一定物理结构的设计而想要实现的功能。创造性功能则是指使用者在使用过程中根据自己的生活经验而重新赋予人工物以功能，这些功能不同于预设功能，甚至是设计者根本未曾想到的功能。意外性功能则是使用者通过自己的使用行为所意外实现的功能，这种功能表现为意料之外，无法预测。①

从技术使用及其功能展现这一角度看，预设功能是技术人工物最基本的功能。这一功能的合理展现，必须以使用者对技术人工物技术性能的透彻理解和对相关技术规范的严格遵循为前提。然而，在技术的实际使用中，情况并非完全如此。在导致技术风险事故的原因中，除了"机械性原因"、"设计缺陷"之外，"人为操作失误"甚至"侥幸心理"等也比

---

① 陈多闻：《可持续技术还是可持续使用？》，《科学技术哲学研究》2011 年第 3 期，第63—66 页。

比皆是。何时何地何人出现操作失误具有偶然性，但只要这种可能性存在，大量偶然性背后就是必然性，我们以"技术使用的系统性失误"来表达这种可能性。正如墨菲法则指出的：凡是可能出岔子，就一定会出岔子。1986 年发生的切尔诺贝利核电站爆炸事故调查显示，事故原因既有设计方面的缺陷，也有人为操作错误。由于反应堆控制棒的缺陷，会导致反应堆在低功率运行时非常不稳定，在温度上升时存在输出能量在短时间内达到危险水平的倾向，而温度过热又使得反应堆容器变形、扭曲和破裂，使得不可能插入更多控制棒而导致紧急停堆难以进行。另一方面，操纵员至少又在两个方面违反技术规范：一是闭锁了许多反应堆的安全保护系统——除非安全保护系统发生故障，否则这样做就是技术规范所禁止的；二是他从反应堆芯的 211 支控制棒中抽出了至少 204 支，只留下了 7 支，而相关技术规范要求在核心区域使用的控制棒不得少于 15 支。至于操纵员为什么会出现这些失误，至今没有一个合理的解释。而在电站管理层中，真正有核电站运行管理的只有一名副厂长，即使他也只是曾经在一家规模相对很小的核电站工作过，其余人员大多来自火电厂，几乎没有核电运行的管理经验。此外，在技术使用中，当把技术置于社会环境中时，社会因素可能会主导技术因素，使技术使用处于复杂的决策博弈中。在"挑战者"号悲剧中，莫顿·瑟奥科尔公司的工程师们因对 O 形环的技术担忧而建议不要急于在第二天早晨发射。但公司副总裁梅森知道国家航空航天局（NASA）迫切需要一次成功的飞行，而且公司本身也需要通过发射获得与 NASA 的一份新合同。技术以外的因素超越了对技术缺陷的担忧而主导了航天飞机的最终发射。①

　　再说日本福岛核电站事故，根据事后调查，即使侥幸躲过天灾，人为失误仍难避免。田松教授引用日本东京电力核电员工、著名的反核宣传者平井宪夫的话说："核电站的蓝图，总是以技术顶尖的工人为绝对前提，做出不容一丝差错的完善设计，但却从来没有讨论过，我们的现场人员到底有没有这种能耐。"为什么设计不能按计划实施？核电这种高技术装置，从根本上是企业行为，电力公司将许多工程向外承包，大量培训不足

---

　　① 参见查尔斯·E. 哈里斯等《工程伦理概念和案例》，北京理工大学出版社 2006 年版，第 1—2 页。

的工人进入工地。① 即使设计没有任何问题，从施工到使用各环节，都可能出现问题，潜藏风险。

现代高技术是高度集成的复杂技术。不同技术环节之间的整合，既增加了技术风险事故的概率，也增加了使用者的使用难度。大飞机就是典型的高度复杂的技术集成系统，与其设计直接相关的关键技术就有多学科、多目标的综合优化设计技术、长寿命的发动机技术、复合材料技术、气密性舱门技术、多支柱、多轮起落架技术、多余度生存技术、航空电子信息技术、模块化修复管理技术、人机环境适应技术等。哪个环节出现问题，都会引起灾难性事故。更重要的是，在这一复杂技术体系中，其安全性也具有非加和性，即技术系统的安全，并非各技术环节安全性的简单相加，每个技术环节上容许的偏差，整合起来就可能酿成技术风险。为了便于使用，设计师们尽可能提高人机适配性，但在复杂技术系统中，也只能在一定程度上得以实现。一架普通的战斗机有 80 多个仪表，而一架大飞机，比如波音 777 或空客 A380，其仪表超过 200 多个，驾驶员除了关注主要仪表的重要信息外，很难顾及全面信息及其相应的技术指标。②由此可见，复杂技术系统的使用难度相当大。何况加上管理方面的原因，技术使用者的技术水平和相关的制度建设若未能随技术发展同步提升，甚至未经培训的操作管理人员仓促上岗作业，发生技术风险事故就在所难免。

综上所述，无论从技术体系还是从技术过程看，风险存在于高技术的各个环节，贯穿于技术生命过程始终，是高技术内在的构成要素。

三　从高技术风险到社会风险

现代高技术，提升了人们的生活品质，同时也使人类处于随时喷发的"风险"火山口上。基于科技高速发展的现代社会，是一个高风险的社会，科技风险是其最主要的风险。自从大科学产生以来，人类社会愈来愈依赖于科技及其应用。而当科技成为人们"征服"自然的"力量"时，人类就成为了风险的主要生产者，人的科技决策及相应的科技行为也就成

---

① 参见田松《科学家也是一个利益团体》，载《上海书评》，转引自《文摘周报》2013 年 7 月 30 日，第 5 版。

② 参见胡思远《国家"大飞机"工程中的多重风险》，《首届全国"面向技术风险的伦理研究"学术研讨会论文文集》（北京化工大学 2009 年）。

了风险的主要来源，人为风险也就逐渐取代自然风险成为风险的主导形式。

吉登斯把风险区分为两种类型，即外部风险和被制造出来的风险。所谓外部风险，就是"来自外部的、因为传统或者自然的不变性和固定性带来的风险"；而被制造出来的风险，"指的是由于我们不断发展的知识对这个世界的影响所产生的风险，是指我们没有多少历史经验的情况下所产生的风险"。根据这种划分，科技风险特别是高技术风险显然属于"被制造出来的风险"。吉登斯认为，前现代的"风险环境"已经发生了变革。在现代性条件下，尽管飓风、地震以及其他自然灾害仍然在发生，但我们面对的危险再也不是主要来源于自然界了。比如生态威胁，就是社会地组织起来的知识的结果，是通过工业主义对物质世界的影响而得以构筑起来的。① "社会地组织起来的知识"，比如从理论到技术，再到商业化生产以及市场营销，是以现代科学知识为基础系统地组织起来的制度和观念综合作用的结果，它们包括工业化物质生产、市场经济、消费主义等。正是这种制度化结果，才形成了现代的生产方式，并产生与之相伴的风险——汽车与尾气、噪音和交通事故，农药与食品污染，核技术与放射性污染，等等。

仔细观察就会发现，现在能对我们的生存造成威胁的所有人为问题中，没有一个是从传统文化中产生出来的，它们都与现代高技术相关联。传统社会中的危险与现代科技社会的风险之间有着本质的区别。传统社会面临的危险，其根源主要是自然的因素，其破坏性也主要是局部的，一般不会危及整个人类的生存，灾害造成的破坏也常常在自然的循环中得以修复。现代科技社会的风险则不同，它们主要是人为的，特别是科技活动的结果，其破坏力具有全球性和毁灭性的特点。若从科技与现代性的特殊关系看，这种风险与科技推进的现代性如影随形，科技能力的增长，必然意味着技术风险的增加。正如贝克所说："在发达的现代性中，财富的社会生产系统地伴随着风险的社会生产。""……在现代化进程中，生产力的指数式增长，使危险和潜在威胁的释放达到了一个我们前所未知的程度。"②

---

① ［英］吉登斯：《现代性的后果》，译林出版社2000年版，第96页。
② ［德］乌尔里希·贝克：《风险社会》，译林出版社2004年版，第15页。

现代化就是科技所向披靡的结果，所以，作为现代性后果之一的风险，在很大程度上也就是现代科技的风险。这些风险表现为对全球植物、动物和人类命运不可抗拒的威胁。贝克指出，现代化的风险"一般是不被感知的，并且只出现在物理和化学的方程式中（比如食物中的毒素或核威胁）"。"我说风险，首先是指完全逃脱人类感知能力的放射性、空气、水和食物中的毒素和污染物，以及相伴随的短期和长期的对植物、动物和人的影响。它们引致系统的、常常是不可逆的伤害、而且这些伤害一般是不可见的。"①

技术理性的扩张和资本的贪婪，是今天人类进入风险社会的根源。传统的科技社会学主张，科技活动是在一个相对自主的社会系统中进行的，外部因素如商业、政治、宗教权威等不能干预科技活动。与此不同的是，现代科技活动本身是一项社会活动，它是不能脱离社会而孤立进行的。在这方面，建构主义科学观为正确认识科技风险的产生开辟了全新的视角。建构主义科技社会学认为，科技与社会的实际界限从来不是泾渭分明的，所谓科技活动的内部过程与外部过程的划分只具有相对的意义。当社会把科技作为自己的合理性的证据，科技把社会作为自己获得资助的来源时，科技的社会化和社会的科技化就加速了科技风险向社会风险的转化。

第一，科技活动的社会化，是科技风险转化为社会风险的前提。在"自主性"科学理想情景中，科技风险局限于实验室之中，在科学家的把控之中。体制化的科学或者说进入"大科学"时代，科技活动变成了耗资巨大的事业，没有足够资助，科技活动寸步难行，资本的力量最终使科技失去自主性的基础，也因此成为科技风险转化为社会风险的前提。现代科技知识，至少是自然科学和工程技术科学知识，几乎都是在实验室条件下产生出来的，开展相关研究，都必须以基本的研究条件为前提，比如必要的文献资料、实验室设备、实验材料和研究人员的工资。这些受资助的研究，绝大多数本身就是为某种应用目的而开展的。在科技社会化趋势中，实验室中生产的这些知识，绝对不会仅仅封闭于实验室中，它们一定要走出实验室运用于社会。科技的社会化，社会因素的介入，也一定意味着科技活动的功利化，在"功利化"的驱使下，科学"求真"的本性必

---

① ［德］乌尔里希·贝克：《风险社会》，译林出版社 2004 年版，第 18—20 页。

然会受到抑制，而技术"追求效率"的工具理性将得到张扬，因为技术的工具理性更能满足资本对效益的追逐。在科技社会化趋势中，社会对科学家的角色期待也发生了功利性变化。比如美国著名数学家和数理经济学家、菲尔兹奖获得者斯梅尔有在海滨从事研究的兴致。因他在1966年的莫斯科数学大会上的言论，伯克利加州大学迫于非美活动委员会的压力，取消了国家科学基金会给他的暑期研究工资。对于他的抗议，总统科学顾问撰文称："纳税人的钱难道应当用来支持在里约热内卢海滩或爱琴岛上的数学游戏？"[①]不管总统科学顾问是出于何种目的，但其话语中都隐含着政府或者公众对受资助的科学研究选题，甚至科学家的研究方式的非传统期待或者要求，至少研究不应该是科学家个人的事，即使以你自己偏好的研究方式能做出科学上的贡献。受资助的研究，很大程度上就是一种市场行为，是一种交易，即拿钱办事，拿谁的钱，办谁的事，办谁的什么事，似乎都不是科学家说了算，而是出资人说了算。科学家和技术研发人员扮演着"赏金猎人"般的雇佣角色，科学技术的功利价值已经成了其生存的前提。

　　将科技知识应用于社会需要一定的条件，而实验室通常把这些条件简化掉了。就科学研究而言，这种简化是必要的，不对研究对象作简化，研究本身就不可能进行。然而，这些简化却赋予科技知识一定的人为性，使之对实验室外部的现实世界的说明准确性下降。这样，当一项科技成果"运用"于社会，未预见到的复杂因素就可能使之以意外的方式"工作"，甚至出现技术工艺与科学规定的模型相反的情况。而且，即使技术工艺的功能与科学家的预期一致，其副作用也可能是难以预见的，并会严重抵消技术在处理问题时所应发挥的效能。随着科技社会化进程的加速，社会因素对科技活动的干涉越来越大，从研究开发到产品商业化生产的周期越来越短，急功近利的利益追求使科技成果的检验没有足够时间保证，其风险概率必然增加。每一项新的科技成果的商业应用，都给世界的因果结构增添一种要素，而各种要素相互之间可能性关系的数量则呈指数型增长。这种复杂性的连锁增长特征以及人们认识这种复杂性增长的能力的有限性，使各个独立的社会行动者经常不能完全理解各种科技因素的相互依赖性，从而使其风险迅速提高。

---

① 王则柯主编：《经济学家的学问故事》，中信出版社2003年版，第288页。

德国社会学家 W. 科劳恩（W. Krohn）认为，随着科学技术创新的加速，对科技知识的运用日益变成了在实验室之外对包含风险的技术的检验过程。这种检验的必然性和必要性突破了传统实验科学的界限，使社会本身变成了实验室，从而因实验结果的不确定性而提高了科技活动的风险水平。在当代高技术前沿，很难把研究与生产和应用分离开来，不少技术领域本身就是研究、生产和应用一体化的，即在研究中生产，在应用中检验。当把科学研究从实验内转移到了实验室之外时，科技风险也就成了社会风险。若风险变为现实伤害，则全社会都可能成为风险受害者。

第二，在大科学时代，科学家对科技活动功利性的追求，是科技风险转变为社会风险的推动力量。长期以来，人们心目中科学家的理想境界是"远离喧嚣的尘世，躲开浮躁的人海，拒绝时尚的诱惑，保持心灵的高度宁静和绝对自由"，不求世俗功利，纯粹为科学而科学。美国的科学社会学家默顿把这一理想境界概括为科学的精神气质。但现代社会的科技活动是一种职业化的社会活动，绝大多数科学家从事科技活动主要是为了谋生。科技要服务于社会，为公众谋福利，相应地，社会对科学家也要有所回报。"为科学而科学"的清高和超脱已不符合时代要求。U. 施曼克（U. Schimank）认为，现代社会的科学家大多数并不愿意将自己孤立在象牙塔内，靠满足好奇心维持职业兴趣；而是希望能创造出那种可能增加社会财富和解决社会问题的知识，以便在探求知识的过程中获得地位、声望与权力。科学家对其研究成果在科学之外的潜在应用性的关注，是风险产生和增长的基础条件之一。

在科技活动中，科学家优先考虑的理性准则受三种社会性因素的影响，包括研究课题的功利价值取向、研究对资金的依赖和科学家的法定义务。首先，在研究课题方面，过分直接地从企业得到资助或其他经济利益，会影响科技活动的自主性。有明显的经济利益驱动的课题研究使科学家不再单纯凭好奇心，不考虑社会需要而进行自由探索，甚至不能完全按科学家的意愿让科学技术服务于公众与社会。商业竞争要求科学家选择企业急需解决的、有较好商业前景的课题，而这些课题不一定对社会和公众有利。对个人利益的偏爱容易使科学家倾向于强调研究结果的益处而忽视其潜在的危险，从而使基于合理性目的的研究行动引发意想不到的社会危害。其次，越是耗费昂贵的研究，越需要申明其知识的潜在技术应用价值，以使其资金需求合法化，从而在很大程度上改变认识选择方向并提高由技术社会化带来的风险等级。"二战"之后，尽管核物理学家的首要兴趣不是原子能生产，而是希望继续研究物质的结构，但昂贵的研究设备使其对资金的依赖到了随时可能引发财政危机、必须进行精打细算的地步，这种窘况甚至只能通过在研究方向上增加技术化的成分去适应工业或政策性的研究计划才能得到缓解。这种研究资金上的压力使科学的好奇心成了导致今天与核能有关的科技风险的原因。最后，那些直接隶属于企业和政府部门的研究机构和研究者，出于法定的责任而不得不把技术优先准则作为工作的指导方向，从而强化了科技应用的不确定性。事实上，企业作为技术创新的主体，企业的技术研发作为三大研究力量之一，其研发直接针对市场并以盈利为最终目标，在一定程度上说，企业对盈利的考量高于其社会效益。利用高技术盈利是企业的内在动力，但恰恰也是企业最有可能制造并最倾向于隐瞒高技术风险。仔细分析，这三种社会性因素实际上是一致的。任何一项研究要背离社会需要而保持非功利性的自我形象是十分困难的，它多半也离不开有力的资金支持，并且越来越趋向于被纳入到政府部门和工业机构的活动计划中。而所有这些社会性因素都增加了科技活动的风险。

从社会学的观点看，日益建制化的科学技术研究，使科学家群体也成为一个特殊的利益集团，这一集团除了与权力和资本结盟而获得外部资助外，也通过自身内部的整合而实现利益最大化。即任何科学家个体都依附于科学家群体，都遵守科学共同体的规则，包括"潜规则"。在利益相关的情况下，任何个体在事关技术风险的问题上发出与群体不同的声音，都意味着自我孤立和被边缘化。所以，无论是涉及科学家共同体之外的利益相关者，还是涉及科学家共同体内部的利益，科学家最"明智"的选择就可能是集体失声或者口径一致。当科学家从真理的追求者变成利益的追求者时，科学技术也就蜕变为科学家获取利益的手段，科学家对科技风险的警惕之心就可能经不住权力和资本的诱惑。苏联的"李森科事件"，既是权力干涉科学的体现，也是科学屈服于权力和科学家在利益面前的投机。美国塔夫茨大学研究人员通过某些机构在中国以儿童为对象进行的转基因"黄金大米"人体实验，不能不说明某些科学家为利益而置基本的学术道德于不顾。在利益驱使下，包括基层监管机构在内的相关研究者在信息不对称、不透明的情况下搞暗箱操作，忽视受试者利益和权利，人为放大了试验风险。

第三，社会的科技化进程，是科技风险转变为社会风险的决定性环节，也是科技风险最重要的社会放大机制。社会的科技化以对科技的"好"的理解为预设前提，以现代化成果为事实依据。在现代社会中，有两种主要的动力促进了社会的科技化进程：其一是把科学技术作为重要推动力量的社会发展观，其二是各科技活动主体如科研机构、高等院校、企业、国家等社会集团之间的竞争。科学技术的发展对当代社会生活的影响空前广泛，愈加深刻。人们愈来愈清楚地认识到，科技实力已经成为当代社会竞争成败的决定性因素。"科教兴国"、"国家利益中的科学技术"等口号明确地表达了国家投资科学的社会目标。对科技因素的高度重视导致了集团竞争的日益加剧。只要特定竞争体系中的一个集团使用科学技术作为竞争手段，那么其他集团或迟或早也将被迫使用同样的手段，从而导致工具化的科技竞争。正是这种发生在经济、政治、军事诸社会系统中的盲目竞争，大大增加了科技风险向社会风险转变的可能性，因为当手段能达到目的时，手段本身的正当性往往退居其次。

当经济发展愈来愈依赖技术创新时，技术的命运也就更多地受到市场的支配。转基因作物的生态风险和转基因食品的健康风险尚未得到确认，但在转基因研究领域处于优势地位的国家和公司却不遗余力地推进其商业化进程。在一国内部，各社会集团对于科学技术的认识、选择和决策的标准是十分复杂的。这种标准往往并不是纯技术性的、中性的，它受到人们的价值目标和经济利益的影响。"实际地驱动技术发展的不是抽象意义上的'人类需要'，而是表现为具体的经济、军事、文化的需求，是市场的'有效需求'。对技术潜力的实际利用反映的往往是相关利益集团的眼界而非整个社会的利益，他们首先从中获益，相反承担代价的却可能是其他人或整个社会。"①由此可见，对技术特别是高技术发展路线的规划和选择，往往是为部分人所操控的。在一国内部对高科技领域有发言权的，显然是既得利益者和为其服务的科技精英。一方面，高额的经济回报，增加了利用高技术的盲目性，即使某些社会集团注意到某种科学技术的副作用和潜在风险，他们也很可能因利益驱动而对风险漠然视之。而在选择技术发展路径上，当某些研究无短期可见的经济或者其他功利价值时，则很难

---

① 朱葆伟：《科学技术伦理：公正与责任》，《哲学动态》2000 年第 10 期，第 10 页。

得到相应的资助。另一方面，高技术又可能成为一种掩饰风险质疑的借口。在现实中，有的企业为了自身的经济利益，在采用某项技术时，只注重其眼前的经济效益，而置其对环境等风险于不顾，即使有反对的声音和质疑的意见，也可能以所用技术是高技术（因而是目前最完善的）为理由而作为应付公众的借口——言下之意是，我们要生存要发展，就必须采用技术，而高技术比传统技术更安全，即使有风险，除了接受之外，别无选择。此时，对高技术风险最有发言权的，当数科技精英，然而，科技精英因自身的利益，不是集体失声，就可能成为利益的代言人，利用其科技精英的形象，以专业知识为依据，言之凿凿地向公众解释甚至保证技术的可靠性和安全性。如果利益集团与政治权力合谋，这种对技术的操控将更加厉害。而当科技风险的潜在受害者意识到这种操控的巨大危害时（现代科技的发展和普及，又使公众的科技素养得以提高，因而对科技风险的感知能力增强），科技风险就很可能转化为社会风险，比如对利益集团的抗议，对政府的不信任，甚至因此引发大规模突发性群体事件。

高技术因其与军事应用的高度相关性，使高技术风险极易转化为军事风险。为防止以高科技为基础的大规模杀伤性武器的扩散，拥有某些先进武器或者某些高技术的国家缔结的某些条约，一方面有利于国际安全与和平，另一方面这些条约又成为技术落后国家的"紧箍咒"，稍有触碰，便被指责为危害国际安全，轻则遭到发达国家经济制裁和技术封锁，重则直接遭到军事打击。某些研究项目本身就是为军事目的而设立，当军事威胁消除时，项目也就寿终正寝了，如"冷战"后美国立即取消了超导超级对撞机计划（SSC）和阿尔贡实验室的整体快速反应堆计划。而当从科学的角度获知纳米技术的潜在军事应用时，美国军方成为纳米技术的最大资助方和最积极的支持者。如果说武器的杀伤力越大，它对人类安全的威胁就越大的话，而现存大规模杀伤性武器正是以军事为目的科技竞争的结果，那么这正说明军事对科技依赖和在此基础上的竞争，也增加了人类的安全风险。可以预期，如果"最先进的科技优先用于军事，或者最先进的科技首先产生于军事"这一命题仍然成立的话，那么未来基于军事的科技竞争，还会继续增加人类的安全风险。

国际高科技竞争还隐藏着政治风险。高科技竞争的国际化趋势，使科技风险很可能转化成国际政治和国际经济领域的风险。对任何一个主权国家或者有实力参与竞争的组织而言，高科技竞争都是一个二难的事情。一方面，若参与竞争，必然意味着高投入，其结果可能是高回报，但若失败则可能是严重的经济损失。此外，即使获得技术上的预期成功，也未必就能获得市场的成功。另一方面，若不参与竞争，就可能输在"起跑线"上。这种高科技竞争中的优势与劣势，很有可能演变成国际政治中的优势与劣势，因为"国际综合国力的竞争，归根结底是科技实力的竞争"，在高技术上受制于人，就意味着在经济上和政治上受制于人，同样有丧失主权独立的风险。在国际技术贸易过程中，一些发达国家利用自身的技术优势，明知某些技术（例如有毒化学工业）有环境风险和健康风险，却仍然将其转移到发展中国家以赚取高额利润；有的发展中国家迫于经济发展和摆脱贫困的压力，在技术落后、资金短缺的情况下，主动或者被迫引进那些在发达国家被淘汰的"高技术"，从而加剧了这些国家在环境、资源和能源方面的风险。这些不断积累的风险，随时都可能成为技术落后国家政府与公众、利益集团与普通公众之间不信任与冲突的导火线，引发严重的政治危机。

个体应对风险的理性方式与市场的逻辑相结合，可能导致局部情况优化与整体情况恶化并存的局面。比如应对城市热岛效应，绝大多数人的理性选择都是向技术求助，以安装空调的方式降低室温，改善自己的小环境；从市场的逻辑看，只要有市场需求，就应该去满足，因为这是赚钱的事情。可是，最终结果就是随着空调数量的增加，整个城市热量排放增加，热岛效应不仅没能减轻，反倒愈演愈烈。由此可见，个人的理性行为的叠加，产生的结果可能是整体的非理性行为。集体理性的缺失或者说缺乏宏观战略规划，个体的理性选择反而可能会将科技风险（空调排热）转变成社会风险（热岛效应）。

以上分析表明，当技术理性与资本结盟，随着科技社会化与社会科技化的互动发展，科技与社会的互相依存越来越紧密，科技以社会资助为发展前提，社会以科技创新为发展动力。当社会因素特别是经济因素越来越多地影响科技活动时，高技术风险就取代科技"双刃剑"的负面作用而变成了利益追逐者或者决策者危害公众的"糖衣炮弹"。就科技专家或其他利益相关者来说，他们在科技风险上面的"明知故犯"，就将科技风险转变为社会风险，就是在制造人为风险。在以高科技为支撑的技术化社会中，高技术是其最大的风险源，当社会机制不断把科技风险转变为社会风险时，现代社会也就变成了一个风险社会。

第二节　高技术风险的伦理挑战

一　高技术的价值负载与伦理反思

对科技之"真"与伦理之"善"，或者说"实然"与"应然"之间的关系，存在着长期的争论。一些论者认为，科技与伦理是毫不相干的两个领域，根本没有什么"科技伦理"。判断科学知识及其理论的标准是真与假，无论其发现过程还是证明过程，都是个纯认识论问题。按默顿规范，科学具有"无偏见性"，不因发现者的出身、性别、民族、阶级、国家，甚至个人品性而不同，其发现是否被科学共同体所接纳，完全在于理论本身所包含的"真理"性内容，而不在于其道德上的善恶，科学知识没有道德意义上的"好"与"坏"。判断技术发明与应用的标准则是先进与落后，也不是道德意义上的"善"与"恶"。因此，科技本身是价值中立的，它并非伦理道德的研究对象，从科学的真假与技术的先进落后，当然推论不出伦理的善恶。也有学者认为作为知识形态的科学技术知识无价值负载，只有科学技术的使用才会产生实实在在的后果，才蕴含着价值，体现善恶。

对此，甘绍平先生提出，"如果不能对科技本身究竟有无伦理之问题做出一个肯定的回答，则科技伦理这一概念及由这一概念所代表的这门学科就不成立"。他比较了近现代科学与古代科学在结构上的差异，认为近代以来的科学不仅包含纯思辨的理论知识，也包含着有目的性的实际的行为。按照约纳斯的观点，只要是行动，则势必要与一个关涉行为后果的"责任"之道德概念相联系，势必要受到法律与伦理的制约。也就是说，科技与伦理是相关的，科技伦理源于当代科技发展之特点本身。正是由于当代科学研究、技术发明拥有着与古代科技明显不同的性质，所以人们才提出研讨科技伦理的要求。科技伦理，并不是科技成果本身有什么伦理，而是指通过实验积极主动地对事物的进程进行实际的干预，是对自然的一种操纵。经验科学是建立在实验基础上的，为获得真理而进行的实验干预，对社会和科研活动中所涉及的人群有着某种危害。这就涉及科学研究是否有禁区的问题？科学研究的兴趣与人权之关系问题？等等。道德与法律禁止一切为了科学的目的而损害他人的事情。作为科学研究的纯理论成果，可以是价值中立的，但研究的目的，手段及其结果的运用，都有其道德蕴涵。①

更为重要的是，科技伦理主要不是指科学家竭力探索未知的"内在责任"——职业道德和相应的规范，而是在行动的意义上，考量并承担科技行为及其后果对社会的"外在责任"。如前所述，风险是现代科技特别是高技术的内在构成要素，当科学研究越出实验室而将人类社会及其物质生活环境作为实验条件时，原本局限于实验室中的研究风险也就转变成了社会风险，这就要求科学家不仅要为自己行为的直接后果负责，而且还要顾及到与之相关联的后果，特别是那些目前还难以预知的风险。其二，是现代高技术不少研究都直接指向人本身，或者与人直接相关，相应的研究手段的合法性与道德性也是研究者必须考虑的问题。其三，在当代大科学和规划性科学（也可以叫作科学工程）中，即使是基础科学的研究也呈现出明显的应用特征。基础与应用之间的区分是相对的，而由基础到应用是必然的，只要接受基础研究，就得容忍其潜在的应用，应用早已经内置于基础研究的规划之中。在某种意义上说，无论是科学家还是资助科学研究的人，在一开始就对相关研究的应用心知肚明。事实证明，像化学之于化学武器、生物学之于生物武器、基本粒子物理学之于核武器，从基础研究到应用甚至是作为"杀人凶器"的军事应用，都是在所难免的。

刘大椿先生认为："当我们将科学建制放到社会情境中考察的时候，科学建制的职责不再仅是拓展确证无误的知识，其更重要的目标是为人类及其环境谋取更大的福利。"这表明，建制化的科学已经不是科学家个人的兴趣，它是以科学为手段，通过认识真理而运用真理，最终的目的是为了促进人类及其环境的福利。人类利益有轻重缓急，什么是值得花钱去认识的？什么是现在就必须开展研究的？这些研究对哪些人有益？这些问题是以某种标准为基础的价值抉择，是蕴含价值的事情。当我们这样思考问题，就已经把科学从自主性独立王国拉回了现实王国——承认科学研究是包括价值抉择在内的多种社会因素共同作用的结果。科学研究不仅要获得客观真理，更要注重研究的公正性，这种公正性既是对研究经费分配的要求，也是对研究结果利益分配的要求，还是对承担研究风险的要求。作为

① 参见甘绍平《科技伦理：一个有争议的课题》，《哲学动态》2000年第10期，第5—8页。

公共科学，要求它必须以公众利益优先为基本取向；要求科学是以增进人及其环境利益为原则。相反，若是危害人类公共利益，有损可持续发展，这种行为就是不道德的。在技术史中，一些隐含的价值因素对技术选择发挥着重要的作用。"事实上，人们对技术的不了解，与其说是对技术因素的无知，不如说是技术所隐含着的价值因素未得到公开明确揭示的结果。因此，为了促成技术与社会伦理价值体系之间的互动，首先必须公开地揭示和追问技术过程中所隐含的伦理价值因素。"①

朱葆伟教授认为，现代科学越来越社会化，研究到应用的距离越来越小。一方面科学技术发展越来越依赖于政府和企业提供的资金，另一方面，它们也越来越成为国家政治力量的基本来源和创造财富的主要工具。在这种情况下，传统的科学价值中立性、无功利性不再有效。从经济上说，资源都是有限的，在多样化的社会需要之间、不同学科之间、不同科学家之间如何分配研究资源，本身就涉及公正的问题；是应该把国家有限的资金用于研究遗传育种增加粮食产量以解决饥饿问题，还是用于改进烟草品质以满足烟民的口感和改善其健康？在知识经济中，知识和技术是主要的经济资源，它们使财富增长速度和贫富分化速度超过了以往任何时候。信息、生物等高技术领域的知识精英和风险投资者，一夜暴富的例子比比皆是，而多数公众则被排除在高技术财富分配之外。"在知识被视为资源、资本和权力的今天，科学技术与社会公正具有明显的相关性。科学技术知识作为一种权力和能力，缺少必要的科学技术知识，不仅可能被排除在民主决策之外，而且可能被放逐到社会生活的边缘。"②

肖峰教授对技术批判的人文主义思潮进行了详细梳理，揭示了这些思想中关于技术价值负载的蕴含。他认为，高技术给我们带来的负面影响，已不同于传统技术表现于直接的物质性影响，而是主要在于人的本质及其异化、人的崇高地位与神圣性、人的自由与平等、人类的安全与潜在的威胁等人文或者精神价值的层面。庄子反对像"桔槔"一类的机械，认为违反自然之道的"机巧"性东西必然损害人的自然纯朴之性，"为机械者，必有机事；有机事者，必有机心。机心存于胸中，则纯白不备。纯白

---

① 刘大椿：《科学伦理：从规范研究到价值反思》，《南昌大学学报》（人社版）2001年第2期，第1—10页。

② 朱葆伟：《科学技术伦理：公正和责任》，《哲学动态》2000年第10期，第10页。

不备，则神生不定。神生不定者，道之所不载也"。卢梭指责科学和艺术诞生于迷信、贪婪等罪恶，德行随着科学与艺术的兴起而消失。科学和艺术的进步，则泯灭了人性，压抑了人性，败坏了风俗，加剧了人类的不平等。机器的出现是现代技术诞生的标志，它开创了一个新的时代。马克思认为，在资本主义制度下，科学成为与劳动相对立的、服务于资本的独立力量，科学技术对劳动来说，表现为异己的敌对的权力。机器劳动极度地损害了工人的神经系统，侵吞身体和精神上的一切自由活动。甚至减轻劳动也成了折磨人的手段，因为机器不是使工人摆脱劳动，而是使工人的劳动毫无内容，在工厂中，"工人被当作活的附属物被并入死机构"。德国哲学家施本格勒认为，机器破坏了人类文明的传统，技术的发展是力量的误用。美国社会学家、哲学家路易斯·芒福德认为，工业化过程不仅加重了破坏环境的趋势，也加重了人对人的剥削，机器生产是"野蛮的新纪元"。技术进步使劳动失去人性，导致非人道和精神的匮乏，而技术进步的整个过程变得越来越强制、越来越集权主义和越来越非理性。现代高技术在克服传统机器技术的弊端时，又会产生新的问题。信息技术在给人们带来方便的同时，又使隐私问题等网络伦理道德问题日益突出；生物科技特别是基因技术对人与生命的"改造"，使人们不得不关注人的价值与意义，而转基因作物的生态和健康风险，又加重了人们对高技术价值的忧思，引起了人对于自身从存在到本质的疑惑。"今天人类所普遍面临的人文危机尤其是伦理危机和生存危机，最直接的起因就是高技术。"①

技术人工物不仅仅是知识的物化，在先于其使用的物化配置中，就可能有种种价值蕴含隐藏其中。兰登·温纳在《人造物有政治吗?》一文中，以摩西的低矮天桥和麦考密克的铸造机器为例，论证了技术配置的重要性，揭示了技术能够以加强权力、权威和一些人之于另一些人的特权的方式被使用。据称，摩西之所以把纽约长岛的公园大道上的天桥修得如此低矮（9 英尺），是出于他的阶级偏见和种族歧视。拥有小汽车的"上层"白人和"舒适的中产阶级"，可以自由使用公园大道进行消遣和娱乐，而乘坐公共汽车的穷人和黑人则被挡在公园大道之外，因为公共汽车太高（12 英尺）而无法通行。又因为公园大道是直通琼斯海滩公园，因而这一特别的设计也就限制了弱势种族和低收入群体进入这座受人欢迎的

---

① 肖峰：《高技术时代的人文忧患》，江苏人民出版社 2002 年版，第 26 页。

公园。使用不同档次的交通工具，成了不同社会地位人群的标识，而天桥的高低，则强化了这种标识，把两个人群区分开来，并关系到能否享用其他公共设施。此外，摩西设计和建造的许多标志性建筑，也都体现了一种系统化的社会不公，在建筑物的设计中，蕴含着人与人之间的不平等关系。麦考密克高价引进并不成熟的气压铸模机器，目的就是为了清除"人渣"——那些组织芝加哥地区铸工联盟的技术熟练的工人，若从经济上计算，引进这种机器在当时并不划算。

同时，温纳也指出，认识到技术的政治维度并不要求我们找到有意的阴谋或恶意的企图。很多重要的具有政治后果的技术的例子超出了"有意"和"无意"这样的简单分类。更多的情况是，技术发展过程可能全然地偏向某一方向，其结果对某些社会利益群体而言，可能是突出的进展，而对另一些利益群体而言，却意味着明显的退步。这就是说，特定的技术配置，它偏向于某些社会利益，使得一部分人注定比另外一些人获得更多的好处。20世纪40年代由美国加州大学研制的番茄收割机，大幅度地提高了种植园的劳动效率和番茄总产量。然而，番茄机无意间成了彻底重塑加州农村地区番茄生产所涉及的社会关系的一个契机。番茄产业劳动效率提高，并没有让该产业的利益相关者共同受益。首先是减少了大约32000个就业岗位，让一部分农场工人失业；其次，劳动效率提高的好处并未在种植园主之间平均分配，因为番茄机售价高且只适合高度集中化的种植模式，它在给大种植业主带来好处的同时，却让许多小的种植主破产。尽管这是无意中发生的，但从中可以看出，在科学知识特别是技术发明的利用中，技术与利益集团之间以一种根深蒂固的方式相互强化，使技术体现出毋庸置疑的政治和经济烙印。[①]

更为重要的是，技术也是建立世界秩序的方式，生活世界中的许多技术配置，包含着规范人类活动方式的可能性，某种技术配置一旦形成，就相当于建立了某种公共的秩序，并会持续影响好几代人。或者说，选择了某种技术配置，也就选择了某些特定形式的生活方式。因为采用某种技术，就必然要求获得和维持一套特定的社会条件作为该系统的运行环境；相对弱一点的说法是，特定技术与特定的社会政治关系高度兼容。原子弹

---

① 兰登·温纳：《人造物有政治吗？》，载吴国盛主编《技术哲学经典读本》，上海交通大学出版社2008年版，第185—199页。

的内在社会系统必须是权威主义的，别无选择。只要存在，它就要求被一种集中的、严密的指令系统所控制，避免任何意外操作的可能。同样，20世纪以来的许多生产系统、运输系统和通信系统的建设和日复一日的运作，要求发展一种大规模集中化等级化的组织，并由高度熟练的管理者来监管。技术越复杂，相应的管理和运作组织规模就越庞大、组织化程度就越高，组织中的权力和权威体现得就越明显。比如接受核电站，就得接受它相应的"技术—科学—工业—军事"的精英分子，如果没有这些人的操作，就不可能获得核电。换言之，如果社会依靠核技术而运行，那么在整体社会系统中，维持核技术运作的这些组织中的精英就获得了比普通公众更大的权威与支配权力。而当这样的以支撑技术为基础的社会运行逻辑内化为我们的生活方式时，人们很容易丧失对这种运行逻辑的反思与批判能力，甚至还会为这种逻辑进行辩护。这样的分析，也是适合于以高技术为支撑的现代生产与生活的方方面面的。

台湾学者林崇熙以"技术的权力秘密"为题，对温纳上文关于技术政治性的观点进行了评析。他指出，技术是人们面对生活的种种问题而发展出来的技能、知识、器物、系统、价值观与行为模式等的综合呈现，是人们对外展现的控制性力量。然而，人们很少料到，技术同时也是对内或者是对人们的控制性力量。在技术社会中，最伟大的权力就在于技术这种控制性力量内化为人们的"生活方式"而无法察觉，更因为是生活方式而成为价值观进而为其辩护与效命，从而促成了权力的再生产。权力的社会运作在于使人们无法思考"另类生活方式"的可能性。技术作为一种内在的控制性力量，就在于让我们觉得"只有"它提供的一种生活方式。在汽车技术支配的社会中，与之相适应的是如何把汽车设计得快速、安全、舒适，如何把公路修得四通八达，人们以汽车作为出行的缺省配置，城市规划、休闲、娱乐，甚至社会身份都被汽车及其相关技术所塑形。"技术的权力秘密在于它表现为对外部环境的控制力量，实则却同时是对内部人们的控制力量；它表现为一种进步与解放的力量，实则却同时与政治或经济与权威密切契合；它表现为一种中性的工具，实则却同时将社会导向某种特定的方向。技术作为一种生活方式，已经内化为我们的思考与行为。权力的秘密就在于我们无法察觉。"[1]

---

① 吴嘉苓等主编：《科技渴望社会》，台北群学出版有限公司2004年版，第123—125页。

如果我们把目光转向马尔库塞《单向度的人》，也可以看到类似的观点。马尔库塞认为，科学—技术的合理性和操纵一起被熔接成一种新型的社会控制形式。他从新型的科学合理性的内在的工具主义特征出发，认为科学是一种先验的技术学和专门技术学的先验方法，是作为社会控制和统治形式的技术学。技术使人的不自由处处得到合理化。因为人要成为自主的人，要决定自己的生活，在技术上是不可能的。也就是说，扩大舒适生活、提高劳动生产率必须以屈从于相应的技术装置为代价。进而认为，技术合理性是保护而不是取消统治的合法性，机器是通过征服自然、驯化自然从而实现人奴役人的工具。政治意图渗透于不断进步中的技术，技术的解放力量（使事物工具化）转化为解放的桎梏，使人也工具化。科学地加以理解和控制的自然，再现于生产和毁灭的技术设施中，这些技术设施在维系并改善各个个人生活的同时，又使他们服从于设施的控制者。技术设施的普遍有效性和生产能力，掩盖着组织这些设施的那些特殊利益集团。①

综上所述，我们认为当代高技术活动是具有价值负载的属人的实践活动，是"应然"与"实然"的内在统一。在现代体制化的高技术活动中，"应然"是在特定的价值体系中人应该做什么，规定哪些技术活动是允许的或者是被禁止的；"实然"是单纯的技术可能性所能达到的结果，是技术层面的"能够"或者"可能"。二者的内在统一表现在两个方面：一是"应然"制约着"实然"，技术上的"能够"并不意味着伦理上的"应该"，伦理上的"应该"是技术上"能够"或者"可以"的前提。在当代高技术实践中，从技术可能性到技术现实性的演进，必须符合"应然"，通过"应然"的审视，或者说必须经过价值抉择与伦理考量。如前面提到的斯坦福大学伯格教授果断中止基因重组实验，就是伦理"应然"对技术"实然"的制约。二是"实然"对"应然"的支撑与冲击。如果说价值观念与伦理规范是相对稳定的，那么科技的"实然"则是不断变化的，甚至可以说是日新月异的，尽管有伦理道德的约束，但并不意味着科技活动完全在既有伦理的框架下活动，它总是不断地挑战着伦理的边界甚至底线，引起伦理规范的回应或者变化。中国传统社会中的近亲通婚有利于加强家族势力，欧洲皇室为了巩固权力而通行的皇室政治婚姻，有利

① 参见吴国盛主编《技术哲学经典读本》，上海交通大学出版社 2008 年版，第 89—102 页。

于保证皇室"血统"的纯正和权力的封闭，但基于遗传学的优生理论，却大大地冲击了这种婚姻准则，在今天，近亲结婚不仅被视为不道德，而且也为法律所禁止。此处，遗传学的发展不仅冲击了传统的道德准则（亲上加亲），又为新的道德准则（禁止近亲结婚）的形成提供了事实基础（近亲导致遗传缺陷）。

二　风险与责任是高技术伦理的主题

如前所述，风险是高技术的内在构成要素，是高技术区别于传统技术的最大特点。这意味着高技术在给人类带来巨大利益的同时，也隐藏着巨大的摧毁潜能和不确定性后果。"其本身的不确定性的后果以放大的形式在社会范围内扩展，使人们生活在一种风险社会的情境之中。"[①]"风险社会是一个高度技术化的社会，科学技术的高速发展既是风险社会的特征，也是风险社会的成因。"[②]

高技术风险不是一般意义上的危险或者负面影响，它是人们能够意识到的某种技术行为可能产生的不确定性后果。也就是说，在高技术风险情境中，高科技可能会给人们带来巨大的危害。这种可能性一旦变为现实性，其伤害就非常严重，甚至是毁灭性的，比如核技术和平利用中的核泄漏，或者作为军事武器"恶用"于大规模杀人，都对人类造成了前所未有的伤害。世纪之交，在美国进行的一项网上调查中，公众把原子弹作为过去的千年中对人类影响最大的 11 件技术发明之一，并将其排在第二位，理由是"它可以使人类在几秒钟内回到石器时代"。其实，人类目前拥有的核武器存量，足以把地球毁灭几遍。果真有核大战的那天，人类已经不是退回到石器时代的问题，而是完全丧失了存在的可能性。正因为如此，"原子弹之父"奥本海默曾经说："在讨论我们明天将如何生活时，首先应该思索我们明天是否仍将活着。"技术水平越高，技术风险越大，这种伤害就越大。时至今日，当我们面临技术选择时，利益权衡应该让位于对风险的考量，即应该优先进行风险估量——必须理性地衡量我们能否承受技术风险带来的可能伤害，因为这种风险已经置人类于生死存亡的边缘。

---

① 　张锋：《高科技风险与社会责任》，《自然辩证法研究》2006 年第 12 期，第 56—59 页。

② 　庄友刚：《风险社会中的科技伦理：问题与出路》，《自然辩证法研究》2005 年第 6 期，第 71 页。

否则，人类将因自己某种技术上的不慎而走上万劫不复的不归之路。"科学和技术是一种神奇的钥匙，它可以打开天堂之门，然而稍一不慎，它又会打开地狱之门。"①

　　风险是指向未来的，它是一种未来可能性。"墨菲法则"指出了这样一个事实，即技术风险能够由可能性变为现实性。这意味着人类在高技术行为中，必须面对高技术风险，做出负责任的选择，对自己的未来和未来的世代负责。也正是在这种意义上，风险与责任成为高技术伦理的主题。反之，如果只想享受高技术的福利，而对其风险视而不见，任其发生，采取一种听之任之的不负责行为，人类将无前途与希望可言。因此，在高技术高风险的社会情境中，正视高技术风险并采取负责任的行为，才是人类的希望所在。

第三节　高技术风险的伦理规约

　　人类因技术发展中的伦理难题而一再陷入困境，又因超越这些困境而增长生存智慧。尽管伦理道德有其固有的保守性，但正是其保守性保证了人类的稳步发展。在这种意义上，伦理道德的引导和规约，是高技术健康发展和造福人类的必要条件。

一　开放的未来与必要的张力

　　从望闻问切到基因治疗，从烽火报警到卫星通信，从刀耕火种到现代农业，从夜观天象到数字预报，若以前者为坐标原点，当时的人们很难想象或者预测后者的到来。毫无疑问，就当今技术发展的快速性与多样性而言，我们要想描绘未来技术的发展，显然会更加困难。同样，若以当代高技术为起点，我们甚至很难描绘今后 10 年的技术图景。也许我们唯一可说的就是，技术的未来图景是开放的。从科技与社会的互动关系看，所谓开放的未来，此处有两层含义：一是指技术的发展永无止境，技术的未来图景具有多样性和长期的不可预测性；其二是指以技术为支撑的未来社会发展前景也是开放的，不确定的。

---

　　① 张开逊：《现代科学、技术的价值》，载王大珩、于光远主编《论科学精神》，中央编译出版社 2001 年版，第 64 页。

就第一层含义而言,无论是人类不断增长的需求还是技术自身的进化,都决定着技术发展不会停步。人类对食物的需求以及不断增长的人口对生存资料的压力,促使人类不断进行农业生产技术的创新,从原始农牧业到对动植物的人工选种育种,再到今天引起广泛关注的风险未知的转基因技术,农业科技的发展日新月异。从古代对物质结构的思辨猜测到近现代对基本粒子的探索及其应用,核技术已经广泛地运用于能源、医学,作物育种等方方面面,极大地提高了人类对自然的开发能力。仅此两例,足以说明技术发展的开放性和不可预测性。

就第二层含义而言,某些关键性技术一旦成为生产生活中的支撑技术,该社会就会围绕它形成技术进化路径,而后来的技术发明或者创新都将围绕它而展开,表现出对它的路径依赖,这种关键性技术也就成为塑造人类生产生活方式的重要力量。但鉴于技术发展的不确定性,将来社会又将以何种技术为支撑,塑造何种未来,在很大程度上也是不确定的。自从蒸汽机、内燃机和电动机的广泛使用,石化燃料仍然是到目前为止的主要能源。选择并形成消耗石化能源的动力技术及相应的交通运输业作为支柱产业的工业化方向,必然导致大气污染、交通阻塞、噪声污染等问题,从而严重地危害人类的健康,使人类生存状况恶化。按照今天的观点看,人类应该选择"环境友好型、资源节约型"的绿色技术,可是,在技术发展之初,谁又能预知该技术的这些风险与后果呢?在克服石化能源弊病的技术选择中,核能、水电、风能或者其他形式的能源及其主导技术谁主宰沉浮,还不得而知。不管谁将主宰沉浮,它是否也有风险呢?如果有,又是什么样的风险呢?也就是说,未来社会将面临何种风险,我们总体上说是不大可预知的。

如果说风险是高技术固有的构成要素,那么人类在发展和运用高技术的同时,就必须直面其风险而不能放任风险。可持续发展和美好生活,是人类发展技术的目的,为了实现这一目的而不是背离初衷,在技术发展与选择中就必须防范和规避风险。另一方面,人类并未因为原子弹在广岛和长崎的非人道使用而放弃核军事技术,尽管有禁止核武器扩散的国际公约,但核武器的存量却是有增无减,谋求大规模杀伤性武器仍然是霸权主义和极端势力不遗余力的努力目标。既有的伦理道德规范虽然没能阻止原子弹的恶用,但对这一恶用的反思,至少使这种类似的恶用到目前为止没有再发生,并促使专家和公众更加关注各项高技术的伦理问题。技术发展的历史经验已经表明：没有伦理约束的高技术，其风险一旦转变成现实的危害，必然会造成不可补救的恶果。在这种意义上，其他全球性问题中的"先制造，后销毁"、"先污染，后治理"、"先破坏，后保护"等技术选择，都是不负责任的行为。

伦理作为保障社会健康发展的保守机制和免疫力量，其保守性、稳定性和滞后性与当代科技的加速发展之间形成鲜明的对比，必然造成科技与伦理之间的张力。正如沈铭贤先生所说："不管伦理如何稳定，如何受到传统的支持，在科技的强大革命力量面前，伦理必须吐故纳新，发生相应的变革。另一方面，不管科技多么强大，多么锐不可当，它必须受伦理的规范和引导，尊重伦理的基本价值。"①总之，技术与伦理在互动中保持必要的张力，技术虽然不会因为伦理审视而止步，但伦理的考量与约束，一定是保证技术健康发展、预防技术风险的必要环节。

二　规避风险是高技术伦理的首要问题

科学技术的发展，对人类的现状时时刻刻都在提出挑战。不过，在不同时代，这种挑战有着巨大的差异。哥白尼的"日心说"、达尔文的进化论，给传统带来的挑战更多的是一种观念冲击，并且这种冲击是理论研究的"消极"后果，是其副产品，并非有意为之。现代高技术不同，它的目的指向性非常明确，引起的挑战不再仅仅是观念冲击，而是实实在在的改变甚至伤害。地球不是宇宙的中心，人与猴子有亲缘关系，是否接受这些观点，并不会影响人们的日常生活，更不必因此做出生存与毁灭的抉择。可氟利昂却让南极上空形成了臭氧空洞，这种空洞如果继续扩大，可能威胁到地球上整个生命的存在，是否继续使用与之相关的技术，对人类来说的确是个事关生死存亡的大问题。如果说传统科技发展带来的伦理难题主要在于观念冲突和利弊权衡，那么对现代高科技的伦理审视则主要在于规避风险。

趋利避害，是科技发展中的最佳伦理选择。但对科技的社会影响而言，利害相伴，如影随形。利弊可以权衡，其前提是"弊"与"害"在人们的可承受范围之内。比如治疗某种疾病的特效药物，尽管它有毒副作

---

① 沈铭贤：《科技与伦理：必要的张力》，《上海师范大学学报（社会科学版）》2001 年第 1 期，第 11 页。

用，但如果这种毒副作用在人体可承受范围之内，不会引起不可逆转的伤害，医生就会根据其专业知识提出使用该药的建议，而患者及其家属也会乐意接受这种治疗方案。但是，对于现代高技术而言，由于其潜在风险可能带来的巨大伤害，这种伤害可能危及整个人类的生存与发展，故首要的不是做利害权衡，而是考虑如何规避风险，避免伤害。因此，我们认为，面对现代高技术，必须把规避其风险作为首要问题，而非企求增进福利。

三　建设预防为主责任共担的风险文化

高技术是风险社会的重要成因。在风险社会情景中，要避免高技术风险的可能伤害，就必须建设预防为主责任共担的风险文化。

风险文化是预防为主的文化。事实上，高技术既处于知识的前沿，也处于知识的边缘，要对其风险做出准确的评估，本身就是不现实的。高技术风险完全不同于一般技术的利弊权衡，它最基本的特点就是不确定性。对此，利弊权衡与成本收益的思维方式已经失去了逻辑前提。面对生存与毁灭的二难选择，我们只能采取预防原则（Precautionary Principle，PP）。所谓预防原则，本来是用于防止环境恶化的原则，它是《联合国气候变化框架公约》规定的应对气候变化的 5 条原则之一。其基本含义是："各缔约方应当采取预防措施，预测、防止或尽量减少引起气候变化的原因，并缓解其不利影响。当存在造成严重或不可逆转的损害的威胁时，不应当以科学上没有完全的确定性为由推迟采取这类措施，同时考虑到应付气候变化的政策和措施应当讲求成本效益，确保以尽可能低的费用获得全球效益。"①预防原则的基本理念是"安全总比后悔好"、"防微杜渐"甚于"亡羊补牢"，它倡导积极预防而非事后补救。随着技术日益成型，避免其负面效应和采取预防措施的可能性就越来越小。它不是寄希望于破坏的后果能自动恢复，或者面对问题时总能发展出更新的技术去弥补旧技术的负面后果。高技术风险是指向未来的，这意味现在的技术选择将会影响到人类未来的生存与发展。当我们从预防原则出发考量高技术风险时，不得不认同这样一种关于高技术的"有罪推定"标准，即一切有可能严重危害当代人和子孙后代的公共福利，有损环境可持续发展的技术行为，都是

① 国家气候变化对策协调小组办公室，中国 21 世纪议程管理中心：《全球气候变化》，商务印书馆 2004 年版，第 305 页。

不道德的，都应该被禁止。

基于预防原则的"有罪推定"标准，会不会阻碍技术发展呢？在高技术发展中，胆子大一点，步子自然会快一点，但我们的确可能承受不了"胆子大"、"步子快"带来的风险。以预防原则应对高技术风险，并不会阻碍技术进步，而是要求在技术发展中采取一种更加审慎的态度和方式。贯彻技术生命周期的理念，从基础研究、技术开发、产品生产、使用到废旧处理，都要进行伦理反思，而不是等待技术结果进行事后反思。着眼于"有罪推定"不是对所有新技术判"死刑"，而是要求技术主体证明技术的"清白"与"无罪"，要求我们在技术路上必须要有"如履薄冰"、"摸着石头过河"的小心谨慎，在每一步反思的基础上采取必要的预防措施，在布满"地雷"的路上，幸存的方法只能是一步一步"排雷"，而不能靠"视死如归"的精神去"赴汤蹈火"。在高技术风险面前，"排雷"肯定会放慢前行的速度，但它确实能保障安全，"赴汤蹈火"一定不是置之死地而后生，肯定是置之死地而必亡。

风险文化是面向未来的责任文化。如果说风险主要着眼于技术本身，那么如何应对风险，显然只能取决于技术主体。"责任已经客观地成为高技术主体行为选择的核心概念"，所以，责任的着眼点在技术主体。而"主体责任的缺失是高技术伦理困境的源头"。[①]"在应用伦理学的诸多领域中，没有一个领域像科技伦理那样同责任概念联系得如此紧密。科技伦理的核心问题就在于：探寻科学家在其研究过程中，工程师在其工程营建过程中是否及在何种程度上涉及以责任概念为表征的伦理问题。"[②]责任意识来自社会角色的分化、人的能力的增长和对行为后果的自觉，以及交往关系的发展。科学技术体制化发展以来，科学家和技术专家作为一种专门的职业，承担着探究自然、改造自然、造福人类的职责，分工的发展和角色的分化，提高了他们的研究效率和能力，他们总是有意无意地要思考自己工作的社会价值和意义，形成特定的行为规范，强化着自己对社会和他人的责任意识。当科学技术超越了个人爱好与兴趣阶段，它就变成了一种社会行为，成为了一项社会的或者集体的事业。与科学技术相关的主体不再仅仅是直接从事科学技术研究活动的人，科学家、企业经营者、政治

---

① 赵迎欢：《高技术伦理学》，东北大学出版社 2005 年版，第 107—109 页。
② 甘绍平：《科技伦理：一个有争议的课题》，《哲学动态》2000 年第 10 期，第 5 页。

家、公众，都是联合行动的，都应对高技术风险负有责任。

德裔美国学者约纳斯认为，责任原则是伦理学视野的"新维度"——道德的正确性取决于对长远未来的责任性。责任伦理的性质是实践性的，它不是专注于"良知"，而是更强调行动及其后果：我们的活动创造着实在，也创造着自己的未来，应该对自然、自身及子孙后代负责。因为技术的福利是当下的，而风险意味着不确定性的未来，故预防原则本身就蕴含着对未来的责任，这既包括对当代人的未来负责，也包括对子孙后代的负责。

风险文化是责任共担的文化。城门失火，殃及池鱼。风险的分配逻辑要求在考虑如何规避风险时，必须建立责任共担的风险文化——在特定地域甚至全球范围内，风险一旦变为伤害，谁也不能幸免。比如核战争、核事故、流域水污染、臭氧空洞、全球变暖等，其危害都不仅限于特定的时间和空间。面对高技术风险带来的全球性、跨代际的可能伤害，既要强调个体责任，更要强调责任共担。在应对全球气候变化的谈判中，"共同但有区别的责任原则"已经是基本的共识。在加剧气候变化的人为因素中，无论发达国家还是发展中国家，对温室气体的"贡献"只有量的不同，谁都逃脱不了干系；在气候变化的可能影响中，也是谁都不可能幸免。而在应对气候变化中，只有共同行动，方能见到成效。在全球视野下，共同的风险，必然意味着责任共担。

第二章　纳米技术的风险与伦理挑战

纳米科技是当前国际高科技领域竞争的热点之一，是可能引导下一场产业革命的重要科技，将对 21 世纪经济、国防和社会产生深远影响，因此各国都把它看作应当优先发展的技术。然而，纳米科技既有诱人的前景，又有难以预料的风险。要确保最大限度地享受它所带来的种种好处，就必须特别重视和防范其巨大的风险，严肃考量它对社会价值和伦理的挑战。

第一节　纳米技术的发展与影响

由美国国家科学基金会（NSF）和美国商务部（DOS）共同资助的研究报告《聚合四大科技，提高人类能力》指出，"科学和技术的聚合始于纳米尺度的综合，它创造了大量的机遇，对人类发展而言，具有个人、社会和历史各方面的巨大影响"。[①]纳米技术在四大科技中具有基础性作用，它的兴起和迅速发展，将对人类产生深远的影响。

一　纳米技术的兴起与主要特征

纳米是一个长度单位。在人类的日常感知参量中，长度单位是米（m），1 纳米（nm）为十亿分之一米（10^{-9} m）。更直观地讲，"一般人类头发丝的直径在 70—100 微米左右，即约为 7 万至 10 万纳米。若形象地比喻，1 纳米的物体放到乒乓球上，就像乒乓球放在地球上一般"。[②]

---

① 米黑尔·罗科，威廉·班布里奇：《聚合四大科技，提高人类能力》，蔡曙山等译，清华大学出版社 2010 年版，第 7 页。

② 白春礼：《纳米科技现在与未来》，四川教育出版社 2002 年版，第 8 页。

1959 年，著名物理学家理查德·费曼（Richard Feynman）提出了纳米科技问题，即如果人们能在原子/分子的尺度上来加工材料、制备装置，我们将有许多激动人心的新发现。我们需要新的微型化仪器来操纵纳米结构并测定其性质，那时，化学将变成根据人们的意愿逐个准确地堆放原子的问题。1974 年，谷口纪男（Taniguchi）最早使用纳米技术（Nanotechnology）一词描述精密机械加工。20 世纪 70 年代后期，麻省理工学院教授埃里克·德雷克斯勒（Eric Drexler）大力倡导纳米科技研究，但为当时多数主流科学家所怀疑。到 80 年代末 90 年代初，纳米科技由于扫描隧道显微镜（STM）和原子力显微镜（AFM）等微观表征和操纵技术的发展而迅速发展，纳米尺度上的多学科交叉研究展现出巨大的生命力，迅速发展为一个有广泛学科内容和潜在应用前景的研究领域。1990 年 7 月，在美国巴尔的摩召开了第一届国际纳米科学技术会议，标志着纳米科技正式诞生。

所谓纳米科技，是指在纳米尺度（1—100nm）上研究物质（包括原子和分子的操纵）特性和相互作用，以及利用这些特性开发新功能器件的一门科学技术，是现代科学与现代技术相结合的产物，涉及物理学、化学、材料学、现代仪器学、生物医学等众多基础学科。它的主要研究内容包括三个方面：纳米材料、纳米器件、纳米尺度的检测与表征。其中纳米材料是纳米科技的基础，纳米器件的研制水平和应用程度是我们是否进入纳米时代的重要标志，纳米尺度的检测与表征是纳米科技研究必不可少的手段，是实践和理论的重要基础。纳米科技最基本的问题是合成结构与性质具有对应关系的纳米材料。[①]

从研究的空间尺度看，人们对物质世界的研究主要从宏观和微观两个层次展开，特别是量子力学和相对论创立以来，人们在宏观和微观两个方面都取得了巨大的进展。然而，在基础物理的研究中，人们发现在介观体系中，表面和介面问题随几何尺寸的缩小而显得至关重要。在纳米尺度上，表面原子或分子占了相当大的比例，已经无法区分物质是长程有序（晶体），短程有序（液态），还是完全无序（气态）。介观态物质的性质不是取决于物质内部的原子或分子，而是主要取决于物质表面或界面上分子的排列状态，它们由于具有量子力学上强关联性而表现出完全不同于宏

---

① 白春礼：《纳米科技及其发展前景》，《科学通报》2001 年第 1 期，第 89—92 页。

观和微观世界的奇异特性。纳米科技的最终目标是直接以原子、分子及物质在纳米尺度上表现出来的新颖的物理、化学和生物学特性制造出具有特定功能的产品。纳米材料主要有以下特性。[①]

小尺寸效应。即当固体颗粒的尺寸与德布罗意波长相当或更小时，这种颗粒的周期性边界条件消失，其力、热、声、光、电、磁等特性出现改变而导致新特性的出现。比如纳米金就有明显的小尺寸效应，当其由块体变为粒径分别为 20nm、5nm、4nm、2nm 的纳米颗粒时，其熔点从块体的 1064℃下降为 900℃、850℃、750℃、330℃，相应地，颜色也发生较大的变化。

表面效应。是指纳米粒子的表面原子数与总原子数之比（称为比表面积）随着纳米微粒尺寸的减小而大幅度增加，粒子表面结合能随之增加，从而引起纳米微粒性质变化的现象。以球性纳米粒子为例，其表面积与直径平方成正比，体积与直径的立方成正比，故球体的比表面积与直径成反比，即球体的比表面积随直径的减小而显著增大。因此，纳米粒子表面原子缺少近邻配位的原子，使表面总是处于施加弹性应力的状态，有着比常规固体表面过剩许多的能量，具有较高的表面能和表面结合能。

量子效应。是指当粒子尺寸下降到接近或小于某一值（激子玻尔半径）时，费米能级附近的电子能级由准连续能级变为分立能级的现象。在纳米粒子中，未被占据的高低轨道能级间距随粒子粒径变小而增大。当热能、电场能或者磁场能比平均的能级间距还小时，纳米微粒就会呈现一系列与宏观物体截然不同的反常特性，即量子尺寸效应。量子尺寸效应产生了能级宽化，使纳米粒子的发射能量增加，光学吸收移动，直观上表现为样品颜色的改变。

宏观量子隧道效应。隧道效应是指电子贯穿势垒的现象。近年来，人们发现一些宏观物理量，如微颗粒的磁化强度、量子相干器件中的磁通量等亦显示出隧道效应，称之为宏观量子隧道效应。量子效应和宏观量子隧道效应是未来微电子学和光电子器件的基础，明确了现存微电子器件进一步微型化的物理极限。据计算，在制造半导体集成电路时，经典电路的极

---

① 参见刘焕彬、陈小泉《纳米科学与技术导论》，化学工业出版社 2006 年版，第 7—9 页；徐国财《纳米科技导论》，高等教育出版社 2005 年版，第 43—46 页。

限尺寸大约在 0.07μm。

　　从纳米科技的发展历史看，它不是像物理学、化学、生物学那样的单一学科，也不是单一学科的延伸或某一新工艺的产物，而是从不同学科研究向介观态（介于宏观和微观之间的状态）物质汇聚的结果。就纳米科技的跨学科交叉综合特性而言，目前很难明确区分纳米科学技术的基础科学问题和应用技术问题。如果从跨学科的角度看，它其实是一个综合性的科学技术群。联合国教科文组织发表的《纳米技术的伦理与政治》指出，目前尚无纳米技术的统一定义。[①]而多种定义共存这一事实，恰好说明纳米技术像生物技术等新兴技术一样，模糊了纯基础研究与应用研究、公共研究与私人研究之间的界限。多学科背景和不同国家的科学建制将形成关于纳米科技的不同观念和不同关注点，这将影响到纳米技术的未来发展趋势。在该报告中，"纳米技术"一词既指基础研究又指应用研究，"在纳米技术中，科学与技术是紧紧地相互联系相互依赖的"。[②] 为方便起见，本文对纳米技术（Nanotechnology）、纳米科学（Nanoscience）、纳米科技（Nanoscience & Nanotechnology）不作严格区分，等同使用。

二　纳米技术的影响与发展趋势

　　与历史上其他新兴技术相比，纳米技术在其发展的初期（20 世纪 90 年代）就引起了政府、科技专家、企业界、媒体和公众的高度关注，并得到了资本市场的青睐。各主要发达国家的政府都把纳米技术作为未来经济增长的"引擎"，有实力的大企业则把纳米技术的研发看成保持技术优势的良机。在纳米科技的投入上，政府与企业可谓双管齐下。产业政策和资本市场的强力推进，加速了纳米技术的研发进程。媒体的早期介入，在很大程度上强化了纳米科技的公众关注。美国《商业周刊》将纳米科技

---

　　①　UNESCO 指出，纳米技术最简单最宽泛的定义是在纳米尺度上开展的研究。各个国家对纳米技术的定义随其实力不同而不同。美国国家纳米研究计划（NNI）关于纳米技术的官方定义是，在 1—100nm 的尺度范围内针对原子、分子或宏观分子水平上开展的研究和技术开发，以提供对纳米层次上现象和物质的基本的理解，生产和利用因其微小或者中观尺度而具有新颖特性和功能的结构、设备或系统。英国皇家学会则区分了"纳米科学"与"纳米技术"，前者包括对纳米粒子的研究和操纵，后者包括在纳米尺度上对结构、设备和系统的设计、表征和生产。

　　②　UNESCO, *The Ethics and Politics of Nanotechnology*, 2006, 4.

列为 21 世纪最有可能取得突破的三个领域之一。美国总统助理致国会的信中称：纳米技术将与信息技术或生物技术一样，对 21 世纪经济、国防和社会产生重大影响，可能引导下一场工业革命，应该把它放在科学技术发展最优先的地位。1999 年，美国政府就把纳米技术列为 21 世纪前 10年优先发展的 11 个关键领域之一，并于 2000 年拨款 4.95 亿美元，优先实施"国家纳米研究计划"（NNI）。从 2000 年起，美国联邦政府对纳米技术的投入逐年增加。2001 年为 4.65 亿美元；2002 年，美国国会纳米研发预算约为 6.04 亿美元，实际投入 6.97 亿美元；2003 年，预算申请比2002 年增加了 17%，约 7.10 亿美元，实际投入为 8.62 亿美元。2003 年12 月，国会通过了《纳米科技促进法》，批准联邦政府从 2005 财年起的4 年中投入约 37 亿美元，用于纳米科技的研究开发。2004 年投入为 9.89亿美元，2005 年为 10.81 亿美元。2006 年，布什政府提出在未来 10 年内，美国联邦政府将加倍扩增科技计划研究经费，主要投入到纳米科技、超级计算机应用、新能源开发等领域。2006 年投入为 13.5 亿美元；估计2007 年为 13.9 亿美元，2008 年为 14.4 亿美元，2011 年达到 17.6 亿美元。美国之所以在纳米技术研究上大量投入，其目的是想在纳米科技基础研究上保持绝对优势，在产业化上占领一半以上的全球市场。

　　除了美国这一领头羊之外，其他发达国家也纷纷加大对纳米科技的研发投入。加拿大政府于 2001 年正式宣布投资 1.2 亿加元，在阿尔伯特大学建立国家纳米技术研究院，整个项目包括 1.8 万平方米的纳米技术实验大楼，招募 200 名不同领域的科学家和培养 250 名研究生，计划在 5 年内建成具有世界领先水平的纳米技术综合研发中心。2005 年 6 月，加拿大政府宣布投资 455 万加元，与加拿大商业联盟共同建立以纳米平面印刷为主的纳米制造中心，旨在推进纳米技术研究成果的商业化。以色列提出了国家纳米科技计划的基本框架（2003—2007），其目标是加大纳米科技的投入，5 年内的总投入从原来的 0.8 亿美元增加到 3 亿美元。欧盟第六框架（2002—2006）计划为纳米技术研究拨款 13 亿欧元，将纳米科技作为7 个重点发展的战略领域之一；2005 年 4 月发布的欧盟第七框架计划（2007—2013），对纳米技术、材料和工艺的研发投入达到 48.65 亿欧元；同年 6 月，欧盟进一步公布了《欧洲纳米技术发展战略》，主要包括加大资金投入和加强技术平台建设。2011 年 11 月，欧盟发布了第八个科技框架计划，在耗资约 800 亿欧元的总计划是，纳米科技亦是其重点领域之一。[①] 此外，欧盟各成员国也纷纷出台自己的纳米技术研究计划。德国从 20 世纪 80 年代就开始支持与纳米技术相关的研发。1998 年则制定了专门的纳米研发战略和计划，从 1998 年到 2004 年，德国联邦政府对纳米技术的资助增长了 4 倍。2006 年，德国教育和研究部开始启动了"纳米行动计划 2010"。法国于 2003 年启动了"国家纳米科学计划"，增加纳米技术投资，建立了大型的研究开发网络和中心，调整了研发战略，加强了国内和国际合作。英国贸工部于 1986 年就提出了"国家纳米技术倡议"。近年来又在不断调整其发展战略，加大投入以应对世界纳米科技的巨大挑战。自 2003 年起，英国政府决定此后 6 年内拨款 9000 万英镑，用于支持企业和大学进行商用纳米技术开发。目前，英国有近 100 个学术研究团队，约有 1000 家公司投身于纳米技术的研究和生产。

日本对纳米技术非常重视，在 20 世纪 70 年代就实施了相关研究计划。目前，日本国会提出要把发展纳米技术作为今后 20 年日本的立国之本。自 2001 年开始，纳米技术研究计划就被列入"科学技术基本计划"的重大研究领域。参与纳米技术研发的企业数量多（近 300 家），资金投入量巨大。

2000 年 12 月，中国科学院白春礼院士应邀为国家领导人作了题为"纳米科技及其发展前景"的讲座。他就纳米科技的意义与发展过程、纳米科技的研究领域、纳米科技的前景、中国纳米科技的发展状况和对策建议等问题作了系统介绍。中国政府在 2001 年 7 月发布了《国家纳米科技发展纲要》。《纲要》指出，纳米科技已经成为国际高技术竞争的热点之一，明确提出要占领科技制高点。并先后建立了国家纳米科技指导协调委员会、国家纳米科学中心和纳米技术专门委员会。2006 年正式颁布的《国家中长期科学和技术发展规划纲要（2006—2020）》将纳米研究列为四项"重大科学研究计划"之一。[②]

白春礼认为，纳米科技热不仅仅在于尺度缩小的问题，其实质在于其变革对于人类社会所具有的重大影响和意义：纳米科技将推动人类认知的

①　参见齐芳《纳米科技将重塑未来——专访 2013 年中国国际纳米科学技术会议主席、中科院院长白春礼》，《化工管理》2013 年第 10 期，第 54—56 页。

②　参见任红轩、鄢国平《纳米科技发展宏观战略》，化学工业出版社 2008 年版，第 8—9、33—56 页；Geoffrey Hunt, Michael D. Mehta. Nanotechnology: Risk, Ethics and Law, Earthscan, 2006, pp.59—117.

革命，对这一交叉融合领域的认识形成的新概念和新理论，将会使人类建立新的世界观。纳米科技是信息科技和生物科技进一步发展的基础。纳米科技的突破，将引发一场新的科技革命和产业革命。纳米技术在生产和生活中的应用，会推进产品微型化、高性能化与环境友好化，节约资源和能源，为可持续发展提供新的物质和技术保证。① 由于纳米技术诱人的应用前景，人们对它寄予了厚望。认为随着纳米科学技术的发展及其应用，过去作为发展瓶颈的主要问题都将得到彻底解决或者缓解，这些问题包括健康与重大疾病防治、食品安全、水安全保障、油气安全保障、战略矿产资源安全保障、海洋监测与资源开发利用、清洁能源与再生能源、环境污染控制与生态综合治理、防灾减灾等。

总之，世界各主要国家普遍认为，随着纳米技术的发展，纳米电子代替微米电子、纳米加工代替微米加工、纳米材料代替微米材料、纳米生物技术代替微米生物技术是不以人的意志为转移的必然趋势。21 世纪前 20年又是发展纳米技术的关键时期，只有加速发展、抢占先机，才能在未来竞争中占据有利地位。

第二节　纳米技术伦理问题的研究现状

因纳米技术的特殊重要性和巨大风险，对其伦理方面的关注几乎与对技术本身的研究同时兴起，并且取得了相当丰富的成果。

一　国内外研究现状

美国在 NNI 启动之初，就包含了纳米技术社会影响的研究。2001 年，美国国家科学基金会（NSF）出版了《纳米科学和纳米技术的社会影响》的报告。报告认为，纳米科学技术的发展将对未来几十年人类的健康、福利、和平带来深刻的影响。强调 NNI 必须包括纳米技术对社会影响（包括对经济、政治、文化、教育、医药、环境、太空探索和国家安全）的研究。在该报告中，V. 威尔（V. Weil）详细探讨了"纳米技术中的伦理问题"。他认为，为了探究纳米科技的伦理学影响和识别纳米风险，有必要弄清楚物质世界和社会的根本性转变。也就是在特定的环境中，追问

---

① 参见白春礼《纳米科技及其发展前景》，《科学通报》2001 年第 1 期，第 89—92 页。

社会与组织的政策与行动相关的伦理标准、责任、决定及个人行为，关注可防止的伤害、关于公平与公正的冲突、对个人的尊重等。他还指出，迅速发展的技术的新近历史表明，我们应该对意料之外的后果保持警惕。而要识别伦理问题，就必须以具体的案例为依据，比如纳米催化新过程，就涉及工人的安全、人力资源的结构、知识产权保护、大学与工业之间的关系、盈利与大学的核心价值等问题。处理这些问题可能又涉及三个方面：对由政府资助、在大学里开展的研发活动进行伦理约束；建立公众关于纳米问题的民主对话与沟通机制；教育等。①可以说，该报告是纳米技术伦理研究的重要起点。2003 年，美国学者摩尔（Moor）和澳大利亚学者威克特（Weckert）在"纳米伦理——从伦理的视角评价纳米尺度"的报告中，首次提出了"纳米伦理"这一概念。

马克·C. 苏奇曼（Mark C. Suchman）认为，在研究纳米技术的社会影响及其伦理意义时，必须对纳米材料（nano – materials）和纳米装置（nano – mechanisms）分别进行考察。前者关注宏观物质的纳米尺度控制，后者则关注纳米机械工程和纳米机器人。尽管纳米材料引起的社会变革可与青铜器之于石器时代，核技术之于 20 世纪相提并论，但这种影响仍然是"局部的和可以管理的"。纳米材料作为一种新技术的产物，与玻璃、汽油和塑料等本质上没有差异，它仍然是以人们相对熟悉的方式引起变革。它与历史上其他新技术一样，会在其影响所及的工业领域造成技术的不连续性，引起一个"动乱期"。在这期间，政府、企业、公共机构等各种经济、政治和文化力量会设法填平这一断裂，形成新的"主流设计"（dominant design），最终使受到影响的领域重新回到稳定状态。如果说纳米材料引起的技术上的不连续性与它之前的其他技术所引起的技术上的不连续性之间有差别的话，那也只是程度上而非不同种类的差别。任何这种技术上的不连续变革都可能意味风险，纳米材料也不例外，但它引起的风险同样也不比其他技术更可怕。纳米材料带来的社会影响和伦理问题与之前的技术引起的问题有类似之处。

按照上述观点，生物技术和信息技术等高技术的历史为我们考察纳米材料伦理问题提供了有益的借鉴。生物技术和信息技术发展过程中给人类

---

① V. Weil, Ethical Issues In Nanotechnology, Mihail C. Roco, William Sims Bainbridge. *Societal Implications of Nanoscience and Nanotechnology*, Kluwer Academic Publishers, pp. 244 – 250.

带来的伦理问题，绝大多数也会在纳米技术发展过程中出现，这属于已经出现、但对于纳米技术而言有着不同内涵的问题。比如政府在支持、促进新技术发展中所扮演的角色、新技术产品生产方案的选择以及由谁来选择、技术信息公开交换与交流、公众参与等问题；信息技术之于隐私问题；生物技术之于人的尊严与生态安全问题。当然，也不能想当然地认为人们从不同的纳米技术图景出发，试图从中获得大致相同的东西。换言之，对纳米技术的不同理解、不同期求蕴含着不同的价值选择，这对新技术的公众接受尤其重要。转基因农产品所付出的高昂代价主要就在于它对公众价值的忽视，纳米技术也不能不面对这样的市场风险。

　　就政府对纳米技术的支持而言，也存在政府政策导向、投资领域的选择等问题，这些必然涉及公平原则。纳米技术发展的不平衡性和差距已经出现，这涉及发展机会平等的问题。基于纳米技术的新颖性而带来的伦理问题则是将来可能出现的。比如基于纳米颗粒特殊的催化性能，必然会出现新的产品生产方法，而新的生产方法就可能带来特殊的"暴露与伤害"这一与工人安全保护相关的伦理问题；新的生产方法又必然产生对劳动力新的需求，这会改变劳动力的原有结构，这种改变必然是一部分人受益，而一部分人受害，由此就会出现公平这一伦理问题；相应地必须进一步识别受益者与受害者，使受害者不至于遭受可以防止的伤害或者失去减轻伤害的机会或者获得应有的补偿。而纳米技术的新颖性及其社会环境必定会增加与知识产权保护相关的伦理问题的复杂性。凡是有专利和商业秘密的地方，就会影响到技术人员之间公开的技术信息交换以及技术人员与公众之间的有效交流和沟通，与信息技术和生物技术相关的调节所有权的基本原理很有可能会被严肃讨论；知识产权保护必然会引起平等问题，对这一问题的严肃而广泛的公众讨论可能会导致对知识产权政策的重新检视和修订。同已往的高新技术类似，与大学和工业之关系相关的伦理问题也会出现。尽管人们普遍认为大学与私营公司之间的密切关系对双方都有极大的价值，而且不少大学也认可大学的研究人员因其研究而获得丰厚物质回报的必要性。但不能忽视的事实是：大学与企业对于对方的价值就在于二者有所不同。二者之间的密切关系使利益冲突这一问题凸显了出来，产生了诸如研究人员与以盈利为目的的公司的紧密结合，是否会影响到大学研究中研究判断的可信度等问题。大学核心价值与商业利益的冲突，必然会在纳米技术的研究中有所表现，以获取新知识为目的的公益性研究与以利润为目的的企业委托研究之间毕竟有区别,如何把握二者的界限,从而让公众对中立性研究机构的信任不至于动摇?

与纳米机械和纳米机器人相关的纳米技术主要致力于制造能在宏观环境中运用的纳米尺度装置,比如能在生物体内进行操作的极小的医学设备、微型化监视系统或者极小的采矿和制造设备等。这种意义上的纳米技术使人类能在以前不能达到的尺度上操纵物质世界,从而开创了真正的科技前沿。就目前所能想象的情况看,纳米机械装置至少具有不可见、微观运动能力和自我复制三个特点,它们会对安全和管理带来一系列新的挑战。从对社会的长远影响来看,这类装置可能更具破坏性。不可见性是纳米物质一种固有的特性,它极大地增加了隐蔽行为的可能性,纳米装置的微观运动能力会对传统的宏观边界的理解带来巨大的挑战,在纳米尺度上,栅栏、墙壁甚至连人的皮肤都成了巨大的开放空间。尽管自我复制可能是纳米革命最大的技术障碍,但它对经济地生产复杂纳米装置非常重要,到时它会成为纳米技术一个非常普遍的特征。可是,粗心设计的具有自我复制能力的纳米装置如果没有预置开关(a ready "off switch"),它们的数量就会呈指数增长。更不必说,如果这些纳米机械具有自动运行和自我修复能力的话,上述危害可能会被急剧放大。①

理查德·H. 史密斯认为,对新兴的纳米技术而言,必须区分已经出现的伦理问题和可能会出现的伦理问题。他们以 2003 年为起点,以短期(5 年)、中期(5—15 年)、长期(20 年以上)为时间尺度,对纳米技术在不同阶段的技术特征、社会影响和伦理问题进行了分析。

在短期内,纳米技术的一般特征是几乎没有完整的研究方案和成熟的纳米产品,部分地采用超微机电系统,纳米传感器进入试验阶段,涂料等物质产品接近实用,从人类基因组计划中获得的知识为纳米技术增添了越来越多的潜在生物学方法。这是纳米技术研究的启动阶段,这一阶段的伦理问题主要有:(1)我们应该试图改变自然吗?(2)纳米技术能为我们在将来提供免于动物试验的能力吗?(3)应该让(或如何避免)政治或宗教等因素介入纳米技术的研究吗?比如石油公司的介入就可能阻止最终

---

① Mark C, Suchman, Envisioning Life on the Nano – Frontier, Mihail C. Roco, William Sims Bainbridge, *Societal Implications of Nanoscience and Nanotechnology*, Kluwer Academic Publishers, 2001, pp. 271 – 276.

有可能不再使用化石燃料的研究。（4）针对一些纳米产品的意外后果，应该采用什么样的伦理标准？应该由谁来做出决定？而谁又有资格确定决定者？（5）如何构建纳米技术系统的图景，与此相关的伦理问题则是纳米技术的研究成果是惠及每个人还是仅仅惠及富有者？比如美国的 NNI 是仅仅惠及美国还是全世界？如果惠及全世界，那谁来支付研究费用？能否形成包括没有坚实基础设施的穷国在内的全球研究部署？（6）哪些种类的研究将获得优先资助？由谁出资？研究成果归谁所有？什么利益集团将参与讨论纳米技术研究的风险、成本、收益及分布地点？哪些集团将被恰当地排除在这一讨论之外？其标准是什么？谁有权制定这样的标准？（7）在选择资助项目时，如何在具有较高机会成本但潜在回报极大的装配器纳米技术研究和具有近期较小回报的其他研究之间保持平衡？

就中期的时间尺度来说，纳米技术研究的一般特征是，许多超微机电系统产品进入试验阶段并可能实用化，全新层次的物质和制造方法进入日常生活，纳米产品不断进入消费市场，交互式和（或）程控式纳米系统在不远的将来似乎越来越合理，纳米机器人虽未进入试制阶段但已经初露端倪。这一阶段的主要伦理问题有：（1）微电子器件仍遵循摩尔定律，但已经接近其极限，可能发现和制造纳米级的探测器件，运用这些成果可以比以前更早地诊断疾病，可能出现的问题是诊断远远超前于治疗，这对病人将意味着什么？（2）谁将会由于纳米能力的现实化而被边缘化？是穷人还是现在的强势群体？（3）随处可有基于微机电系统的肉眼看不可见的传感器，DNA 传感器更为广泛，这些器件有很多有益的用途，但它们对个人隐私有何影响？（4）谁将从长远的发现获益？仅仅是那些对此有支付能力的人？是每一个人还是仅限于发明所在国的公民？（5）当对微小客体的感知达到纳米尺度时，纳米设备和纳米诊断的临床试验意味着什么？纳米医学应该受到某种限制吗？应该仅限于学术性医学机构？需要建立新的管理法规吗？还是应该由市场来决定？（6）谁能最好地做出详尽的风险评估？如果研发者的风险评估是错误的，谁将遭受痛苦？这种痛苦有多大？如果纳米科技研究是充满风险的行为，那么何处将是早期纳米设备研究合适的试验场？纸上的演算？计算机模拟？物理模型？动物试验？人体实验？由谁来决定这一问题？（7）在何时由谁来制定跟踪设备的标准？如何制定？（8）不断成熟的纳米医学能力会改变社会看待风险行为的方式吗？这是好还是坏呢？

就长期（2020 年左右）而言，纳米技术的一般特征是交互式／程控式纳米系统逐渐成为现实，纳米机器人已经应用于实验室，并在一些特定应用领域进行测试、评价，纳米医学开始取代诸如外科手术、传统制药、药物设计等过去的医学形式，普遍适用的装配器仍然没能获得。与纳米技术这一发展阶段相应的伦理问题主要有：（1）由于纳米技术有了更深入的发展，许多技术实用化，可以帮助人类解决目前面临的诸多问题，但必须提前研究有意无意的潜在滥用，包括纳米武器、智能收集设备（intelligence – gathering device）、纳米技术与人工智能结合形成不可见的超级智能设备、对某些人群缺乏免疫力的人工病毒。（2）从前纳米世界向后纳米世界过度可能是个极其痛苦的过程，并且可能加剧富人与穷人之间的纳米鸿沟问题（the problem of haves vs. have – nots），穷人不容易获得新技术，纳米富人与纳米穷人之间的生活差距将会更加突出。（3）现在的绝大多数社会经济系统都建立在短缺之上，如果纳米技术使绝大多数东西都变得可复制，使短缺本身变成短缺的东西，那么财富与权力等概念将会发生怎样的变化？当纳米技术运用于人体，那么多少纳米假体的使用才算使一个自然人变成一个非自然人（non – human）？（4）我们可以或者应该考虑复制人的大脑或者心灵吗？（5）有感知能力的人工智能意味着什么？我们被迫将这些潜在物视为异类或者破坏者？智能机器必然是人类的终结者吗？（6）人的本性会发生改变吗？如果发生改变，这是好还是坏？谁来决定这种改变？（7）如果纳米技术允许我们开发其他星球，我们应该把其他星球作为纳米技术的试验场吗？（8）如果发达国家发生了纳米技术革命，那他们有权将这种变革的速度和程度强加于世界其他国家和地区吗？地球上的富人将不再需要穷人了？（9）人类如何与纳米机器人相处？如果纳米技术果真带来如此巨大的变革，那人类有权（或者能找到某种途径）决定退出这样的社会吗？[①]

《欧盟 2005—2009 年纳米科技行动计划》针对纳米科技对人类健康、安全、环境和社会可能产生的诸多影响，明确了今后需要优先推进的七项工作重点。提出要为"工业创新提供有利的条件保障，确保纳米科研成

---

① Richard H. Smith, Social, Ethical, And Legal Implications of Nanotechnology, Mihail C. Roco, William Sims Bainbridge. *Societal Implications of Nanoscience and Nanotechnology*, Kluwer Academic Publishers, pp. 257 – 271.

果转化为安全、健康、价格适度的产品和商品"，"遵循道德伦理原则，促进与社会公众的对话，制订纳米科研计划时充分考虑社会意见"，"加强纳米产品对公众健康、职业卫生、安全和环境以及消费者的风险评估和早期防范体系的建设"，"促进国际交流与合作"等。该计划还特别关注纳米科技对社会的影响，指出纳米科技在推动人类社会进步、改善人类生活质量的同时，风险也同其他任何技术一样并存。因此，发展纳米科技必须考虑到其对环境、安全、健康等可能产生的不利影响，与社会建立有效的对话机制，充分了解社会对纳米科技的期望和担忧所在，以避免纳米科技的发展产生负面社会效应。为此，欧委会特别关注纳米科技发展及其成果应用可能带来的诸如区域发展失衡、昂贵的纳米医药影响公众就医等社会问题，并提出了以下举措加以防范：（1）确保欧盟资助的纳米科研活动对社会担负起责任，充分考虑纳米科研所涉及的道德伦理问题，其中包括对人体的非治疗性介入，隐形传感器对个人隐私的侵犯等；（2）责成欧盟科技伦理小组对纳米医药的伦理问题进行分析研究，并制定相关伦理指标，以便今后对纳米科研项目的道德伦理的遵守执行情况进行评审；（3）支持纳米科技发展前瞻性研究，为评估纳米科技存在的潜在社会风险及其对社会的影响提供信息服务；（4）深入调查欧盟各成员国对纳米科技的认知程度及态度，为促进社会各界围绕纳米科技进行开诚布公对话创造条件；（5）针对不同年龄段的群体，提供多语种纳米科技信息宣传材料，增强他们的纳米科技意识。

　　欧盟还特别关注对纳米产品的风险评估和管理。由于纳米产品中细粒子单位质量表面活性程度很高，使产品的毒性及对人类健康的影响也可能会有所增加。欧盟强调从纳米产品的概念设计开始，贯穿研发实验、生产、流通、消费、回收处理等产品生命周期的各个阶段，都要对产品进行关于人类健康、环境和消费安全的风险评估，尤其是对已经流通或即将进入市场的纳米产品更要进行严格的风险评估和管理。同时，欧盟还致力于纳米科技的国际合作。通过与发达国家的合作，追求知识、成果和利益的共赢；通过与发展中国家的合作，促进发展中国家获取知识的能力，避免出现"纳米鸿沟"。①

---

　　① 参见林捷《欧盟 2005—2009 年纳米科技行动计划》，《全球科技经济瞭望》2005 年第 9 期，第 7—9 页。

联合国教科文组织于 2006 年发表了题为"纳米技术的伦理与政治"的研究报告。该报告对以下问题进行了探讨：（1）"知识差距"问题。（2）纳米技术对人类和环境的毒性与风险。报告认为，这是目前纳米技术中最紧迫的问题。这包括两个方面，即纳米微粒的危害与暴露风险。前者涉及纳米微粒对人体或自然生态系统的生物和化学影响，后者涉及纳米微粒的泄漏、流失、传播和富集问题，以及由此给人体或生态系统带来的危害。由于人们觉察到纳米技术的新奇性后，越来越担心它可能会造成新的危险或风险，从而提出了怎样应对的新问题。风险管理能在一定程度上识别风险，但它不能解决由这些风险带来的伦理问题，比如谁应该为这些风险负责？它是怎样在国际上扩散的？谁有权根据这些分析结果来做出相应的决定？（3）与纳米技术毒性及风险相关的管理与责任问题。①

2006 年，德国的乔奇姆·舒美尔（Joachim Schummer）和美国的戴维斯·贝尔德（Davis Baird）合作主编了《纳米技术挑战：对哲学、伦理和社会的影响》一书。该书第三部分专门探讨了纳米科技的伦理问题。作者指出，纳米科技的伦理问题与其他新兴科技（如生物技术、信息技术或认知科学）中的伦理问题没有什么不同，社会和伦理问题遍布于科学和技术之中。这些论题主要包括医药、环境、太空探索、国家安全、劳动力、个人隐私、国际关系、知识产权、人体增强等，统摄纳米伦理的基本概念（问题）是公平（Fairness）、平等（Equity）、公正（Justice）、权力（Power in social relationship）。作者还提出，环境伦理的研究对探讨纳米科技伦理问题提供了借鉴。随后作者们还探讨了纳米科技的前景与威胁，以及风险管理等问题。②

2006 年，杰弗里·洪特（Geoffrey Hunt）和迈克尔·D. 米塔（Michael D. Mehta）共同主编了《纳米技术：风险、伦理与法律》一书。在对纳米科技风险的讨论中，主要涉及了纳米科技与生物科技的比较、纳米粒子的毒性、纳米食品的安全等。在"纳米伦理与公众理解"部分，作者们主要讨论了全球纳米伦理，风险、信任与公众理解，以及纳米伦理从

---

① UNESCO, *The Ethics and Politics of Nanotechnology*, 2006. 同时参考了其中文节选译文，见联合国教育科学及文化组织：《纳米技术的伦理、法律和政治含义》，《中国医学伦理学》2008 年第 21 卷第 1 期，第 18—21 页。

② Joachim Schummer, Davis Baird, *Nanotechnology challenges：Implications for Philosophy, Ethics and Society*, World Scientific Publishing Co. Pte. Ltd, 2006, pp. 201 – 246.

生命伦理吸取的经验和教训。①同样是在 2006 年，罗莎林·W. 伯恩
（Rosalyn W. Berne）博士出版了他对科学家和工程师关于纳米技术伦理
问题的访谈。②

美国学者弗里茨·阿尔霍夫（Fritz Allhoff）和帕特里克·林（Patrick
Lin）等（2007，2009，2010）、Cozzens & Wetmore（2011）等主编的四
本专题论文集，对纳米技术和纳米伦理的学科地位进行了辩护，讨论了纳
米技术的发展背景，对纳米技术的伦理、社会和法律问题进行了更加广泛
的研究，分别探讨了纳米技术在环境、健康、隐私、人体增强等方面带来
的伦理困境和对发展中国家的机遇与挑战等。③

2008 年，密西根州立大学的肯尼思·戴维（Kenneth David）和保
罗·B. 汤普生（Paul B. Thompson）合作主编了《纳米技术能从生物技
术中学习什么：关于农业食品生物技术和转基因生物的争论对纳米科学
的社会和伦理教训》的论文集。该论文集是转基因生物争论的参与者、
纳米技术专家、纳米技术的政府部门管理者和研究纳米技术公众接受的
学者的集体成果。他们回顾了关于生物技术的有关伦理争论，分析了生
物技术与纳米技术的异同，探讨了生物技术伦理争论带给纳米技术伦理
争论的教训。该文集主要致力于新兴技术的公众参与和公众接受中的经
验教训。④ 同年，弗里茨·阿尔霍夫和帕特里克·林再次合作主编了
《纳米技术与社会：当下和新兴的伦理问题》论文集，作者们分别探讨
了纳米技术的环境、健康、隐私、人体增强及对发展中国家的机遇与
挑战。⑤

侯海燕、王国豫等运用信息可视化技术和科学知识图谱，描绘了国外
纳米技术伦理与社会研究的发展现状、高影响力学术群体和主要研究领

---

① Geoffrey Hunt, Michael D. Mehta, *Nanotechnology: Risk, Ethics and Law*, Earthscan, 2006,
pp. 183—219.

② Rosalyn W. Berne, *Nanotalk: Conversations with Scientists and Engineers About Ethics, Meaning, and Belief in the Development of Nanotechnology*, Lawrence Erlbaum Associates, 2006.

③ Fritz Allhoff, Patrick Lin, James Moor, John Weckert, *Nanoethics: The Ethical And Social Implications of Nanotechnology*, John Wiley & Sons, Inc, 2007.

④ Kenneth David, Paul B. Thompson, *What Can Nanotechnology Learn from Biotechnology? Social and Ethical Lessons for Nanoscience from the Debate over Agrifood Biotechnology and GMOs*, Boston: Elsevier inc, 2008.

⑤ Fritz Allhoff, Patrick Lin, *Nanotechnology & society: Current and Emerging Ethical Issues*, Springer, 2008.

域。认为国外纳米伦理与社会研究经过 20 年的发展，形成了以 Roco M 和 Bainbridge WS 为核心、以 Drexler KE、Schummer J、Kuzma J、Maynard AD、Rap A 为代表的 6 个高影响力作者群体，聚集于以下五个热点研究领域：一是纳米尺度下会聚技术的伦理、法律、宗教、教育与社会问题及其全球治理；二是纳米技术风险评估与管理、公众的理解与接受、农业与食品安全；三是纳米医学、遗传、纳米微电子的管理及伦理挑战；四是纳米材料毒性与人类健康和环境风险；五是纳米科学技术政策和法规的制定与完善。尽管国外纳米伦理与社会的相关研究发展较快，但与纳米科技本身的发展相比，还是极不相称，而且纯粹的纳米伦理研究则更少。[①]

我国把"纳米研究"作为四项"重大科学研究计划"之一，纳米技术的伦理问题也成了近年来国内科技伦理研究的热点，国内也有不少学者探讨发展纳米科学技术的潜在风险与相关的伦理问题。2001 年，申建勇和傅静较详细地探讨了纳米技术在竞技体育中的应用带来的伦理道德问题与相应的对策。他们认为，这些应用可能会涉及运动员的主体地位削弱、比赛不公平、兴奋剂嫌疑和运动目的的迷失等。[②] 2004 年，费多益以"灰色忧伤——纳米技术的社会风险"为题，较为详细地讨论了纳米技术对人类健康和环境的潜在危害、纳米技术对社会安全的威胁、纳米技术对伦理道德的挑战等。[③]李三虎教授的"纳米伦理：规范分析和范式转换"和"纳米技术的伦理考量"则是本研究方向在方法论上很有价值的文章。他提出，在纳米科技的迅速发展中，如果缺乏对纳米技术的伦理、法律和社会意义的严肃研究，可能会导致某些意想不到的公共风险问题。纳米伦理不能仅限于职业范围之内，而应该放大到整个公共空间，使纳米技术从一开始就在公共伦理考量下得到与公共价值相一致的健康持续发展。[④] 朱凤

---

① 参见侯海燕、王国豫等《国外纳米技术伦理与社会研究的兴起与发展》，《工程研究—跨学科视野中的工程》第 3 卷 2011 年第 4 期，第 352—364 页。

② 参见申建勇、傅静《纳米技术的发展给竞技体育带来的伦理道德问题及对策研究》，《体育与科学》2001 年第 22 卷第 1 期，第 14—16 页。

③ 参见费多益《灰色忧伤：纳米技术的社会风险》，《哲学动态》2004 年第 1 期，第 23—36 页。

④ 参见李三虎《纳米伦理：规范分析和范式转换》，《伦理学研究》2006 年第 6 期，第 72—83 页；李三虎《纳米技术的伦理意义考量》，《科学文化评论》2006 年第 2 期，第 14—27 页。

青[①]、朱敏[②]等认为，纳米技术具有巨大的不确定性，对健康、环境、安全及社会存在很大的风险，它的应用不当会引发生命伦理问题、环境伦理问题和其他社会伦理问题，应该在技术发展的不同阶段进行不同的伦理规约。2008 年 12 月，邱仁宗先生在第二届全国生命伦理学学术会议上以"纳米伦理学"为题做了专题学术报告。报告探讨了纳米技术在医学、环境、能源、信息及其他工业方面的应用，认为纳米伦理主要涉及健康、安全、环境和社会等方面。在相关管理方面，他提出"禁止纳米技术的研发和应用能否得到伦理学辩护"、"科学家和公司如何自律，自律是否是防止破坏性影响的充分条件"、"政府应该如何管理纳米技术的开发和应用"、"纳税人及其代表应如何了解他们资助的纳米技术应用的双重后果以及参与管理过程"等问题。[③] 2009 年 11 月，中国自然辩证法研究会与国家纳米研究中心在大连联合召开了"纳米科学技术与伦理"跨学科学术研讨会，对纳米技术的风险评估、风险管理和伦理问题的基本理论与方法进行了研讨。《中国社会科学报》（2010）和《科学通报》（2011）分别围绕"学科交汇视野下的纳米伦理"与"纳米技术的安全与伦理"发表了王国豫、王前、樊春良、曹南燕等学者的专题文章，对纳米伦理的兴起、研究现状、问题与挑战、ELSI 研究、风险管理等进行了广泛探讨。赵迎欢等（2011）提出纳米技术共同体的伦理责任是融合美德伦理的现代责任伦理。也有学者将纳米伦理包含于会聚技术（converging technology）伦理研究之中。[④] 此外，国内有近 10 篇博士硕士学位论文涉及纳米技术的伦理问题，从不同视角对纳米伦理进行了研究。

综上所述，国内外关于纳米伦理的研究论题广泛、成果丰硕，为进一步研究打下了良好基础。但是，既有研究也存在不足之处，主要表现为：缺乏纳米技术的统一定义，对纳米伦理得以成立的理论论证不够，没有提炼出统领纳米伦理的基本原则，使得既有的研究论题分散，深度不够。具体而言，基于社会学和管理学视野的安全性与风险分析而指向风险管理策

---

① 朱凤青、张凡：《纳米技术应用引发的伦理问题及其规约机制》，《学术交流》2008 年第 166 卷第 1 期，第 28—31 页。

② 朱敏：《纳米技术的潜在风险及其伦理应对》，《牡丹江教育学院学报》2008 年第 109 卷第 3 期，第 30—31 页。

③ 邱仁宗：《纳米伦理学》（报告提纲·广州），2008 年。

④ 陈万求、易显飞：《会聚伦理：研究的现状、挑战与对策》，《内蒙古社会科学（汉文版）》2013 年第 3 期，第 30—37 页。

略的研究多，而从伦理层面进行理论论证和价值反思不够，哲学旨意不浓；基于信息伦理、生命伦理、环境伦理等分支学科的伦理原则从批判性视角得出的可能性挑战多，而具有纳米技术自身独特性的伦理新问题少，建构性不强。

二　对纳米技术伦理问题特殊性的辩护

从理论上说，纳米技术的学科独立性及纳米伦理问题的独特性决定了纳米技术伦理问题研究的价值和意义。那么，纳米技术是否是一门独立的学科？与以前的其他高技术相比，纳米技术到底有何独特之处？它又带来了哪些独特的伦理问题呢？对此有不同的看法。有人认为，尽管纳米技术引起了社会的广泛关注，获得了大量的研究经费，但纳米技术与其他学科之间并没有什么本质上的不同，它只不过是化学、生物学、物理学、材料科学、工程学、信息技术等现存学科的汇聚（convergence）和联合（a-malgamation）而已，至少它与这些学科之间的边界是模糊不清的，因此其相应的伦理问题也必定得不到很好的界定。还有人认为，纳米伦理不是一个什么不同的研究领域，因为它没有提出生命伦理、计算机伦理等没有考虑过的新问题，也没有使既有的伦理问题更为突出。安全、平等、军事、公开等伦理问题与其他许多科技领域都相关，而不仅仅是属于纳米技术。与此相反，生命伦理之所以成立，是因为生命科学确实是引入了全新的道德问题。

帕特里克·林和弗里茨·阿尔霍夫对上述观点提出了质疑。[①] 他们认为，纳米技术是一个新的技术范畴，它涉及在分子水平或纳米尺度上对物质的精确操纵。在这一尺度上，量子物理学的基本原理起着关键的作用，普通物质会显示出非常新颖的特性，并且能制造出新的物质。从其他科学领域生长出来这一事实，并不妨碍把纳米技术视为一个独立领域。上述观点对纳米技术学科独立性的质疑，类似于科学哲学中关于能否把化学、生物学及其他已经建立起来的学科简单地还原为物理学的讨论。之所以有这种还原论的讨论，是因为在这些学科领域中，支配着原子、分子及其独立结构间相互作用的物理定律仍然起着作用。但无论我们对这一讨论持何种

---

① Patrick Lin, Fritz Allhoff, Nanoscience and Nanoethics: Defining the Disciplines, Fritz Allhoff, Patrick Lin, James Moor, John Weckert, *Nanoethics: The Ethical And Social Implications of Nanotechnology*, Hoboken: John Weley & Sons, 2007, pp.3—16.

立场，都没有人会认为生物学或者化学不是独立的学科。同样，仅仅因为纳米技术源于其他学科就否定其学科的独立性，显然是不恰当的。他们认为，更合理的看法是纳米技术带来了某些独特的东西，它远远超出了各相关学科的简单相加，至少是第一次使这些不同的学科整合为一个新领域。即使我们退一步认为纳米技术仅仅是不同学科的汇聚，我们也有理由认为它代表了人类认识世界的一个新的顶峰。这一事实也要求我们必须对纳米技术伦理问题与生物技术和信息技术伦理问题间的相似性持谨慎态度，因而有必要对纳米技术的伦理问题进行单独的研究，并在此基础上提前考虑纳米技术的未来图景，以达到兴利除害的目的。

考察纳米技术以前的核技术、信息技术和生物技术的发展情形，就会发现它们有相当一致的发展模式，即开发、使用、社会关注、管理、最终获得某种解决方法。然而，纳米技术与此有所不同。首先，纳米技术的发展速度和它可能引起的深刻变革，已经超过了我们理解和引导其发展的能力。科学家已经打开了纳米技术及其复杂性的"黑箱"，使其突然释放出巨大的能量，引起了技术的系列变革——其他产品和技术方法不得不调整自己以适应纳米技术的变革。但是，对这一黑箱本身我们还缺乏深入的认识，对于可能引起的变革及其后果更是难以做出准确的判断。

其次，纳米技术作为一个交叉综合性学科，它所引起的变革并不局限在某一个技术或生产领域，而是为多领域应用提供了广泛的技术平台，特别是纳米技术对信息技术、生物技术的影响，可能使这些领域发生根本性的变化，使基于纳米技术的技术变革可能具有从根本上改变社会关系、劳动力、国际经济并影响社会组织机构的潜在能力。所以，研究纳米技术的伦理问题，不仅要讨论它在何种程度上加剧了此前的高新技术伦理困境与冲突，也要探析它在这些领域引起了哪些新问题。更为重要的是，除了对这些技术领域的变革进行个别考察之外，还必须考察由于技术汇聚而引起的变革及其伦理问题。

再次，就纳米材料与纳米装置的区分的视角而言，我们当下要关注的纳米伦理问题是由第一代纳米产品（新型纳米材料）的开发和应用带来的影响，主要涉及健康、环境、安全、隐私、人体增强、国际安全、研究伦理、知识产权和人道主义等方面。而当纳米装置（比如分子装配器）等更先进的纳米技术形式在将来成为可能并在纳米技术中占主导地位时，一些更加独特和严峻的长远问题需要引起关注。这些问题主要包括纳米技术对信息的获取、社会福利、教育改革、人工智能、太空探索、长生不老、人的尊严等的伦理意义。当然，由于目前对纳米技术本身的了解还微乎其微，甚至连纳米科技专家也不知道纳米技术在未来某个时候的准确形态，更不要说"分子装配器"等更高级的纳米技术形态将是什么情形。所以，对"分子装配器"之类的纳米技术形态有人赞同，也有人反对。但从技术的发展历史看，对技术发展的中长期预测往往都是过于乐观或者过于悲观，而今天业已存在的电话、飞机、收音机、火箭甚至个人电脑等都曾经被认为是根本不可能或者不可行的。快速发展的技术给我们的启示是，现在限制技术发展的可能恰恰就是我们的想象力，对待这些技术可能性最明智的方针就是视其为合理的，除非有确切的证据证明它们不合理。从这一角度说，认为与分子装配器相关的技术难题终将得到解决并非是不合理的。尽管诸如分子装配器等更先进的纳米技术还只是一种未来的遥远可能性，但由于其愿景是如此具有破坏性，故必须对其风险和伦理影响提前进行思考。技术越先进，相应的风险也越大，与风险相应的责任问题也越来越突出，围绕风险展开的伦理问题也将成为一种新的伦理议题。国际风险管理理事会给出了纳米技术风险管理的两个参考框架——一个针对被动纳米结构（passive nanostructures），一个针对主动纳米装置与系统（active nanoscale devices and systems）。纳米技术的伦理问题与这两个框架相关，并且其相关度随时间推移而增加。

最后，当纳米技术在纳米尺度和纳米制造的角度为我们打开纳米"黑箱"时，也就改变着我们对物质单位的看法，为我们开启了看待世界的纳米方式。正是存在纳米技术这一事实本身发挥着重要的作用，它塑造着我们对自然的理解，改变着我们长期拥有并十分珍视的对科学技术和工程的管理方法，并最终影响着我们如何重新设计我们的管理、法律、社会和伦理的基本框架。

第三节　纳米技术的主要伦理挑战

与其他高技术一样，纳米技术既有诱人的前景，又有不可预料的风险。要确保最大限度地享受它带来的种种好处，必须特别重视和防范其负面影响和潜在风险，严肃考量它对社会价值和伦理的挑战。正如理查德·H. 史密斯（Richard H. Smith）所说："需要对纳米技术进行正式的风险分析，因为风险是可以想象的最重要的社会和伦理问题之一。"① 纳米技术交叉综合的学科性质和纳米物质优异的理化性能，使它的风险遍及健康、环境、社会、军事等各个领域，从而对人与人、人与社会和人与自然的关系带来广泛而深刻的影响。总体上说，它对伦理的挑战主要体现在以下几个方面。

一　与健康风险相关的伦理挑战

人们对纳米技术的生物安全和人体健康极为关注。目前，已有的关于纳米材料毒性的动物实验和流行病学研究结果都表明，纳米材料对暴露人群会产生不同程度的健康伤害。关于纳米食品，人们对其安全性也提出了质疑。与健康风险相关的伦理问题主要是纳米科学家、纳米产品的研发人员、生产试制人员和纳米产品的消费者的健康权利与国家、社会和企业利益之间的可能冲突。（1）对纳米材料和纳米食品是否应该采取"预防原则"（precautionary principle，PP）？是否应该对它们进行"有罪推定"（guilty until proven innocent）？是否应该对纳米食品进行"人体实验"？（2）对于存在极大健康风险的新产品，如何在公众的知情权和企业利益之间保持平衡？政府监管部门应该采取何种监管措施才恰当？（3）在存在健康风险的情况下，发达国家是否会将纳米材料和纳米技术相关产品的研发与生产向发展中国家转移，使发展中国家工人承担更大的健康风险？这一问题又对国际公正带来了哪些挑战？（4）如果纳米技术研发和生产对相关人员造成了健康伤害，谁应该对这些伤害负责？（5）纳米食品作为非自然食品，它与天然食品和以前的人工食品有何不同？它对不同文化背景、宗教信仰和价值观的人群的影响是什么？（6）纳米技术研究的合法性与公众信任问题。如果纳米技术有巨大的潜在风险，谁有权决定是否开展研究？在涉及国家机密、公司商业秘密等问题上，公众对相关研究决策及研究结果的知情权如何体现？

纳米医学技术也直接与人体健康相关。纳米医学技术的发展，会引起以下伦理问题：（1）纳米技术可以提高重大疾病的早期诊断水平。早期诊断既会带来医学的进步，也会给患者带来希望。可是诊断不等于治疗。

---

① Richard H. Simith, Social, Ethical, and Legal Implications of Nanotechnology, Mihail C. Roco, William Sims Bainbridge. *Societal Implications of Nanoscience and Nanotechnology*, Dordrecht：Kluwer Academic Publishers, p. 260.

如果早期诊断出的疾病不可能得到及时的治疗，它会给患者带来极大的痛苦。对患者来说，纳米医学是给他们带来了希望，还是使其更加痛苦？社会是否会投入足够的医学资源对发现的疾病进行研究和寻找有效的治疗方法，这会涉及资源分配的公正与患者健康权利之间的伦理冲突。（2）纳米技术将进一步促进基因技术的发展，开创后基因时代。发展具有高度针对性的基因药物治疗会遇到基因歧视这一伦理问题。（3）纳米医学技术作为一种稀缺资源，在医学实践中又会遇到医学资源分配上的公平、滥用和过度使用的伦理问题。（4）利用纳米技术进行基因优生，就是为未来人作决定，外来设计将人变成了他人的工具，善良的愿望变成了对他人的强制，这是否违背了任何人都享有自决权的伦理原则？基于遗传设计与性状的人工选择，必然减少遗传的多样性，是否会危害人类的整体利益？通过遗传设计将随机的差别变成先天的命运，"出生前的不平等"将会进一步加大后天的不平等，并在一定程度上对通过后天努力获得成功的价值取向提出挑战。（5）利用纳米技术复制人，生育就不再是婚姻和家庭的功能，家庭可能将不再存在，与家庭相关的各种社会规范可能不再有效；复制人能接受自己"复制人"的地位吗？如何确定复制人的社会身份？如何选择复制人的原型？如果复制人有技术上的缺陷，谁应该对这种缺陷负责？（6）纳米技术给人类长寿带来希望。但长寿不等于健康，用纳米技术延长生命存在健康风险，可能会降低生命质量；长寿可能引起生命价值与意义的危机；长寿可能引起代际公平与冲突，不利于整个社会的持续发展。（7）运用纳米技术进行人体增强，是否侵犯了人的人的尊严？自然人与非自然人的界限何在？增强与治疗的边界如何划分？（8）当把纳米材料运用于竞技体育，可能会冲击运动员的主体地位。违背运动员意愿的强迫使用，会对运动员健康和心理造成伤害。纳米技术的滥用，最终会违背公平比赛和挑战自我的体育精神。包括纳米技术在内的高科技在竞技体育中运用的限度如何确定？

二　与环境风险相关的伦理挑战

纳米技术的成败很大程度上取决于它处理环境及其相关问题的能力。纳米物质在生产、使用和处置过程中都可以向环境中释放，并造成相应的环境暴露和可能的污染。与纳米污染相关的伦理问题主要有：（1）对生物的伤害造成物种减少，破坏生态系统生物多样性和稳定性，从而破坏自然的内在价值。（2）具有自我复制能力的纳米机器的失控，会造成生态吞噬，并最终造成人类的毁灭。对人类持续发展和种的延续造成了挑战。（3）对重视历史进化过程的环境伦理学来说，大量生产全新种类的纳米物质并以此代替自然物，会引起自然物价值的丧失。（4）通过纳米技术把自然和人都变成人工物，就是对自然过程"扮演上帝"（playing God），就是对自然神圣性的傲慢和蔑视，也会对人之为人的意义造成威胁。（5）纳米技术承诺能满足所有人的需求，这只是技术乐观主义者为向公众兜售其技术主张而制造的乌托邦，主要目的是想获得对纳米技术的政治和经济支持。对纳米技术的盲目乐观态度常常给人们带来巨大的误导。它很容易鼓励人们放松警惕，放弃其在环境方面的审慎行为。它往往会鼓励人们浪费资源和能源，肆意制造垃圾和染污，对目前的一些重要环保理念造成冲击。（6）纳米污染同样会涉及如何协调不同群体之间的环境利益关系，它也会引起代内公正与代际公正两大问题。

三 与社会风险相关的伦理挑战

作为可能引导下一次产业革命的新技术，纳米浪潮对个人和社会都会带来一系列深刻的影响。（1）纳米技术在信息领域的广泛应用，可能会造成私人领域公开化，对保护个人隐私提出了严峻的挑战，会带来信息伤害、信息平等、信息不公及对道德自主性的尊重等伦理问题。（2）不同利益群体在塑造纳米未来中的博弈、不同的经济基础和研发条件及现行的知识产权保护制度和财富分配方式的综合作用，可能会造成发达国家与发展中国家、富人与穷人之间的"纳米鸿沟"（nano – divide）。（3）知识产权保护与专利制度对纳米研究成果利益分享的公正性带来了何种挑战？过于宽松的专利授权会导致纳米技术领域的"专利丛林"或"反公地悲剧"吗？[①] 这对整个人类的发展有何影响？（4）纳米技术上的领先优势可能用

---

① "专利丛林"是美国伯克利大学专利法专家卡尔·夏皮罗（Karl Sharpiro）提出的一个概念。它意指专利技术的重叠性和技术被多个主体拥有，导致专利的应用和创新被阻碍，并因此出现专利数量快速增长，但使用不足的现象。"公地悲剧"则是由"公地"的产权性质决定的。"公地"作为一项资源或财产有许多拥有者，他们中的每一个都有使用权，但没有人能阻止他人使用，结果是造成资源的过度使用和枯竭。密歇根大学的黑勒（Miachael Heller）提出的"反公地悲剧"中的"反公地"则有相反的产权性质。"反公地"作为一项资源或财产也有许多拥有者，但他们中的每一个都有权阻止其他人使用该资源，从而没有人拥有有效的使用权。其特征在于给资源的使用设置障碍，导致资源的闲置和使用不足，造成浪费。

于谋求经济霸权和殖民掠夺、加剧地缘政治的紧张和冲突，也可能用于促进合作、和平与环境可持续发展的全球性运动；可能遵循资本的逻辑追求自身利益最大化，也可能优先用于解决国际社会共同面临的困难，特别是改善贫困人口的生存状况。这些可能的选择对国际公正问题带来了巨大的挑战。（5）纳米技术带来的产业结构调整对不同国家和不同人群有不同的影响，对一些人可能是机遇，对另一些人可能是挑战；特别是对发达国家和发展中国家可能有完全不同的影响。（6）纳米教育作为公民进入纳米时代的准备，教育机会这个起点直接影响着未来的就业机会和财富分配方面的公正。

四　与纳米军事风险相关的伦理挑战

纳米技术是未来军事高科技的制高点，纳米技术的军事应用具有必然性。纳米军事技术可能会根本改变战争的形态和方式。（1）纳米军事技术的滥用和被恐怖主义运用，会对国家安全、公民的生命和财产造成严重的威胁。（2）纳米军事技术可能打破现有的国际军事平衡，引发新一轮国际军备竞赛，增加国际安全风险。国际国内的安全风险是否会带来新的人道主义灾难？（3）纳米武器是纳米军事技术的物化，它在本质上是科技成果被"恶用"的产物，它可能会对既有的战争伦理带来巨大的冲击：它可能消解正义战争标准；使战争手段更不人道；可能降低军人的伦理水准等。（4）纳米技术是否会制造出比现有的 ABC 武器破坏性更大的大规模杀伤性武器，从而进一步把人类推向毁灭的深渊？

第四节　纳米技术伦理问题研究的立场、原则与思路

一　对纳米技术的伦理态度与伦理立场

总体上说，对纳米科技的社会影响的看法，目前存在着两种截然相反的观点，即乐观主义的乌托邦（utopia）理想和悲观主义的敌托邦（dys-topia）梦魇。[①]前者强调当纳米技术获得充分发展以后，目前存在的大部分全球性问题都可迎刃而解，纳米技术的充分发展将是通向理想社会的桥

---

① 李三虎：《纳米技术的伦理意义考量》，《科学文化评论》2006 年第 2 期，第 14—27 页。

梁。后者则为纳米技术的未来发展描绘了一幅灾难性图景,认为纳米技术的技术理性逻辑将成为一种自主性力量而摆脱人类的控制,人类终将因发展纳米技术而走上不归之路。乐观主义并不否认纳米技术的负面影响和风险,只是它从技术价值中立论出发,认为技术的负面影响和风险源于技术的不当运用,而不在于技术本身,故纳米技术的前景取决于人类的道德责任。悲观主义显然忽视了人在技术发展中的积极能动作用,认为人依附于技术、决定于技术。无论对于乐观主义还是悲观主义来说,人和技术都是分离的。乐观主义将技术看成一种脱离人的纯粹工具,人对技术的控制是外在于技术的,它的应用结果如何,仅仅取决于如何应用,其负面影响源于技术的不当应用。悲观主义则只见技术不见人,人于技术而言是无能为力的,人最终将沦为技术的奴隶。

对悲观主义来说,发展纳米技术对社会的风险与伦理冲击自不待言。其实,乐观主义也无法回避纳米技术的风险与伦理问题,它在预想纳米技术的种种好处时,不可能回避各种负面影响,只是对它而言,这种负面影响是可控的。然而,这其中也包含着伦理困境——如果人能够控制纳米技术的未来前景,必然意味着在纳米技术开始发展之时就存在着一些人对另一些人的控制,否则就不可能不导致纳米技术的"误用"或"滥用"。为什么要有人对人的控制?谁有权对别人施加控制?这种控制在何种意义上是正当的?就是关于预想的纳米技术的种种益处,也面临着诸多问题,比如前面提到的国际间及一国内部如何分配这些利益才算公正?如何判断短期的收益与长期的风险?谁将为这些长远的风险付出成本或代价?等等。

与纯粹的乐观主义和悲观主义不同,我们对纳米技术的发展前景持谨慎的乐观态度。作者认为技术是主体与客体的互动体系,技术的发展有其一定的内在逻辑,但技术总是"为人的"和"人为的",在"类"的意义上,人始终是积极主动的因素,技术并非脱离人而存在,技术目的与技术路线始终是人的建构和选择,是一种内含价值的活动。当我们以人类的幸福和持续繁荣为目的,必然会把对纳米技术的伦理考量贯穿于其生命周期的每个环节,实时调控我们的技术行为和伦理规范,保持二者间的必要张力。

二 纳米技术伦理问题研究的主要原则

甘绍平先生认为,当代应用伦理学在传统伦理学主要范畴"善"的基础上,更加重视"自主"、"公正"、"平等"、"责任"、"尊严"、"权力"

等基本范畴，统摄这些基本范畴的核心原则是"不伤害"。应用伦理学要研究的主要问题是针对具体的案例，分析其存在的道德悖论和伦理冲突。以下对纳米技术伦理问题的探讨中涉及的主要伦理原则作一简要的说明：

1. 不伤害原则。发展科技的最高价值目标应该是为了促进人类的繁荣和幸福。这条原则是从最具传统性的医学伦理学原则——"首先，不伤害"（希波克拉底）演变而来。基本含义是，如果我们不能使某人（某些人）受益，那么至少我们不应当伤害他们。要避免的伤害包括身体上、精神上和利益上的损伤。伦理对象包括不同的个体与群体。"不伤害"是应用伦理学最核心的价值原则，也是应用伦理的底线。

2. 公正与公平原则。主要涉及资源、利益和风险的分配问题。这条原则强调按照公正的标准分配利益和负担、产品与服务。从科技与社会发展的角度，当今世界发达国家与发展中国家的差距，主要是科技发展水平的差距。由于各国发展水平不同，资金和技术的差异，必然导致在纳米技术研发方面的投入及收益的差异，如果这种差异拉大，是否会造成不同国家、不同地区、不同人群间类似"数字鸿沟"一样的"纳米鸿沟"？科技改变命运，这是对一部分人而言，对另一些人来说，命运则可能更加悲惨。

资源和利益的分配是有形的，其公正性比较容易判断。风险的分配（承担）则是无形的，不易判断。在风险社会中，不同人群在风险与利益（或财富）的分配上并不对等。在当下，财富生产的"逻辑"统治着风险生产的"逻辑"的状况并未完全改变，在市场经济与国际竞争中，资本的逻辑仍然统治着世界。这样，在以纳米科技为代表的高科技风险面前，就存在着不同人群间的公正问题。另一方面，高科技风险不仅是当下的，更是指向未来的，所以对纳米科技的风险分配（承担）也涉及代际公平问题。

3. 知情选择与自主性原则。包括纳米技术产品在内的高技术产品，其安全性往往是人们十分关注的一个问题，比如产品对人体健康和环境安全的影响。一般说来，投资者、纳米科学家和相关专业技术人员、大众消费者在这些相关信息上是不对称的。当投资者或生产商因为利益驱动而故意掩盖技术缺陷或产品安全信息，科研人员为获取研究资助而"报喜不报忧"或帮助投资者做虚假"广告"。面对这些不得而知的风险，如何贯彻知情同意与自主选择？

4. 自然与人的尊严原则。纳米科技在更深层次上改变着人与自然、人与社会及人与自身的关系。人以技术手段对自然物进行改变是必要的，也是可行的，但这种改变有没有界限？特别是将纳米技术与信息技术、生命科学技术、人工智能等相结合，会在多大程度上增加既有生命伦理问题的复杂性？而纳米技术应用带来的环境污染，又在多大程度上加剧了环境伦理的困境？当纳米技术应用于食品、医疗等领域时，特别是当相应的技术运用于改变人自身（人体增强）时，是提高了生命质量，还是侵犯了人的尊严？是否有固定的人性？人性是可以或者应该改变吗？

5. 风险与责任原则。20 世纪后半叶科学技术突飞猛进的发展及其负面效应的全面展现，使人们愈来愈认识到科学技术是充满风险的活动。科技发展对人类非常有益，但与之相伴而来的是巨大的风险，使相应的道德抉择成为各相关主体不可回避的问题。有关专家在研究纳米技术的伦理影响时指出，需要对纳米技术进行正式的风险分析，因为风险是可以想象的最重要的社会和伦理问题之一。这一问题主要包括物理伤害的风险，对经济和社会系统的风险，对政治和金融能力的风险，纳米技术的拥有者对无纳米技术者保持优势（棋高一着）的风险等。①

三　纳米技术伦理问题研究的基本思路

就纳米技术的学科性质看，它并非单一的学科，而是涉及物理、化学、生物、医学、环境及材料科学等学科的交叉汇聚，它是从不同学科背景出发，运用纳米技术的理念、方法和工具，在纳米尺度上展开的研究的统称。纳米技术宽广的学科领域决定了不可能运用既有的单一伦理学资源（比如生命伦理、医学伦理、信息伦理或者环境伦理）对纳米技术进行简单的分析。就纳米材料的优异性能而言，它们不同于或者完全不同于其块体物质的性质，其生物效应和环境效应及相应的作用机理尚不明确，对健康、环境具有极大的潜在风险。作为一种新技术，它必然会遇到其他新技术发展过程中出现的公平、公正、隐私等伦理问题，但这些伦理问题在纳米技术背景下必然又有其新的内涵；同时，它也会引起一些新问题。从时间和形态上看，纳米技术及其产品已经深入到我们的日常生活中，并引起

---

① Mihail C. Roco, William Sims Bainbridge, *Societal Implications of Nanoscience and Nanotechnology*, Kluwer Academic Publishers, p. 260.

了一些伦理问题；另一方面，它又才刚刚起步，还具有很大的未来性质，因此大量的问题可能要将来才会出现，相关的探讨主要还是基于猜测和预想。我们目前关心的主要还是纳米材料引起的健康、环境、安全、社会、军事等方面比较紧迫的问题，当然对将来可能随纳米装置而出现的伦理问题，也得提前思考，并引起足够的重视。

总体上说，本研究从"两种形态两个时段两类问题三层关系"来考察纳米技术的风险与伦理问题——两种形态即纳米材料形态与纳米装置形态；两个时段即目前与将来的时间分期；两类问题即加剧了的现存伦理问题与带来的伦理新问题；三层关系即纳米技术涉及的人与人的关系、人与社会的关系、人与自然的关系。当然，由于纳米技术的交叉综合属性和"未来"性质，在研究过程中，对其形态、时段、类型和关系的区分只具有十分有限的意义，许多问题往往是交织在一起的。

就研究方法和研究思路而言，本研究涉及纳米技术与伦理学的交叉领域，属于应用伦理学的范畴，不对具体的伦理原则进行分析和论证，而是以纳米技术的特点为基础，以应用伦理学的基本原则（不伤害原则、有利原则、尊重原则和公正原则等）为根据，以风险和责任为视角，重点剖析纳米技术在各领域的应用引起的健康风险、环境风险、社会风险、军事风险及其伦理困境。最后从风险管理与责任的内在关联出发，借鉴责任伦理的思想资源，提出应对纳米技术风险的伦理建议。

四　纳米技术伦理问题研究的意义

科技前沿的伦理问题研究是国内外学术界关注的一个热点领域。纳米技术是 20 世纪 90 年代以来发展起来的新兴技术，被称之为继生命科学技术和信息科学技术之后的又一学科前沿，被列为四大汇聚技术之首，有着很大的发展潜力，对它的伦理审视，体现了科学技术哲学研究的前沿之一。目前，也有不少这方面的研究，但总体上说，还处于提出问题的初级阶段，尚有很大的研究空间。此外，对纳米技术伦理问题的研究，既有理论意义，又有很强的现实针对性，一方面可以拓展科学技术哲学的研究领域和研究视角，另一方面也可以促进纳米技术的健康发展。

发展纳米技术最大的问题还是其风险的不确定性。一旦对风险做出了判断，风险管理的主要任务就是通过采取合适的行动，以阻止、降低和转移这些影响。风险管理总是涉及责任问题。重视科技风险，就必须建立一种面向未来的责任意识。在深入分析纳米技术的健康风险、环境风险、社会风险与军事风险，审视其伦理问题基础上，借鉴责任伦理的思想资源，提出规避纳米技术风险的伦理建议，即要强化各伦理主体的责任意识，建立风险共担而又责任明确的责任体系。

从目前国内外的研究文献看，相关研究主要是从某一问题入手，或者从某一伦理理论入手进行研究，总体上说，研究还缺乏系统性和综合性。本研究在综合国内外研究文献基础上，以风险—责任为主线，对与健康风险、环境风险、社会风险和军事风险相关的"两种形态两个时段两类问题三层关系"伦理问题进行了系统性综合性的研究。对一些伦理问题的分析比较深入，提出了一些具有可操作性的建议。比如在对纳米食品健康风险人体实验的反驳与辩护基础上，提出应该对纳米食品实行"有罪推定"，必须进行人体实验；为了避免重蹈转基因食品的覆辙，必须尊重消费者的健康权和知情选择权，对纳米产品进行纳米标识。又比如，虽然人体增强是个老问题，但纳米技术与基因技术和信息技术及认知科学相结合，可能会把人体增强提升到一个新的层次，它必然涉及治疗与增强的界限的重新界定、对人的意义的重新追问。再比如，对纳米鸿沟的可能性论证与伦理反思，进一步揭示了新技术发展与运用过程中的国际差距与利益分配中的不公平问题。在纳米军事技术方面，有力地论证了因纳米技术军事应用而可能引起的国际新一轮军备竞赛；在对纳米武器的伦理反思中，提出了"纳米武器可能消解正义战争的标准"、"纳米武器不会使战争手段更人道"、"纳米武器可能降低军人的伦理水准"等观点。

基于科技高速发展的现代社会，是一个高风险的社会。人的科技决策及相应的科技行为是风险的主要来源，科技风险也因此成为现代社会最主要的风险。正如刘大椿教授所言："由于科技活动所依据的理论具有不确定性，加之利益价值因素的负载，使处于持续和加速创新势态的科技活动总是伴随有越来越大的风险，这种风险在经济与科技全球一体化的情势下，将可能导致广泛而深远的后果……而这种风险越来越大、风险的可能后果越来越广泛和深远、克服风险越来越困难。"[①] 根据吉登斯的风险分类原则，科技风险特别是高技术风险显然属于"被制造出来的风险"。这

———————

① 刘大椿：《科学伦理：从规范研究到价值反思》，《南昌大学学报（人社版）》2001 年第 2 期，第 1—10 页。

类风险"指的是由于我们不断发展的知识对这个世界的影响所产生的风险，是指我们没有多少历史经验的情况下所产生的风险"。① 贝克认为，风险社会中的科技风险与科技推进的现代性如影随形，科技能力的增长，必然意味着风险的增加。他指出："在发达的现代性中，财富的社会生产系统地伴随着风险的社会生产。""……在现代化进程中，生产力的指数式增长，使危险和潜在威胁的释放达到了一个我们前所未知的程度。"② 若从科技与现代性的特殊关系看，现代化就是科技所向披靡的结果，作为现代性后果之一的风险，在很大程度上也就是现代科技的风险。这些风险表现为对全球植物、动物和人类命运不可抗拒的威胁。贝克指出，现代化的风险"一般是不被感知的，并且只出现在物理和化学的方程式中（比如食物中的毒素或核威胁）"。"我说风险，首先是指完全逃脱人类感知能力的放射性、空气、水和食物中的毒素和污染物，以及相伴随的短期和长期的对植物、动物和人的影响。它们引致系统的、常常是不可逆的伤害、而且这些伤害一般是不可见的。"③

这种被制造出来的科技风险最根本的特征就在于，它发生的可能性小但后果非常严重，它的影响往往是全球性的，其核心问题是伤害的缓解或规避。风险的本性决定了它导致危害性后果的可能性，意味着不确定性和危险性。然而，风险的不确定性并没有减轻我们对那些其可能性和相关性能够进行合理预测的议题进行探究的道德责任和义务。随着高技术的产生和广泛应用，高技术风险及其相关的伦理问题也就成了科技伦理研究的重要内容之一。

从风险的角度对纳米技术进行严肃的伦理考量，既不意味着主观设定其风险大于收益，也不意味着其伦理问题只与风险相关。只是基于正视其"双刃剑"性质，更多地从风险这一角度去认识其负面效应，达到促进纳米技术健康发展的目的。从风险与责任的视角对纳米技术进行伦理审视，至少可以达到两个重要目的：一是预测由特定纳米技术行为可能引起的一系列伦理问题，比如可防止的健康伤害、生物影响和环境污染、关于公正与公平的冲突、对人的尊重等；二是提高与纳米技术相关的人员对纳米技

---

① 安东尼·吉登斯：《失控的世界》，周红云译，江西人民出版社2001年版，第22页。
② 乌尔里希·贝克：《风险社会》，何博文译，译林出版社2004年版，第15页。
③ 乌尔里希·贝克：《世界风险社会》，吴英姿、孙淑敏译，南京大学出版社2004年版，第4页。

术的伦理问题及其责任的理解力与敏感性。在此基础上，为纳米技术的风险规避提供伦理基础。

特德·彼特斯（Ted Peters）认为，纳米技术属于未来学的范畴，对未来的研究必然与相关的伦理思考同时进行。技术未来学家按照理解（understanding）——决定（decision）——控制（control）的三部曲行事。具体到纳米技术的研究，第一步就是理解其发展趋势，提出纳米技术未来发展的各种可能图景，并区分出合意的和不合意的未来，也正是在这一阶段，伦理考量帮助我们区分什么是我们应该追求的，什么是我们应该避免的；第二步是决定，即选择最能导致合意未来的纳米技术发展图景；第三步是采取措施促进合意图景的实现。第一阶段中的伦理考量，就是展望更好的未来，并建立与之相应的道德标准。①

只有对纳米技术进行认真的伦理审视，才能确保纳米技术迈出的每一步都有益于人类幸福和繁荣之终极价值目标。对纳米技术风险的伦理审视，就是履行对人类未来发展所担负的不可推卸的道德责任。正如米海尔·C. 罗科（Mihail C. Roco）所说："如果不关注纳米技术的伦理问题，就不可能确保它有效而和谐地发展，就不可能形成个人与组织的合作，就不可能做出最好的选择，就不可能防止对其他人的伤害，就不可能消除不合意的社会经济影响。"而"具有由道德价值、变革目标、集体利益和职业伦理指导下的恰当愿景和选择，纳米技术的进步将会更快些"。②

---

① Ted Peters, Are we Playing God With Nanoenhancement? Fritz Allhoff, Patrick Lin, James Moor, John Weckert. *Nanoethics: The Ethical And Social Implications of Nanotechnology*, New Jersey: John Wiley & Sons, Inc., 2007, pp. 177—178.

② Mihail C. Roco, Ethical Choices in Nanotechnology Development, Fritz Allhoff, Patrick Lin, James Moor, John Weckert. *Nanoethics: The Ethical And Social Implications of nanotechnology*, John Wiley & Sons, Inc, 2007, foreward, pp. x—xiii.

第三章 纳米技术的健康风险与伦理问题

目前，已经有不少纳米产品或包含着纳米物质的产品问世，然而，对纳米产品的安全性及其对健康和环境的影响的研究，总体上滞后于纳米技术的商业化步伐。正是这些情况使科学家和公众越来越担心新奇的纳米物质可能会给人类健康、环境和消费安全带来新的风险。纳米产品的安全性问题也因此成为一个引起广泛关注的非常紧迫的现实问题。纳米技术是继生物技术之后又一个引起社会广泛关注的新兴技术，人们在讨论与其安全性相关的健康与环境问题时，往往把它与生物技术特别是转基因食品的有关问题相联系，认为它不可避免地会遇到类似的情况。本章就以生物技术的有关讨论为切入点，探讨纳米材料、纳米食品和纳米医药对人类健康的潜在风险及其相关的伦理问题。

第一节 从生物技术到纳米技术

随着纳米技术的迅猛发展，人们越来越强烈地意识到，必须同时推进公众对纳米技术的理解与接纳。鉴于之前转基因食品引起的广泛争议，产业界、政府和公共利益组织都急切地想从关于转基因食品的争议中吸取教训。密歇根州立大学组织了跨学院的研究小组，以"这些教训是什么"为主题，花了 3 年时间研究与该争论有关的文献，并与一些重要文献的作者直接接触，最后邀请他们与纳米技术的研发专家、管理人员和研究纳米技术公众接受的学者等一起参加以此为主题的研讨活动（分别为 2005 年召开的"纳米技术能从生物技术学习什么？"的国际会议和 2006 年举办的"纳米技术标准"工作坊，该主题研究得到了美国国家科学基金会的支持）。该项研究的最终成果是出版了以"纳米技术能从生物技术学习什么?"为书名的论文集。①

一　技术的价值相关性与伦理争论

玛格丽特·梅隆（Margaret Mellon）认为，纳米技术是指在分子水平上对物质进行操纵的技术。该技术的应用可以分为两类，一类涉及类似标准化学的工业产品，比如涂层、防晒霜、诊断探针等，它们代表着现有技术的进步；另一类则还只是未来的形态，其基础是生物技术、纳米技术、信息技术、认知科学及其他高技术的会聚，这种形态的纳米技术不仅被描绘为会引起革命性变革、会对"人是什么"这样的问题提出挑战，而且被认为会给制造业和利益分配提供全新的平台。第一类纳米技术应用一般不会引起太大的社会关注，除非它带来了新的更严重的健康风险。毫无疑问，这类应用会带来新的健康和环境风险，但并不会因此就对它另眼相看，而只会修订既有的监管标准以应对这种变化。第二类应用会引起许多与基因工程类似的问题，比如人之为人的意义、人与自然的关系等。不过这类应用还处于概念阶段，而且只有与其他技术融合会聚才是可以想象的。如此看来，最好是将两种类型区别对待更为合适。但在现实中，却又很难区分。总之，关于纳米技术的争论，会以多种方式重复曾经发生在生物技术中的争论——两种技术都包含由新工艺所形成的许多产品，在生物技术中是基因性状的人工转移，在纳米技术中涉及在纳米尺度上对物质分子的操纵；两者都被政府视为经济增长的动力；两者都可能带来不确定的、潜在的灾难性风险，并引起对社会控制和消费选择的关注。②

杰弗里·贝克哈特（Jeffery Burkhardt）指出，技术不是在社会、文化和哲学的真空中形成和运行的，社会的目的、价值和意图塑造着技术，而技术对社会也有影响和作用。他在探讨了农业食品生物技术的伦理问题之后，相当肯定地认为，纳米技术也会面临来自公众和学术界的伦理批评。其实，关于纳米技术的环境安全和消费安全已经引起了人们的关注。尽管二者对环境和人体的影响方式不一样，但都会涉及人工产物与自然的关系问题，以及为了"普遍的善"而努力保证产品的安全。由于纳米技术更

---

① Kenneth David, Paul B. Thompson, *What Can Nanotechnology Learn from Biotechnology?*, Boston：Elsevier inc, 2008, preface.

② Margaret Mellon, A View from the Advocacy Community, Kenneth David, Paul B. Thompson, *What Can Nanotechnology Learn from Biotechnology?*, Boston：Elsevier inc, 2008, pp. 81–88.

加注重产品的消费者取向，选择与自主性问题也会更加突出。同样，基于垄断与集中这一现代性、工业化和资本主义政治经济体系的内在逻辑特征，权力与控制问题也会伴随纳米技术的发展而出现。[①]

由此可见，技术总是负载着价值与利益，技术图景的形成既受价值观的影响，又体现着价值观，不同价值观在技术图景上的交汇与碰撞，必然会引起相关的伦理争论。

二   生物技术伦理争论的教训

米奇·基杰里斯（Mickey Gjerris）认为，生物技术伦理争论给纳米技术带来了三个方面的教训。首先，争论双方必须明确是在何种抽象层次上讨论问题，只有这样才能进行有意义的讨论。也就是双方必须明白对方在讨论什么，是在何种意义上进行讨论。比如在生物技术中关于"扮演上帝"的伦理争论，就不能简单地还原为技术对人类健康和环境的负面影响。这一论题是在形而上学和宗教意义上对人与自然和人与自身关系的关切，在这一背景下，"扮演上帝"就意味着人通过新技术对人或其他生物所做的事——而这些事是人本来不应该做的。由此可见，这一论题实际上是一个隐喻，它指向新技术给人力量的大小、新技术如何改变人对自己和对世界的理解方式、新技术对某些自然秩序的违背和对非人类自然物内在完整性的破坏，表达了对技术发展和人的力量的增长的不安，目的在于对社会前进和技术发展方向的把握。但是，在生物技术的实际争论中，往往将这一层次与风险导向的技术理性分析框架相混淆，从而使讨论不得要领。同样，对于纳米技术中的"灰色黏稠物"（Grey goo）而言，它可能不会成为真实的风险，但在以上隐喻的意义上，视其为改变人类未来的新技术，讨论它会如何发展就显得至关重要。

其次，不要低估不同意见者，不要认为新技术的反对者主要是由于他们对新技术的无知。米奇·基杰里斯指出，在生物技术的有关争论中，从事生物技术的科学家总是先入为主地假定，公众之所以不接纳转基因技术，是因为他们对新技术无知所致，认为只要提供更多的技术知识和更多

---

① Jeffery Burkhardt, The Ethics of Agri - food Biotechnology: How Can an Agriculture technology be so Important?, Kenneth David, Paul B. Thompson, *What Can Nanotechnology Learn from Biotechnology?*, Boston: Elsevier inc, 2008, pp. 55—77.

的对话，就能解决支持与反对双方的分歧。可是，研究发现双方都认为更多的技术知识会使自己的观点的基础更牢实。换句话说，技术知识的欠缺与对技术的接纳之间并无确定的关系，增加技术知识并不必然会提高对技术的接纳。更合理的看法是，对新技术的赞成或反对，最终反映了人们的价值观和人们的生活愿景。

最后，沟通与对话是双向的，而非单方面的独白。在像关于生物技术和纳米技术这样的新兴技术的政策制定过程中，公众参与观念（the idea of public participation）得到了广泛认可。但是，在沟通的实际操作中，往往出现的是单方面的独白，特别是专家对公众的关于技术知识的单向信息灌输。对话是在两种非常重要的看法之间保持伦理平衡的一种方式——尊重他人，不管他人是个体或者公众；对自己的世界观负责，尽力去做确信对他人（不管他人是谁）最有益的事。对话就意味着关于同一事物有两种或两种以上的观点，这些观点的持有者愿意进行讨论，并能意识到自己的观点可能是错误的。相应地，从生物技术的争论中获得的第三个教训就是，对话是一个复杂而耗时的努力过程，其结果带有很大的不确定性。而单向的信息灌输既不合理也不正确，而且还可能成为扼杀公众热情的方式。①

菲利普·麦克诺滕（Philip Macnaghten）认为，转基因技术与纳米技术之间的类比是不成立的。因为只要仔细考察就会发现，它们属于两种非常不同的技术尝试，起源于不同的学科。前者属于一种特殊的应用类型，后者则涉及产品与工艺的方方面面。它们之间的直接比较可能只有非常有限的价值。不过，关于转基因技术的争论为政策制定者如何在早期阶段就掌控新技术的发展提供了一个很好的案例。在纳米技术发展过程中，在以下方面值得借鉴：（1）当面对新的技术时，监管机构应该对新技术的不同特征进行更加宽泛的分析，对风险评估的传统模式进行更加深入的反思。（2）对NGOs的不同作用应该采取更加务实的态度。（3）转基因食品的案例表明，关于公众对科学技术的怀疑或不信任的知识不足解释模式对负责新技术监管和风险评估的机构来说是一个根本性的障碍。在纳米技术发展过程中，应该建立更加复杂、更加成熟的模式，以便将公众的意见

---

① Mickey Gjerris, The Three Teachings of Biotechnology, Kenneth David, Paul B. Thompson, *What Can Nanotechnology Learn from Biotechnology?*, Boston: Elsevier inc, 2008, pp. 91—105.

自下而上地纳入相关政策中。（4）转基因技术展示了公众意见以新技术为节点的聚焦方式。这一聚焦过程本质上是不可预测的。但对这一过程的内在动力的深刻理解，为我们处理这一问题提供了一些线索，在考虑纳米技术的社会控制过程中，应该更加关注公众对新技术的社会适应力。（5）在关于公众态度方面的研究表明，在生物技术和纳米技术两者之间具有明显的相似性。对技术发展方向的矛盾心态、宿命论和忧虑，以及对政府和监管部门实施足够监管的能力的怀疑。在两者中，这种矛盾的情绪并不因为相关技术知识的增加而有所消除。相反，通过多种方式参与争论后，讨论参与者对政府部门和产业界代表公众利益的能力更加持怀疑态度。①

　　乔治·加斯克尔（George Gaskell）指出，随着战后科学技术的大发展，科学技术与社会之间的分歧越来越明显。在欧洲，公众越来越质疑科学所界定的好生活就是他们自己实际上所渴望的，这种隐约的分歧在转基因食品上变为公开的冲突，争论进而演变为对科学权威和既有风险管理程序的质疑。他以转基因技术中农业生物科技的佼佼者—孟山都（Monsanto）为例，指出转基因技术在欧洲公众接受方面的失败反映了 20 世纪 70 年代以来欧洲公众对基因技术的不安和困扰。这一失败只能部分地直接归因于生物技术本身，它是历史和现实事件综合促成的，根本原因在于以转基因技术为代表的技术创新，已经超越了市场而进入了一个更加复杂的环境。技术创新要取得成功，它必须综合考虑作为公民的消费者、政治家、民间社会组织、大众传媒等多种环境因素。再者，生物技术进入了不确定性领域，不确定性往往使人不安，他们力图避免不确定性。同样，鉴于纳米粒子的毒性尚不确定，一旦公众了解到这一事实，他们是否会对纳米粒子当下和今后在化妆品、食物和家庭用品中的使用感到不安呢？总之，农业生物技术对纳米技术及其他技术创新的启示是：（1）必须积极主动地介入公共领域，而不能仅局限于技术、市场和政府管理部门。（2）避免非自愿的纳米产品暴露，标识不仅仅是消费者的权利，也是一种慎重的商业政策。（3）不要试图让"合理的科学"（sound science）去战胜社会价

----

① Philip Macnaghten, From Bio to Nano: Learning the Lessons, Interrogating the Comparisons, Kenneth David, Paul B. Thompson. *What Can Nanotechnology Learn from Biotechnology?*, Boston: Elsevier inc, 2008, pp. 107—123.

值。（4）确保纳米产品能为消费者带来实实在在的利益。（5）（专家和管理人员）应该学会用通俗易懂的语言与公众交流。（6）避免科学性狂妄，任何相信纳米技术将会彻底解决世界所有问题的人，都应从技术史中吸取教训。（7）意识到社会是不断变化的，"尊重"是十分有价值的东西，必须获得相应的信任。（8）对公众而言，进步只有与社会价值观一致才是有价值的。（9）相信社会科学和人文科学会为技术创新过程奠定坚实的社会基础。①

劳伦斯·布施（Lawrence Busch）和约翰·R. 劳埃德（John R. Lioyd）认为，新产品的成功引入不仅仅需要技术创新和热情的接受者，还必须考虑整个创新链条所涉及的所有因素。技术创新始于纯科学研究的实验室，止于消费者，在二者之间还有开发、制造和市场等阶段。社会对新技术的关注从运用基础知识于新产品的概念设计之时就已经开始产生和出现了。这一阶段既是公众对新技术接受的生发时期，也是社会接受可能遭到破坏的时期，所以，如果要掌控公众对新产品的接纳与拒斥，那么必须从这一阶段就开始掌控新技术的发展。他们认为，从农业生物技术的得失中获取教益，有助于纳米技术的公众接纳。这些教益主要有：（1）技术创新过程中所有相关人员都必须纳入考虑。新产品至少不能增加其他人的成本。而且，能被迅速接受的技术创新，正是那些能惠及所有相关者的技术创新。（2）竞争与合作同样重要。联合、战略联盟、合同关系、交叉许可、联合商标等对市场成功来说，不仅是常见的，而且是必须的。相反，不考虑其他相关者的竞争只能是死路一条。（3）在分享中获取。想占有整个市场的做法是失败的方法，在当今网络化市场中，联盟更容易带来成功。（4）全程监管。美国的农业生物技术的监管体系是现行法律的拼凑之物，没有一个环节是专门针对该技术设计的，因此，它既没能意识到转基因生物的异地分布，也没能意识到人为错误这种"正常的意外事故"（normal accidents）注定会发生。纳米技术的监管体系从一开始就应该意识到这些情况。（5）所有相关者都应该协调一致，以便有效地销售产品。供应链中的每个人都应该既竞争又合作。如果一个参与者的行为伤

---

① George Gaskell, Lessons from the Bio - Decade: A Social Scientific Perspective, Kenneth David, Paul B. Thompson, *What Can Nanotechnology Learn from Biotechnology?*, Boston: Elsevier inc, 2008, pp. 237—259.

害了其他人，受害者可以采取任何措施以阻止这种伤害行为。如果新的纳米技术市场不考虑这点，将会产生类似于农业生物技术中的绊脚石。①

综上所述，尽管视角和程度不尽相同，但是学者们都赞同纳米技术应从生物技术特别是转基因食品在欧洲的市场失败中吸取教训，避免重蹈覆辙。包括纳米技术在内的新技术具有很大的不确定性，会影响和改变人与自然及人与自身的关系，它会给人类健康和环境带来潜在的风险。如果不提前关注这些风险的监管，不注重不同价值观之间的有效沟通，不对新产品进行严肃的伦理考量，纳米技术就不可能健康持续发展。

第二节　纳米材料的健康风险与伦理问题

如果说纳米技术产品与其他技术产品一样，最终都是为了提高人的生活质量的话，那么我们应该首先考虑其安全性，不因其产品的"利"而忽视其对人体健康可能的风险。

一　纳米材料的安全性问题

纳米材料安全性问题主要是指纳米材料对人类、动植物、微生物和生态环境构成的危险或者潜在风险。2003 年以来，*Science* 和 *Nature* 等著名学术期刊纷纷发表编者文章，讨论纳米物质的安全性问题，呼吁必须加强纳米物质对生物、环境和健康等可能带来的潜在影响的研究。英国皇家科学院也相继发表文章，讨论纳米物质对生物、环境和健康可能带来的潜在影响。② 特别是在美国化学协会 2004 年年会上，毒理学者艾瓦·欧博德瑞斯特（Eva Oberd Rster）关于"一定浓度的 C_{60} 可能对水生鱼类大脑造成损伤"的报告，引起了与会纳米科学家的广泛关注。随后，美国、英国、法国、德国、日本、中国等相继召开了关于纳米技术生物环境效应的专题学术会议，并在国家层面上加大相关研究的资助力度和推进相关研究计划。

---

① Lawrence Busch, John R. Lloyd, What Can Nanotechnology Learn from Biotechnology?, Kenneth David, Paul B. Thompson, *What Can Nanotechnology Learn from Biotechnology?*, Boston: Elsevier inc, 2008, pp. 261—276.

② 汪冰、丰伟悦、赵宇亮等：《纳米材料生物效应及其毒理学研究进展》，《中国科学（B辑 化学）》2005 年第 35 卷第 1 期，第 1—10 页。

2005 年 12 月，美国政府以"经济合作与发展组织"（OECD）的名义，召集各国政府，在华盛顿召开了"人工纳米材料的安全性问题"圆桌会议。会议受到美国政府前所未有的重视，包括国务院在内有 26 个部委出席了会议。会议讨论如何采取措施，保障"人工纳米材料的安全性问题"。在美国"纳米安全"听证会上，国会建议政府把相关研究经费由目前每年 3900 万美元增加到 1 亿美元，建立"国家纳米技术毒理学计划"（National Nanotechnology Toxicology Initiative）。美国国家纳米技术协调办公室主任克莱顿·蒂格（Clayton Teague）宣布，"联邦政府决定优先支持纳米毒理学研究"。英国皇家学会与日本科学协会发表的声明指出，"开展人造纳米颗粒对人体健康和环境安全的研究，十分迫切"。2005 年下半年，欧美各国除了急剧增加研究经费以外，在国家层面上，6 个月之内对"纳米安全性问题"采取了 12 次紧急行动。2006 年，欧美日召开了12 次相关会议，在政府层面上大力部署对纳米材料的生物与环境的可能影响的研究和管理。2006 年 9 月，联合国环境与发展署在巴黎召开专家会议，起草了"纳米技术与环境安全"的报告。2006 年，德国联邦教研部和工业界开始了联合研究纳米材料安全性的工作。

在 2005 年的香山科学会议第 243 次学术讨论会上，白春礼院士做了题为"纳米科技：发展趋势与安全性"的主题报告，对各国关于纳米安全性问题研究情况进行了评述，并指出对纳米物质生物毒性的研究十分紧迫。2006 年 6 月，中国国家纳米科技中心与高能物理研究所建立了"纳米生物效应与安全性联合实验室"，其宗旨是紧密配合国家纳米科技整体发展的需求，开展纳米生物效应与安全性相关的基础和应用性研究工作；同年 7 月，日本厚生劳动省成立专门研究小组，正式开展纳米材料的安全性研究。11 月，在香山科学会议第 293 次学术讨论会上，我国纳米技术专家再次对"纳米生物环境健康效应与纳米安全性"问题进行了探讨。2007 年 1 月，国家纳米科技中心和中国科学院高能物理研究所举办了"纳米安全性：纳米材料的生物效应与生物医学应用"主题学术会议；同年 4 月，上海宣布将建立纳米物质安全评价体系，主要开展纳米毒理学研究，为建立纳米技术安全性评估体系奠定基础；同年 11 月，香山科学会议第 314 次会议以"纳米科技与环境安全性"为主题，对纳米技术在安全生产、环境监测、环境治理与修复等方面的基本科学问题进行了交流与研讨。① 2008 年 10 月在武汉召开的第七届中国国际纳米科技研讨会，"纳米技术与安全"也被列为会议的主题之一。②

　　其实，早在美国 NNI 启动之初，就对纳米安全性问题有所考虑。但是，由于纳米材料种类繁多，各种材料的毒性大不相同，加上研究方法的差异和有效性问题，对于纳米材料毒性机制尚无统一解释，各种不同观点之间甚至还彼此矛盾，故这一领域的研究进展并不乐观。2007 年年初，英国政府的科学顾问机构——科学技术委员会就警告说，对纳米材料毒性及其对健康与环境影响的实际研究远比承诺的要少，并认为迫切需要编制一个战略性计划以支持此项研究。美国国会议员布赖恩·贝尔德（Brian Baird）也在 2007 年年底警告说，NNI 中的 EHS（环境、健康与安全）战略和实施计划在规定到期 18 个月之后仍未形成具体方案。③ 基于不同的研究结果和价值取向，对纳米技术的潜在风险有不同的观点。有人认为纳米材料对人类健康和环境的负面影响极其巨大，在彻底证明其无害性之前，应该暂停纳米技术的研究，禁止相关产品的研发；也有人认为纳米技术基本无害，它对人类健康和环境的负面影响比目前的工业技术和相关产品要小得多，在没有足够的证据证明其有害之前，不能采取禁止的方式，如果夸大纳米技术的负面影响，会引起公众的误会和抵制，从而使纳米技术陷入类似于转基因技术那样的发展困境，失去"纳米革命"的良机。

二　纳米材料的毒性

　　就现在的研究进展和认知水平来说，科学家只知道当一种材料变得小到纳米数量级时，它会表现出许多意想不到的特殊性能。但是，根据已有的化学知识很难预言这些纳米材料到底具有哪些新颖特性；同样，运用监测常规物质的标准和方法也很难检测纳米材料对人体和环境的影响。已有的个案研究发现，一些原本无害的材料，其纳米产品有可能变得格外危险。这种情况说明，纳米材料的安全性具有很大的不确定性，除非逐例研究，很难预知某种纳米材料是否安全。

---

　　① 王红亮、王洋、于君：《纳米颗粒安全性分析及其研究现状》，《纳米科技》2008 年第 3 期，第 65—69 页。

　　② 参见《第七届中国国际纳米科技研讨会会议通知与会议纪要》，《纳米科技》2008 年第 5 期，第 47 页。

　　③ 龚威编译：《重视对纳米技术风险的研究》，《世界科学》2008 年第 3 期，第 42—44 页。

目前，人工纳米材料的主要形态是纳米粒子。根据颗粒物的尺寸，可以把它们分为三种：粒径大于 2.5μm 小于 10μm 的为粗颗粒，在 100nm 到 2.5μm 之间的为细颗粒，直径小于 100nm 的为超细颗粒。超细颗粒物也称为纳米颗粒物。在自然界中存在着大量的天然纳米物质，食物中有相当部分纳米成分，空气中的纳米粒子更是不计其数。据估算，人均每分钟会吸入大量的纳米颗粒，不过其中绝大多数对人体是无害的。这与人类在长期进化过程中形成的保护机制有关，而且在人类掌握用火技术以前，几乎不会接触到人工纳米颗粒物。工业革命以来，由于石化燃料的大量使用，空气中的超细颗粒物急剧增加，相关的流行病学研究报告支持超细颗粒物对人类健康有负面影响的看法。[①] 这说明，人类在长期进化中形成的天然保护机制，在环境发生急剧变化时，并不能自动发挥其保护作用，或者说既有的保护机制对新出现的环境因素可能已经失效。

欧洲和美国科学家发表的一项长达 20 多年的流行病学研究结果表明，人的发病率和死亡率与他们所生活的环境中空气的大气颗粒物浓度和颗粒物尺寸密切相关。死亡率是由剂量非常低的相对较小的颗粒物引起的。据科学家分析研究，1952 年发生的伦敦大雾，两周之内有 4000 多人突然死亡，主要就是由于空气中的纳米颗粒大量增加所致。但是，对纳米颗粒物的致病机理尚不清楚。对此，有不同的假设与推断。有人认为，小于 100nm 的颗粒具有特殊的生物机制，使其在肺组织中有很高的沉积率，从而影响正常的呼吸功能；也有人认为，小于 100nm 的颗粒物可以直接作用于心脏，直接导致心血管疾病；还有人假设这些颗粒物进入血液后增加了血黏度或者血的凝固能力，从而导致心血管疾病。[②]

纳米粒子生物毒性的动物实验研究表明，纳米粒子因其小而移动性强、化学反应活性高，并能以新的方式进入人体和融入环境，会对从细菌到哺乳动物的所有生物构成独特的威胁。纳米材料毒性的研究已经成为毒理学研究的一个新领域。目前，对纳米材料的毒理学研究，已经从宏观动物个体或细菌发展到器官、组织、细胞、分子甚至基因水平。从研究结果看，纳米颗粒可以通过肺部呼吸、皮肤渗透、食道吸收、药物注射、嗅神

①　陈国永、廖岩、马昱、陶茂萱：《纳米颗粒物生物安全性研究进展》，《国外医学卫生学分册》2007 年第 4 期，第 206—209 页。

②　白春礼、赵宇亮：《关注"纳米安全"》，《科技潮》2005 年第 7 期，第 30—31 页。

经传递等方式进入生物体，通过血液循环分布到体内的重要器官，从而引起肺损伤、脑损伤及心血管疾病等一系列不良健康效应，对人体健康造成潜在的危害。具体地说，呼吸道是摄入纳米颗粒的主要途径，纳米颗粒对肺部的影响也最直接。肺泡巨噬细胞是一种多功能间质细胞，广泛分布于肺泡内及呼吸道上表面，具有吞噬、清除异物的功能，是呼吸道的第一道防线，它们对颗粒的吞噬能力和反应直接关系到颗粒物的命运。研究发现，纳米颗粒使肺泡巨噬细胞的趋化能力提高而使吞噬能力降低，从而使肺部的纳米颗粒不能被有效地清除而长期留存，并引起慢性炎症。动物实验也证明，纳米颗粒能进入中枢神经系统，引起皮质神经元退化、神经元纤维缠结、血脑屏障物理性损伤等生物效应。流行病学调查显示，空气中纳米颗粒物浓度升高，会使暴露者的急性心肌梗死发病率升高。一般认为，纳米颗粒物主要通过以下途径引起心血管疾病：（1）纳米颗粒物引发炎症，改变血液的凝固性，使冠状动脉性心脏病发病率升高；（2）纳米颗粒从肺部进入血液，与血管内皮结合，从而形成血栓和动脉硬化斑；（3）纳米颗粒进入中枢神经系统，可能引起自主反射性心血管效应。肝脏是纳米颗粒的另一个重要靶器官，对小鼠的静脉注射和经口染毒实验表明，纳米颗粒会引起肝脏细胞一系列生化指标的改变，使小鼠发生肝细胞水肿、嗜酸性变及肉芽肿、轻度点状坏死等。[①]

宏观物体纳米化后，虽然物质组成未发生变化，但是由于其粒径变得极小，对机体产生的生物效应和作用强度可能会发生本质的变化。根据推测，这些极小的粒子可能比较容易透过生物膜上的孔隙进入细胞内或者线粒体、内质网、溶酶体和细胞核等细胞器内，和生物大分子结合或催化化学反应，使生物大分子和细胞膜的正常立体结构发生改变。其结果是导致生物体内一些激素和重要的酶系丧失活性，或者使遗传物质发生突变，导致肿瘤发病率升高，或加速老化过程等；透过脑血屏障和血睾屏障的纳米粒子还可能对中枢神经，精子的生成、形态与活力等产生不良影响；还可能透过胎盘屏障对胚胎早期的组织分化和发育产生不良影响，导致胎儿畸形。[②]

---

① 陈国永等：《纳米颗粒物生物安全性研究进展》，《国外医学卫生学分册》2007年第4期，第206—209页。

② 金一和、孙鹏、张颖花：《纳米材料对人体的潜在性影响问题》，《自然杂志》2001年第23卷第5期，第306—307页。

如前所言,由于纳米粒子毒性随粒径变化而变化,改变纳米颗粒表面的电荷性质或者所处的物理化学环境,同一种纳米粒子可能会表现出不同的毒性,所以,也有不少研究人员致力于纳米材料毒性的个案研究,以发现不同纳米材料毒性的差异。纳米二氧化钛(Tio_2)是一种使用广泛的材料,它可以通过化妆品、涂料、印刷、医药和染料等进入人体,它的安全性引起了研究者的极大关注。实验研究发现,纳米 Tio_2 颗粒对小鼠肺部的急性损伤比常规二氧化钛颗粒更严重,而相应有血清对照实验表明,纳米二氧化钛可能引起组织和细胞损伤。研究者还对市面上销售的防晒霜中添加的纳米二氧化钛进行了研究,发现它可以诱导产生羟基自由基并且能使 DNA 发生氧化损伤。

碳纳米管是具有广泛应用前景的纳米材料,它的安全性也引起了高度重视。碳纳米管质量轻,可以在空气中传播,容易进入肺部并进入细胞,影响细胞结构,在低剂量下可以刺激肺巨噬细胞的吞噬能力,但在高剂量下则严重降低肺巨噬细胞对外源性毒物的吞噬功能。不同直径的多壁碳纳米管(MWNTs)具有非常不同的细胞毒性和生物活性,大直径比小直径碳纳米管具有更大的细胞毒性。对小鼠采用支气管注入法注入单壁碳纳米管(SWNT),会导致上皮样肉芽肿,且呈剂量依赖性增加。对比研究发现,一旦 SWNT 到达肺部,其毒性比炭黑和石英都强。而且 SWNT 导致的病变还有新的特点,即呈现出多病灶肉芽肿,且没有伴随在通常情况下由石棉和无机粉尘所引起的肉芽肿所特有的进行性肺部炎症和细胞增生现象,这说明 SWNT 的毒性不同于常规物质,具有新的致肺损伤机制。研究者还发现,表观分子量高达 60 万的羟基化水溶性碳纳米管表现出小分子的生理行为,可以在小鼠体内不同器官之间自由穿梭,通过尿液排泄。而 60 万分子量的常规物质是不可能出现如此奇特现象的,以现有的生物学和生理学知识也无法解释这种现象。

铁是人体和动物必需的元素之一,铁及其制品在生产生活中有着广泛的应用。动物实验表明,纳米铁粉染毒可导致小鼠肝损伤,而且对小鼠血糖的影响明显大于微米铁粉;纳米四氧化三铁(Fe_3O_4)颗粒能使小鼠的肝脏和肺脏严重损伤,经口染毒还可引起雄性生殖细胞发生突变;纳米三氧化二铁(Fe_2O_3)颗粒进入细胞是引起细胞氧化损伤的根本原因,且粒径较小的粒子毒性比粒径大的粒子毒性要大。

稀土纳米抗菌材料能够引起人血淋巴细胞微核率显著升高,说明具有一定的遗传毒性。此外，它还能使红细胞的生物膜结构发生变化，红细胞脆性增加，抵抗低渗盐水的能力下降。纳米二氧化硅致急性损伤比标准二氧化硅强。中国科学院高能物理研究所在研究磁性纳米颗粒物在动物体内的生理行为时，发现有的磁性纳米颗粒物在小鼠的血管内会逐渐变大，导致血管堵塞，最后导致小鼠死亡。[①]

总之，以上这些研究表明，纳米材料对人类健康的影响可能是全方位的。纳米材料的超微性提醒人们应该重新认识和理解人体对颗粒性物质的吸收过程和它可能引起的生物学影响。宏观物体被制成纳米材料后，尽管化学成分没有发生变化，但是由于粒径变小，表面结合能和化学活性显著提高，从而其生物效应和作用强度可能会发生显著变化。人们可能会通过各种方式接触到纳米材料，引起机体沉积部位的病变；它还能从沉积部位实现体内转移，引起各种不良的生物效应，对健康造成潜在的危害。

应该说，已有的一些研究案例和研究结果都是初步的。由于实验条件不统一，所得结果并不完全一致，有些甚至存在争议。已有的研究表明，纳米材料的毒性作用不仅与材料的种类、制备方法、尺寸和表面结构有关，还与实验所用的动植物种属和喂养方法有关。从纳米材料的毒性机制上看，尽管目前多归因于纳米材料引起的氧化胁迫或自由基的产生，从而引起脂质过氧化损伤导致细胞膜破损，最终导致细胞凋亡。但一些纳米材料本身又是很好的自由基清除剂和抗氧化剂。所以，这一解释并不具有普遍的解释力。总体上说，纳米材料的致毒机制并不清楚。因此，从个别纳米材料的毒理学研究结论，并不能简单地推断出其他纳米材料甚至是同一种类不同粒径的材料是否具有毒性或者毒性的大小。对纳米材料的毒性与安全性问题，在从体外到体内再到人体研究的漫长过程中，目前才刚刚跨出一小步，还不能够得到明确的整体性结论。当然，一些纳米材料经过特殊的化学修饰后能达到"兴利除弊"的目的，即既能显著降低或者消除其毒副作用，又能保持其有益的纳米特性；对另一些纳米材料的特殊生物负效应，科学家也在研究其反向应用，以期为医学诊断和治疗开辟新途径。

三 纳米材料的健康风险及伦理问题

已有的关于纳米材料毒性的动物实验和流行病学研究结果，都表明纳

---

① 田志环：《纳米材料的毒理学研究进展》，《现代预防医学》2008 年第 35 卷第 18 期，第 3608—3612 页。

米材料对暴露人群会产生不同程度的健康伤害。更为重要的是，不同种类及同一种类不同几何尺寸的纳米材料其毒性可能大不相同，而且纳米材料的毒性机制还不清楚。这种不确定性可能会造成相关的健康伤害在毫无防护措施和毫不知情的情况下发生，而伤害一旦发生，又可能无法得到及时有效的康复治疗甚至根本无法救治。由于纳米产品已经进入消费市场，作为一种人工产品，在其研发、试制、生产、贮运、消费直至废物处理的整个生命周期中，都存在暴露风险的问题。作为一类全新的人工产品，在其毒性机制尚不明确的情况下，它对健康和安全最大的挑战就在于其不确定性。此处我们结合石棉引发的健康与安全问题，对纳米材料的相关问题做一尝试性的探讨。

石棉作为一种强度高韧性好的廉价隔热建筑材料，几乎用于所有建筑物中，包括从地板表层到花盆、从核工厂到学校、从刹车衬里到涂料。然而，未曾预料到的毒性对工人的职业安全和公共健康造成了重大的危害。尽管石棉的主要生产地是俄罗斯、加拿大、中国、巴西和津巴布韦，主要消费地是远东、俄罗斯、哈萨克斯坦、中东、南亚和中南美洲，但它的贸易是国际性的，因而其影响也是国际性的。到 1918 年，美国保险公司拒绝提供与石棉相关的保险服务。成千上万的船坞工人估计死于与石棉暴露相关的疾病。1980 年以前，总计有 50 万美国人死于与石棉暴露相关的疾病，现在每年大约还有 1 万人死亡。估计在 1985 年到 2009 年间，至少 22.5 万人因石棉伤害而早逝。欧洲的情况与此类似。在日本，2003 年有 1.8 万例与石棉相关的肺病患者得到了法定赔偿，如果考虑疾病 30—50 年的潜伏期，在未来 30 年由恶性胸膜疾病引起的日本男性死亡人数将达到 5 万人，在未来 40 年将超过 10 万人。石棉的危害并不仅仅是造成了成千上万个体的健康伤害和死亡，与之有关的诉讼也造成了严重的经济损失，比如加重国家卫生体系的负担、公司破产、公司投资下降、失业率上升、高昂的法律管理成本、保险公司的不稳定。美国的公司和保险业在与石棉有关的诉讼方面已经花费了不下 540 亿美元。[①] 此外，据国际禁止石棉组织秘书处报告，石棉行业采取了与烟草行业类似的策略，即通过开发发展中国家的市场来弥补在发达国家的市场损失。相应地，发展中国家与

① Alan Hannah, Geoffrey Hunt, Nanotechnology and Civil Liability, Geoffrey Hunt, Michael D. Mehta, *Nanotechnology*: *Risk*, *Ethics and Law*, London: Earthscan, 2006, 63, pp. 243 - 245.

石棉相关的疾病的发病率也远远高于发达国家。

石棉的危害主要在于其纤维的细小尺寸。石棉纤维一旦进入人体，它就很难被清除，会导致多种癌症，影响身体不同部位。比如吸进肺部，就会使肺部石棉化，损害肺部组织，使其逐渐丧失呼吸功能。尽管这种疾病主要危害开采石棉的矿工、制造石棉产品的工人，但已有足够的证据证明，凡是有机会接触石棉纤维的人，都有相应的伤害风险，包括消防队员、给石棉矿工和石棉产品生产车间工人洗衣服的人员、石棉矿附近的居民以及所有暴露于石棉产品的人。

就目前的研究水平而言，纳米材料的潜在危害与已经被证实的石棉纤维的危害之间的类似性主要还是在直觉的层次上。但是，就引起危害的主要原因而言，似乎应该是共同的，都是因为尺寸微小。它们之间的这种相似性，已经引起了极大的担忧，特别是保险公司对纳米伤害的有关赔偿的担心。比如瑞士再保险公司的一项研究就呼吁应该加强对每一种纳米粒子的毒性及可能伤害的研究，而不仅仅是现在所进行的主要关注碳纳米管的医学研究。该研究还指出，与石棉相类似，纳米材料对健康的潜在影响可能不是几年内就能显现出来，它引起的疾病是慢性的而不是急性的。如果它所引起的健康问题要经过较长时间才能显现出来，那么一些不可预见的更大的可能性伤害就会积累起来，造成更大的问题。该报告还认为，像食品和药品之类直接进入人体的纳米产品引起的健康风险可能比较容易评估，但对于那些由散布于环境、空气和饮用水中的纳米物质引起的健康伤害则不然。

无论纳米材料与石棉之间的比较是否合理，但有一点是明确的，那就是如此小尺寸的颗粒物可以通过多种途径进入人体。至少以下四点值得引起关注：（1）纳米颗粒通过刺激而阻碍肺部功能，由于表面效应，颗粒越小，阻碍作用越大；（2）纳米材料物质由于其尺寸小，可以突破防毒面具之类的传统保护措施而进入人体，可能因此而成为一类不可忽视的毒素；（3）一些纳米粒子可以催化产生自由基，从而引起多种肌体肿瘤；（4）通过研究空气污染粒子发现，在大尺寸状态时没有危害的物质在纳米尺度时可能会表现出很大的危害特性。显然，皮肤和消化道都是纳米粒子进入体内的可能途径，粒子越小，吸收就越多，对身体的穿透也越深。目前，纳米粒子何时能够以及怎么样穿过血脑屏障进行人体保护得最好的器官——大脑，已经引起了高度的关注。

　　纳米粒子的表面效应、催化特性、躲避人体免疫系统识别和攻击的能力、突破血脑或者血胎屏障的潜在可能性，集中体现了纳米技术的双刃剑性质。正是那些认为会引起健康伤害的特性，激励着医药研究人员的探索精神，刺激着制药公司股东们的投资热情。比如在一些人体细胞中的水溶性碳纳米粒子的毒性显示出可能是攻克某些癌症和细菌感染的有效手段；穿透血脑屏障的通道被视为治疗早老性痴呆病的可能途径。

　　显然，关于纳米材料的安全性和对健康的危害，无论是与石棉的类比，还是对其毒性的研究，都是很不充分的。欧盟委员会资助的纳米论坛关于纳米技术的影响的一份报告指出，现在谁也不知道从鱼和老鼠等动物试验观察到的反应是否会与人体实验结果相一致；从动物实验推断到人体健康影响，流行病学调查是必经环节，然而，现在能大量接触到人造纳米材料的机会还很少，开展流行病调查的条件还不具备。同时，该报告也指出，一些公共健康研究已经发现人工纳米颗粒物与其影响广泛的健康问题之间的关联，这些健康问题包括哮喘、心脏病、慢性支气管炎甚至早逝。

　　此外，与石棉主要作为一种建筑材料不同，纳米技术具有跨学科性质，它涉及各个学科领域，纳米产品涉及生产生活的方方面面，几乎是无所不包，所以它的风险是全局性、根本性的。更为重要的是，官方的监管措施主要是针对新产品的物理化学性质展开评估，还没有将产品的尺寸纳入系统的考虑因素。正是这种相关监管措施的缺失，可能会导致更大的风险和相关的伤害。① 总之，不管现有的研究如何不充分，甚至充满争议，但纳米材料的健康风险是不容否认的。

　　就目前的情况看，纳米材料和纳米产品还处于研发试制阶段，因暴露而导致的健康风险主要涉及纳米技术和纳米产品的研发人员、生产试制人员和少量纳米产品的消费者。下面主要探讨与他们相关的健康风险与伦理问题。

　　在探索未知的道路上，处处都充满着风险，包括新技术产品对人类健康的伤害。在科技发展史上，对物质放射性的研究是在毫无防护措施的情况下进行的，在发现放射性现象很长一段时间内，它对人体健康的潜在伤害仍然未引起人们足够的关注和研究，导致了放射性物质的环境污染和健康伤害事件的发生，甚至连居里夫人也不幸死于过度接触放射线而引起的

---

　　① Toby Shelley, *Nanotechnology*：*New Promises*，*New Dangers*，Nova Scotia：Fernwood Publishing Ltd, 2006, pp. 77 – 82.

白血病。① 那么，在纳米技术的发展过程中能否不再发生这种伤害呢？对此，我们的回答是否定的。理由在于：（1）纳米材料的毒理机制尚不清楚，对其伤害的防护不可能万无一失。（2）作为一种新兴的高技术，纳米技术有望引导下一次工业革命，有一定经济实力的国家都制定了相应的纳米技术发展战略，以期赶上纳米技术发展的快车，促进经济的增长。在全球范围内，纳米技术和相关的纳米产品的研发试制工作在充足的资金保障下加速推进；在充满激烈竞争的世界格局中，纳米技术的加速发展趋势不会因为潜在的健康风险而改变。（3）纳米科技研发专家要彻底避免潜在的健康伤害，只有离开他们所从事的研发工作。然而，在高度专业化的社会分工体系中，只要他们一旦离开这一行当，便会变得一无所有，对于绝大多数人来说，无论是自愿还是被迫，都只能继续从事这一职业。由此看来，作为一线研发人员，纳米技术科学家不得不首先面对因直接接触纳米材料而带来的健康风险。在这种意义上，纳米技术研发人员不得不为人类发展纳米技术付出健康代价。在国家层面上，这是为了国家的科技发展与经济利益而牺牲部分人的利益（纳米科技研发人员的健康）。发展与伤害似乎总是互为一体，研发的努力不会因健康伤害而停止，科技伦理"不伤害"的底线便在一定程度上被突破。

就纳米产品的生产来说，主要涉及企业利益和工人健康之间的关系。与前面谈到的纳米材料对一线研发人员的健康伤害相类似，由于纳米材料的毒性机制尚不清楚，加之传统常规的防护措施又可能失效，在纳米产品生产过程中，总是存在对工人健康伤害的潜在可能性。事实上，绝大多数特殊产品的生产，都伴随着相应的职业健康伤害问题。从纳米物质的特殊性能来看，似乎它的生产过程也很难避免这一问题。目前以"自上而下"为主的产品制备方式，必然会产生多种有害健康的毒副产品，比如预期产品之外的粉尘、燃烧残余物或者其他化学反应物质等，对工人健康和环境都会造成一定的负面影响。当然，就纳米技术本身而言，当下涉及暴露风险的工人还不是太多，其健康伤害主要还是一种未来的可能性，故目前还缺少健康伤害的有关信息，很难引起足够的重视。但是，纳米产品生产场所的健康风险一定会随着纳米技术研发及其产业化进程而凸显。据估计，

---

① 金一和、孙鹏、张颖花：《纳米材料对人体的潜在性影响问题》，《自然杂志》2001 年第 23 卷第 5 期，第 306—307 页。

在未来几年内，美国汽车产业中就会有数量不少的工人因使用纳米技术处理车身、油漆、催化转换器和显示板等而直接接触纳米粒子，整个美国则至少有 200 万工人从事与纳米技术相关的生产。英国皇家学会关于纳米粒子生产场所的健康问题的报告指出，英国健康与安全管理局（the UK Health and Safety Executive，HSE）尽管意识到了纳米粒子与其较大的同类普通粒子相比可能存在更大的毒性，但它还是降低了纳米产品生产场所的职业暴露的限制。该学会还呼吁重新检视对纳米粒子生产场所的暴露风险与意外泄漏的评估和控制。HSE 在 2004 年年底组织了第一次纳米技术健康影响的主题会议，但该会议未形成成熟的政策建议；在 2005 年年初，英国政府宣布重新检视现存的有关管理规定，但由于未能提供必要的研究资助而引来批评。皇家学会还考察了 150 个组织给政府的报告，但没有任何工会的报告位列其中。在这些讨论劳动力向纳米技术转移的报告中，对健康议题的关注也是十分随意的。作为英国工会保护伞的"英国职工大会"（The Trades Union Congress），印发的纳米技术宣传手册仅有两页内容，但其中几乎没有什么有用的信息，它仅仅强调要严格执行现有的规定，而忽略了关于纳米技术可能存在新的威胁需要处理。甚至连极其关注企业责任问题的能源、化学与矿工国际工会联合会，也还没有涉足纳米技术对工人的影响的研究。联合国国际劳工组织也没有对该问题进行研究。

在目前的世界经济垂直分工体系中，产品研发与产品生产相分离，发达国家往往把具有环境负效应和健康伤害的"肮脏"产业向发展中国家转移，从石油化工到电子产品的生产，发展中国家的工人比发达国家的工人承受了更多的健康伤害。企业是以盈利为目的的经济组织，在缺乏严格监管措施和安全标准的情况下，总是企图降低生产成本，以实现利益最大化，其中也包括牺牲工人的健康利益。这种情况在发展中国家尤其突出。

目前，已经有不少纳米产品进入了消费市场。从中国《纳米科技》学术期刊的产品广告看，市场上的纳米材料涉及纳米颗粒、碳纳米管、纳米生物医学材料等，广泛应用于化妆品、食品添加剂、农药、医药、丝织、造纸、涂料、电极、塑料、显示器等领域；① 日本的东芝、丰田、索

---

① 相关纳米产品广告可见中国微米纳米技术学会主办的《纳米科技》近年各期。该刊是我国纳米科学技术领域唯一的专业科技期刊，专注于传播纳米科学技术的创新思维、研究进展、应用开发和产业化进程。

尼等著名企业，已经把碳纳米管和碳纳米粒子用于其电子、汽车等产品中。可以说纳米产品已经通过不同渠道，逐渐进入了公众的日常生活。因此，纳米产品的消费安全是个引人关注的重要问题。根据已有的研究，绝大多数大公司为了企业的可持续发展，非常注重自己的企业形象，能自觉承担相应的社会责任，因此也非常重视自己产品的安全问题。这些大公司在产品研发过程中，往往会同步研究产品的安全性，并形成一定的安全性方案，力图为消费者提供安全的产品。相对而言，小公司在这方面的意识则比较淡薄。他们往往对自己产品信息披露不全、避重就轻，使消费者对产品的知情选择权得不到应有的尊重。再者，即使是大公司的研究，也只是在有限的个案研究基础上得出的结论，目前还很难深入到消费者的个体差异与敏感人群的对比研究。尽管消费者有充分的理由要求企业制造安全的产品，但在缺乏统一标准的情况下，企业仍然宁可把资金花在新产品的研发上，而不是花在研究相关产品的安全性问题上。就研究者来说，纳米企业里的科学家只有以产品的研发为主，才能符合企业研发投入的目的，才能获得研究经费的支持；对于公共研究机构里的纳米科学家来说，目前的研究项目主要集中在他们感兴趣的领域，既不太注重企业的利益，也不太注重产品对消费者的影响。在健康风险上，最要害的问题还在于，目前所有的纳米产品的生产，都还是隶属于传统的行业和企业，政府机构对企业的相关监管，也只能按照传统产品生产标准进行。所以，官方的监管实际上总是落后于纳米产品的生产。在美国，一些科学家就担心 NNI 的利益冲突——因为它既要推广纳米技术，又要规避其风险。[①] 对于大多数纳米产品的消费者来说，在提前享受纳米技术成果的同时，也在不知情的情况下承担着健康风险。在相对统一的纳米产品生产标准形成之前，政府的监管不可能真正到位，那么，对消费者健康风险的责任，主要应由企业和纳米科学家来承担。否则，产品的消费安全就根本没有保证。

还有一个问题值得注意，那就是发达国家和发展中国家的公众对高科技产品安全性问题的认知存在着很大的差距。在一定程度上，发达国家公众的科学素养较高，对科学和技术有相对正确的认识，对科技的负面影响有较深刻的反思，对科技新产品往往持一种谨慎的态度，而政府的相关监管措施也比较严格，实际执行情况也相对较好。而在发展中国家，往往把

① 龚威编译：《重视对纳米技术风险的研究》，《世界科学》2008 年第 3 期，第 42—44 页。

落后归结于科技的落后，科学总是一个"好词"，"科学的"等于"正确的"，易于对科技新产品持一种不加怀疑的全盘接受态度。企业在产品宣传中，也往往是只注重其"正面"形象和功效，基本不会提及产品的负面影响。比如，在国内市场上就有一种倾向，新的科技术语一提出，就被企业用于概念炒作，以此作为其产品科技含量的标签。企业这种不负责任的行为和公众的轻信态度，使发展中国家的公众更容易成为消费安全的受害者。

第三节　纳米食品的健康风险与伦理问题

纳米技术作为一种具有广泛应用前景的新技术，必然会以添加剂、原材料、新工艺等方式进入食品生产各环节，对食品的产量、品质等带来新的变革；同时，也会因此给人类健康带来新的风险。在对纳米食品健康安全性的探讨中，人们往往会将纳米食品与转基因食品进行对比，提及纳米技术能从关于转基因食品的争论中吸取什么教训，以便促进纳米技术的健康发展。本节结合转基因食品的健康风险问题，对纳米食品的可能风险与伦理问题进行探讨。

一　转基因食品的健康安全性问题的教训

世纪之交，学术界、政府管理部门、非政府组织等围绕转基因食品的收益、风险与伦理问题展开了激烈的争论。这场争论至今仍然没有结束。其中，安全性问题是转基因食品伦理问题的核心。关于转基因食品对人类健康的影响，初步的结论是：短期的、直接的影响较小，但长期的、累积性的、间接的影响还很难定论。但是，由于转基因食品可能带来特大风险，研究者认为应该对其采取"有罪推定"战略。[①]

转基因食品是现代生物技术的产物。它是指利用现代分子生物技术，将某些生物的基因转移到其他物种中去，改造它们的遗传物质，使其在性状、营养品质、消费品质等方面向着人们所需要的目标转变。这种以转基因生物为食物或者为原料加工生产出来的食品就是转基因食品。传统食品则是通过自然选择或者人为的杂交育种来进行的。其实两者所涉及的

---

① 参见毛新志《转基因食品的伦理审视》，湖北人民出版社2005年版，第2页。

"转基因技术"和"杂交技术"在理论上并无实质性差别。传统的杂交技术在转移某个基因时，伴随着其他许多基因的转移，通过对后代的持续选择，才筛选出拥有某个基因性状的理想株系。显然，这种基因交流方式仍然是按照生物自身许可的规律进行的，是在种内或者亚种内进行的。转基因技术则是着眼于对单个或几个具有特定功能的基因的精确操作。由于被转移的基因数量少，对受体影响较小，容易被受体接受。正是这一特点，扩大了外源基因的利用范围，并使受体可以接受来自亲缘关系很远的基因，实现基因的跨物种转移。这一技术可以使受体在相对较短的时间内获得预期的性状，真正突破了自然选择的限制，创造出新的物种，大大加快了生物进化的速度。转基因食品的主要特点有：（1）成本低，产量高；（2）能抗虫、抗草、抗逆境；（3）通过转基因技术提高食品主要营养成分的含量，从而提高食品的品质和营养价值；（4）保鲜性能增强。

人们对传统食品安全性的信心，是建立在几千年食用经验基础上的。对于新的食品种类，人们自然会怀疑它的安全性，在确信它不会对人类的健康带来危害之前，肯定不会轻易接受。目前，对转基因食品安全性的评估主要包括毒性、过敏性、抗生素抗性、营养成分及其他相关因素。许多现有食品本身就有毒性物质和抗营养因子，但其通常含量一般不会引起毒性反应，不会对人体健康造成伤害。对转基因食品的毒性评估要求是，不应含有比同种食品更高的毒素含量。过敏反应是免疫球蛋白 E 与过敏源之间的相互作用。食物过敏是指食物中存在的抗原分子的不良免疫介导反应。由于转基因食品往往含有新的蛋白质或者增加了既有蛋白质的含量，存在过敏反应的可能性，所以必须对它进行过敏性评估。抗生素抗性标记基因在转基因食品生产中起着关键作用。抗生素抗性是关系到人类健康和生命安全的大问题，所以必须考虑抗生素抗性标记基因的安全性，即转基因植物中的标记基因是否会在肠道中水平转移至微生物，从而影响抗生素治疗的有效性。由于营养成分及其含量的改变，是否会打破整个食物的营养平衡，从而影响食物的营养效果。相应地，人体对营养成分的需求，是与天然食物长期作用的结果，如果人为改变食物的营养成分含量，打破营养平衡，可能会破坏人体的整个生理机制，带来不好的影响。再者，新基因的插入，可能会导致基因突变，或者编码与控制系列被中断，或者激活沉默基因，使受体发生意想不到的改变。此外，受体的生活史和插入基因的稳定性都不是短期内能得出结论的。总之，转基因食物被食用，其长期的影响还不得而知。

针对转基因食品的安全性问题，经济合作与发展组织于 1993 年提出了"实质等同性"（Substantial equivalence）原则，以分析评价转基因食品的安全性。该原则的基本含义是：如果某种新食品或者食品成分同已经存在的某一食品或成分在实质上等同，那么在安全性方面，新食品和传统食品同样安全。然而，这一原则并没有解决有关的争论。相反，针对该原则本身的合理性和有效性，又展开了论争。一些学者对该原则提出了异议。首先，"实质等同性"原则实际上是用最终食品的化学成分来评价食品的安全性，而不管转基因食品整个生产过程的安全性。可是，目前科学家还不能通过转基因食品的化学成分准确地预测它的生化或毒理学影响，关于转基因食品动物实验的个案研究也支持这一质疑。其次，"实质等同性"原则可能是商业和政治判断的伪装，提出该原则的科学家和支持该原则的管理者都可能与转基因食品的生产经营者有经济利益上的相关性，消费者的健康可能成为政治和科学权威的牺牲品。针对以上质疑，支持者坚持认为，目前没有比这一原则更好的评估指导原则，也没有谁比提出这一原则的科学家更值得信赖。

对于双方的这种争论，有研究者认为，不宜简单地把该原则视为政治和商业判断的伪装物，应该在一定程度上承认权威专家研究成果的合理性，但是，又必须承认该原则也有它的不足之处，参与研究制定该原则的主要是生物技术方面的专家，分析角度比较狭窄；它提供了一个可供选择的原则，但并不能视其为唯一原则；目前没有比它更好的方法，并不意味着它就是最好的方法。其次，也应该关注该原则的实际使用，即在使用该原则对转基因食品的安全性进行评价时，该原则有可能成为商业和政治的工具，因此，即使该原则有效，也还必须建立其他相关的制度以保证评价的客观公正。再次，从目前的科学水平看，的确不能仅仅根据食物的化学成分来预测其安全性，也就是说，化学成分的检测不能完全代替生化、毒理、过敏性和免疫学的实验。即使全面性的检测成本很高，但对于人类健康而言，也是值得的。最后，"实质等同性"原则本身并不是对转基因食品危险性的分析，而是以传统食品为基准进行的一种安全性比较。对转基因食品的安全性评价最终必须针对食品中由于基因修饰而导致的预期效应和意外变化。但是，转基因食品作为一种全新的食品，出现的时间较短，存在很多不确定性因素，目前对其长远的潜在伤害难以把握。①

　　总之，目前公认为最好的"实质等同性"原则并不能解决转基因食品的健康安全性问题，摆在这一问题面前的最大问题还是其长远的不确定性。正是如此，现在没有发现它对人类健康伤害的案例，并不意味着它对人类健康没有伤害。从不伤害原则出发，面对转基因食品对人类长远健康伤害的不确定性，为了规避这种伤害风险，我们对它只能采取"有罪推定"的战略。最近的相关研究表明，这种谨慎态度是必须的。2005年，澳大利亚联邦科学与工业研究组织的一项持续4周的实验研究显示，用转基因豌豆喂养的小白鼠的肺部产生了炎症，小白鼠发生了过敏反应，并对其他过敏源更加敏感；2008年11月12日，奥地利政府发布了一项长期研究结果，宣称长期喂食转基因玉米对小白鼠的繁殖能力有影响；2008年11月14日，美国化学学会的《农业与食品化学》杂志发表了意大利国家食品和营养研究所的最新研究成果，表明在食用含50%转基因玉米（Mon810）饲料后，断奶幼鼠（出生21天）和年迈鼠（出生18—19个月）的肠和外周免疫反应出现异常。其中，断奶幼鼠在连续30天食用转基因玉米饲料后，淋巴细胞、脾和血淋巴细胞的免疫表现型都出现异常。年迈鼠在连续90天食用转基因玉米饲料后，淋巴细胞和血淋巴细胞的免疫表现型也出现异常。对此，绿色和平等有关组织认为，近期的科学研究结果不断证实转基因技术对健康的威胁和巨大隐患，呼吁在目前转基因食品的安全性尚不确定的情况下，应该进一步加强研究，谨慎对待转基因技术商业化审批。②

二　纳米食品的安全性质疑

　　"纳米技术在食品中的应用主要分为两大类，即在食品添加剂和包装上的应用。"但是，"无论是人工合成的食品添加剂还是食品包装材料，使用纳米技术都有可能增加人体摄入纳米粒子的可能性"。③食品安全直接关系着人类的生命和健康。近年来，从二噁英到不粘锅，从苏丹红到三聚

---

① 参见毛新志《转基因食品的伦理审视》，湖北人民出版社2005年版，第101—112页。

② 美国科研证实转基因玉米影响免疫能力.［EB/OL］. http：//discovery. news. 163. com/08/1127/13/4RORMBJE000125LI. html, 2008－11－27.

③ 王国豫、朱晓林：《纳米技术在食品中的应用、风险与风险防范》，《自然辩证法研究》2012年第7期，第19—24页。

氰胺，食品安全越来越刺激着公众的神经，引起人们对食品安全的焦虑和质疑。

其实，像孟山都和先正达（Syngenta）等农业生物技术的主角，都处于纳米科技研发的前沿。主要的食品企业都已经或者正在研究纳米技术在食品加工和生产中的可能应用，只是鉴于转基因食品公众接受问题上的教训，它们在将纳米食品引入食物链的过程中更为谨慎，在公开推进纳米食品商业化上还显得犹豫不决。目前的应用，主要在包装、标签和监测方面，几乎与食品本身的营养价值无关。涉及纳米形态的添加剂和营养素，则要么是可溶性的，要么在消化道消化后呈分子分布，可能几乎没有健康影响。但是，不可溶性纳米食品添加剂、作物上的杀虫剂等进入食品的其他纳米残余物、口服药、不可溶的纳米胶囊等，都可能产生健康隐患和安全问题。目前，在科学文献中几乎没有关于纳米粒子与消化道细胞之间相互作用的研究报告。但是，从对呼吸道和嗅觉通道与消化道之间的可比性方面看，关于纳米粒子对呼吸系统的影响的研究结果，应该可以类推到消化系统；再者，如前所述，纳米粒子可在体内转移，并且已经有实验证据表明，肝脏中发现的超微粒子至少部分是来自消化道——粒径为150nm或者更大的 TiO_2 粒子与食物一道被消化后，它们可以渗入血液并被肝脏、脾脏及其他器官吸收。从以上两个方面，我们应该可以较有把握地说，纳米粒子就像通过呼吸道进入身体各部位一样，也可以通过消化道而进入到身体各部位，因此，纳米食品无疑地对健康具有潜在的风险。

可是，虽然纳米食品有以上健康风险，但是由于缺乏长期的研究证据支持，摆在这一风险面前的最大问题与转基因食品的健康风险问题类似——还是其长远的不确定性。正是由于这种不确定性，又导致了它与转基因食品健康风险相类似的另一种情形，即相应的监管措施不到位，缺乏监管使其风险变为现实伤害的可能性大大增加。导致这一问题的主要原因有：（1）政府监管部门在新技术发展早期缺乏所监管的新技术的相关专业知识。在农业生物技术发展过程中，认为基因工程不过是传统动植物培育技术的延伸、生物工程与非工程生物没有本质上的不同，只要所用基因是来源于已经被证明为安全的食品，转基因食品就被视为是天然的，而非需要特别对待的新产品。在纳米技术中，尽管纳米粒子的性质随粒径变化而变化已是共识，但现有的监管措施还没有将尺寸因素纳入纳米产品的监管标准。（2）监管部门可能无力应对来自大公司的压力，加上政府也不愿意冒险在这一重要的新商业领域落后于别国的取向，他们会允许企业和研究机构开展相关的研究并推进其商业化。在无力监管的情况下，美国食品与药品管理局（FDA）甚至还采取措施掩盖关于重组牛生长激素（rBGH）对牛和人的健康影响的相关研究结论。（3）很多消费者权益组织只是监管现有的商品，而不是预防将来可能发生的问题，特别是关于纳米食品健康影响的实证研究还很少的情况下，更是难以引起他们的关注。（4）纳米技术涉及过程与产品、现在与将来，并且不仅限于某一个领域，相关的监管难度非常大。因此，有专家担心，纳米技术对社会的危害可能会悄悄地靠近而不被人觉察。[①]

　　事实上，已经有研究者对纳米食品的健康风险提出了质疑。按照现行的监管标准，粒子尺寸不必视作风险因素，已经用作食品添加剂的 TiO_2 和 SiO_2 纳米粒子，被 FDA 批准为"一般认为安全"（GRAS，generally recognized as safe）之列，它们在食品中的含量可以分别达到 1% 和 2%。可是，体外细胞培养实验和体内实验研究证据已经充分表明，像纳米 TiO_2 和 SiO_2 等微粒具有细胞毒性，因此，必须对既有的安全标准和监管措施进行反思和修订。TiO_2 曾被视为生物惰性的，最近的体外细胞研究、流行病学研究和动物实验研究却发现，纳米 TiO_2 微粒具有潜在的生物毒性。前面已经讨论了纳米 TiO_2 微粒对呼吸系统的影响，以及纳米颗粒在生物体内由进入部位向其他部位的转移特性，从消化系统与呼吸系统的相似性看，纳米食品无疑存在较大的健康风险。基于预防原则，比较稳妥的做法是暂停使用不可溶性纳米粒子食品添加剂，并通过体外细胞实验和动物实验对纳米添加剂进行逐例研究，以确保其安全性。[②]

三　纳米食品健康风险的伦理反思

　　无论是农业生物技术还是目前的纳米技术，最重要的还是有效监管的问题。就目前的情况看，还没有系统的措施对纳米产品进入食物链进行监管，特别是对由纳米粒子的特殊性而可能引起的健康风险还没有引起足够

---

①　Toby Shelley, *Nanotechnology*: *New Promises*, *New Dangers*, Nova Scotia: Fernwood Publishing Ltd, 2006, pp. 82 – 86.

②　Pusztai, Susan Bardocz. The Future of Nanotechnology in Food Science and Nutrition: Can Science Predict its Safety?, Geoffrey Hunt, Michael D. Mehta, *Nanotechnology*: *Risk*, *Ethics and Law*, London: Earthscan, 2006, pp. 167 – 179.

的重视。造成这种情况的主要原因还是纳米技术及纳米食品标准的不确定性。是使用纳米技术生产的食品就是纳米食品，还是最终产品中含有纳米材料颗粒？食品中的天然纳米材料和人工纳米材料有何区别？这些问题都还没有明确的答案。当然，没有可靠的健康风险研究证据，就不可能有有效的监管；没有有效的监管，也就没有标识；没有标识，也就不存在消费者的知情选择。在此处，科学事实与伦理责任是联系在一起的。应对纳米食品的健康风险，至少应该有三道门槛：一是与纳米食品研发生产同步进行的风险研究；二是政府监管部门的风险管理与公众的参与；三是纳米食品进入市场的标识和消费者的选择。

（一）纳米食品的人体实验之争

就风险研究而言，只有当相关研究证明对人体没有明显的伤害时，才能向管理部门提交产品商业化的申请。与转基因食品的健康风险研究的情形类似，对体外细胞实验和动物实验可能不会存在什么分歧和争议，但在人体实验上，同样可能存在两种截然相反的观点，即不需要进行人体实验和必须进行人体实验。鉴于食品涉及对象的广泛性和对人体健康的敏感性，我们认为必须对纳米食品进行人体实验。

对纳米食品人体实验的可能反驳有：（1）根据既有的监管标准，认为不必将食品成分的尺寸和生产工艺视为产生风险的因素，故不必对纳米食品进行人体实验，甚至不必进行超出其同类化学组分的特殊实验。（2）研究纳米食品的潜在健康风险是一个漫长的过程，可能会阻碍纳米技术的发展和贻误纳米新技术的商业化市场机遇。（3）纳米食品人体实验会增加企业的成本。（4）如果纳米食品有健康风险，进行人体实验就是不道德的。（5）纳米食品与药品不同，其人体实验困难大，难以操作。

对于以上反对纳米食品人体实验的理由，我们提出如下反驳理由：（1）从科学事实的层面看，纳米粒子与同类宏观物质相比之所以具有特殊的性质，就在于其尺寸。相应的纳米产品应该被看成全新种类的东西，对它的监管不能再局限于现有的标准。（2）已有的体外细胞实验和动物实验表明，纳米粒子具有细胞毒性；由于实验环境不同，前两者的实验结果不可能完全外推到人体，纳米粒子对人体的伤害只能通过人体实验才能最终确定。（3）从伦理的层面看，只有通过人体实验，才能真正做到"不伤害"，才能达到纳米技术造福人类的"善"的目的，才可能尊重消费者权利，实现消费选择。（4）人体实验只要方法得当（比如"双盲法"

与"随机对照法"），程序严格，就不会违背相关的伦理原则（不伤害、有利、尊重、知情同意、公正等）。此外，我们必须更加关注纳米食品对儿童、老人和一些特殊疾病患者（比如消化系统疾病和过敏症）的健康影响，相对而言，他们是更加弱势的群体。

总之，只有通过严格的人体实验，才能彻底了解纳米食品的健康风险。无论有何种反驳理由，纳米食品研究专家和生产企业都不能推脱其伦理责任。

（二）"有罪推定"与纳米标识

尽管消费者对购买何种食品有最终的选择权，但正确的选择是有前提的，它取决于消费者的质量意识、对产品的了解和其购买能力。目前国内对消费者食品质量和消费行为的研究表明，普通消费者"对所购买的产品只知道或者了解保质期。其他内容不大了解，甚至不知道食品应该有什么成分。对企业情况了解也很少，甚至完全没有人关心添加剂。这导致在购买时会有盲目性，选择购买的动力会被价格所导向"。"关于经常性购买场合的调查表明，消费者不关心质量监管……据反映消费者甚至接受无监管的质量。""决定购买食品的主要因素（第一和第二因素）是消费者的质量动机……购买食品时价格在很大程度上决定了消费者的行为，质量排在第二，品牌也有一定作用，比较价格与质量因素，二者差距达 5 倍，这一方面反映我国公众的消费能力有限，另一方面也反映消费者质量意识不足，因为他们没有看到质量风险的危害。"[①] 从这些调查结论，我们同意消费者消费质量意识的提高对防患食品质量风险具有重要作用。但是，一旦有质量问题和健康风险的食品进入市场，必然会造成健康伤害。最近国内外的食品安全问题已经支持了这一观点。从阜阳毒奶粉到"三鹿"奶粉，事关婴儿的健康，消费者（家长等）应该是极其谨慎的，但仍然有大量消费者购买，并最终造成了极大的伤害。对于一些高科技产品，更不可能要求普通消费者对其成分和风险有透彻的了解，对二噁英、苏丹红、三聚氰胺等，在相关健康伤害发生之前，绝大多数消费者可能连其名称都没听说过。总之，提高消费者的风险意识是途径之一，但政府、科学家和企业提高责任意识，真正履行好相关职责，才是抓住从源头上解决问题的关键。

---

① 刘丽、何有缘：《防患食品质量风险要从提高消费者质量意识做起》，《科学对社会的影响》2008 年第 4 期，第 9—13 页。

政府监管部门对纳米食品能否进入市场具有最终的决定权，对纳米食品的健康风险控制起着至关重要的作用。从生物技术的例子中，公众对新技术安全性的质疑，有很大部分是针对政府监管部门的监管能力。产生怀疑的主要原因前面已经有所论述。此处要进一步强调的是，公众的利益应该是政府部门对新技术监管的主要着眼点，为了稳妥起见，应该采取预防性原则，可以对纳米食品的健康风险持"有罪推定"的态度。再者，面对新技术，管理部门应搭建新技术研发专家、生产企业和公众沟通与交流的平台，无论新的纳米食品有无健康风险，如果在公众不知情的情况下让其轻易进入市场，让消费者承担健康风险，而他们最终可能会对它说"不"，从而重蹈转基因食品的覆辙。这种结果又会反过来损害科学家、企业和管理部门的社会形象，专家和公共权威不负责任的形象，导致公众信任度下降，企业利益受损。转基因食品的事实证明，只有正视风险，勇于承担相应的责任，采取有效措施降低或者规避风险，才能促进纳米技术本身的持续健康发展，各方的利益才能得到保证。

转基因食品的教训之一就是，大公司在面对伦理挑战时，并未引起足够的重视，也没有将解决相关伦理问题的策略融入产品中，导致欧洲消费者对转基因食品采取了拒斥态度。欧盟对转基因食品最终采取了标识制度，这在一定程度上体现了欧洲消费者对由大公司控制的市场和美国压力的胜利。对消费者的漠视和不尊重，最终会反过来伤害企业自身。且不管未来的纳米食品健康风险如何，今天已经使用的纳米添加剂的健康风险尚不确定。对此，平衡纳米生产企业利益和消费者权利的有效方法是进行产品标识。于企业而言，至少不能在不知情的情况下将所有的消费者作为纳米食品健康风险的人体实验对象，即使这样做有利于将来支持其产品无害的证据。显然，这种做法在伦理上得不到辩护，因而是不道德的。对于消费者而言，只有充分了解纳米食品的健康风险，而且相关产品有相应的标识，才能在是否接受纳米食品上进行自愿的选择，他们的健康权利才能得到保证。对于另外一些消费者，他们可能仅仅由于文化、信仰和价值观的原因而拒绝接受转基因食品、纳米食品等"非自然物"。纳米标识也是对他们多元价值观的充分尊重，否则公众会觉得他们受到了企业的强制、对管理部门的不作为感到失望，对新技术的发展感到无可奈何。最后的结果可能还是回到消极抵抗和拒绝的老路上去。

此外，对以前解释转基因食品公众接受失败的"知识缺陷"模型的质疑，可能对纳米食品开发和生产企业具有反面意义，即提高公众对新技术的知识，并不意味着能提高公众对新技术的伦理接受，甚至可能是为反对者提供了反对新技术的更好理由。换言之，反对者的伦理立场，与对新技术的知识不是一回事。对此，企业不得不担心纳米标识对其市场的负面影响，从而对产品标识产生抵触心理。但是，在企业利益与公众健康之间，公众健康还是应该优先于企业利益。

案例：面粉增白剂存废之争

过氧化苯甲酰是面粉增白剂的主要成分，它具有强氧化作用，可以缓慢地氧化面粉中的叶黄素、胡萝卜素，使其由略带黄色变为雪白，同时面粉原有的麦香味消失，散发出漂白剂的气味。中国在普通面粉中使用增白剂，已经有20多年。这是一种极具争议的面粉添加剂，坚持禁用方和坚持使用方都据理力争。两派之争旷日持久，涉及民间、中央各部委、企业到和专家等各个层面。

王瑞元是国内坚决要求禁止在面粉中添加增白剂的"元老级"人物。可是，在20年前，正是他最早引进并同意在面粉中添加有漂白功能的增白剂。80年代的面粉普遍含有麸皮，颜色黄中带黑，"卖相不好"。广州的面粉商家从英国引进添加增白剂的雪白面粉，立即成为受市场追捧的高档面粉。1986年，在王瑞元的推动下，商业部在新颁布的小麦粉标准里，允许添加过氧化苯甲酰，沿用至今。卫生部也同步将过氧化苯甲酰列入《食品添加剂使用卫生标准》，允许每公斤添加60毫克。在后来的国外考察中，王瑞元发现挪威、欧盟（1997年）、澳洲、新西兰等已经禁用增白剂，而国内面粉则越加越白。从2000年起，他开始在各种粮油工业会和粮食行业会上呼吁企业禁用面粉增白剂。

在王瑞元的倡议下，全国面粉龙头企业先后4次联名写信给上级主管部门，要求禁用过氧化苯甲酰。建议得到了国家粮食局的支持，并向国标委递交了关于在小麦粉国家标准草案中禁用增白剂的报批稿。卫生部认为，禁用化学增白剂与《食品添加剂使用卫生标准》的有关规定存在矛盾。提出了诸多反对禁用的理由。（1）按国标中的规定用量，不会造成人体健康危害。（2）国际食品法典委员会、美国等都允许使用。（3）食品添加剂标委会、食品添加剂行业协会和小型面粉厂等也以不影响健康为由反对禁用。后来，以郑州海韦力食品工业公司为代表的数十家食品添加剂企业联名反对禁用，国标委也暂停了小麦粉新标准草案的审批。①

于是，主禁方与反禁方围绕添加增白剂是否有害健康等问题开展了旷日持久的争论。2010 年 12 月 15 日，卫生部监督局网站对是否禁止使用食品添加剂过氧化苯甲酰和过氧化钙（即俗称的"面粉增白剂"）公开征求意见，在公告的征求意见稿中提出，自 2011 年 12 月 1 日起禁止在面粉生产中使用增白剂。至此，关于面粉增白剂的存废之争尘埃落定。②

第四节　纳米医学的健康风险与伦理问题

生、老、病、死从来都是人类的命运。人们在接受这一命运的同时，也以科技为手段不断探索其中的秘密，向命运挑战。随着医学的发展，流产、人工生育、产前诊断、器官移植、基因工程、安乐死、人体实验等影响生老病死的方法已经与人们的日常生活息息相关。这些技术手段在帮助人类攻克疾病、减轻痛苦、提高生命和生活质量的同时，也深刻地影响着人们的生命观念，带来巨大的伦理挑战。

一　纳米技术的医学应用

专家们普遍认为，纳米技术将给医学带来巨大变革，对人类健康带来重大的影响。在这方面，主要涉及纳米生物器件与纳米生物医学技术。科学家们根据德雷克斯勒的"上行路线"，设想将一些分子"装配"起来，模拟生物细胞中的分子活动，就能构成像微型机器人一样的分子机器。科学家构想的第一代分子机器是生物系统和机械系统的有机结合体，将这种分子机器注射入人体的各个部位，做全身健康检查，可以使疾病得到早期诊断，它还能根据指令疏通血管，治疗心脑血管疾病，杀死癌细胞。更高级的分子机器是直接由原子和分子装配而成的纳米装置，它含有生物计算机，可进行人机对话，并有自我复制能力。科学家们预想，这些生物分子纳米技术机器人，可以在人体内穿行，而且可以对损坏的组织进行复杂的

---

① 参见苏岭、张哲、李俊杰等《面粉增白二十年屡受质疑》[EB/OL]. http：//www. nan-fangdaily. com. cn/nfzm/200811270145. asp, 2008－11－27.

② 参见《面粉增白剂的存废之争》 [EB/OL]，http：//www. 21food. cn/html/news/35/612866. htm.

修复。但是，由于这种医用纳米机器人还是一种未来的可能形态，人们还无法对其负面影响展开有价值的研究，只能预想它可能存在诸多未知的风险。

纳米生物医学技术是被各发达国家列入纳米科技优先研究的领域之一。其中，用于早期（特别是肿瘤和癌症）诊断的纳米技术又是最受关注的领域。目前，利用纳米微粒标记和采用磁性纳米微粒对肿瘤早期诊断方面已经取得了明显的进展。例如，科学家利用纳米氧化铁颗粒的超强顺磁性，制造出纳米氧化铁造影剂来改善磁共振成像。[①] 美国国家健康研究院目前研究利用纳米技术将 DNA 和治疗蛋白插入肿瘤细胞，以达到控制发育和杀死肿瘤细胞的目的。德国柏林夏里特医疗中心采用分子医学纳米技术，发明了新的抗癌疗法，即将纳米铁氧体颗粒用葡萄糖分子包裹，在水中溶解后注入肿瘤部位，癌细胞与磁性纳米粒子浓缩在一起，肿瘤部位完全被磁场封闭。当通电加热时，肿瘤部位的温度可以达到 47℃，慢慢杀死癌细胞，而附近的健康组织却不会受到影响和损伤。科学家们还设想利用纳米技术对药物进行准确的输运。比如一种内含药物的纳米球外涂上一种保护层，它既能在血液中循环而不受人体免疫系统的攻击，又能识别癌细胞，这样就能直接把药物送到癌变部位，而不会对健康组织造成损害。还有科学家设想通过纳米药物阻断毛细血管，饿死癌细胞，以提高药物的治疗效果。目前的研究表明，铁氧体纳米粒子在治疗结束后可以通过人体肝脏和脾脏自然排泄，精确的定向磁疗法不会对病人产生副作用，以改变化疗、放疗中"好坏一起杀"的状况。

对于许多非水溶性口服颗粒药物，颗粒大小往往是控制药物药理功效的关键。运用药物纳米化技术，可使非水溶性颗粒的溶解度最大化，通过控制纳米颗粒的大小及粒度分布，就可以达到控制药物释放速度，提高功效和药物的有效利用效率。据估计，在未来 30 年内，将有一半的药物制造会采用纳米技术。毫无疑问，纳米技术将会对医疗健康及相应的制药业产生不可估量的影响。当然，研究也发现，药物制剂的粒径

---

① 这一方法的基本原理是：静脉注射氧化铁造影剂后，氧化铁颗粒被血液带到全身，但只在肝脏和脾脏被网状内皮细胞吸收。这是因为，巨噬细胞可以吞噬氧化铁颗粒，正常的网状内皮细胞是由巨噬细胞构成的，而恶性肿瘤细胞只含有极少量的巨噬细胞，故正常细胞与肿瘤细胞中含的氧化铁不同，在磁共振中表现出高低不同的信号。参见白春礼《纳米科技现在与未来》，四川教育出版社 2001 年版，第 89 页。

变小后，它的毒副作用会不同程度的增大。当常规药物被纳米颗粒物装载后，急性毒性、骨髓毒性、细胞毒性、心脏毒性和肾脏毒性都明显增强。[①] 此外，纳米药物的制备方法可能会产生未知的有毒新成分。例如"某些药物纳米化方法也可能存在潜在问题，如植物类、有机类药物采用激光法粉碎，会把化学键打断，然后生成自由基，下一步重新组合，又生成其他的物质，这种新生成的物质是原本在药物中不存在的，也许会是有毒的……但是这种方法对矿物性药物的制备也许不存在这样的问题"。[②] 所以，与其他新药一样，纳米药物的毒副作用对健康的影响不容忽视。

20 世纪在基因、蛋白质和生物信息方面的革命性进展，提供了越来越详细的人体分子水平的生理机制，使我们对生命的理解从器官到组织到细胞直到分子，并因此把医学推进到了分子层次。对人体的分子层次的认识与纳米技术工程进展的结合，将把分子科学医学推进到分子技术医学再到分子工程医学，在分子层次上对人体进行操作，并产生合意的结果。纳米技术的先行者和倡导者德雷克斯勒就曾经乐观地预言，纳米技术可以终止疾病、衰老和死亡。有学者认为，"纳米技术给世界带来的最有意义和最能预想得到的贡献，很可能就发生在健康和环境领域"。[③] 纳米技术给医学进步带来了巨大的希望，它不仅使生物化学等成熟学科发生变化，而且正在形成一些全新的学科，比如应用基因学。近期的应用可能主要发生在分子制造、固相纳米技术、微电子学、微机电系统（MEMS）、微光电机系统（MOEMS）等领域的交叉地带。这些领域主要致力于新工具、新工艺和新设备的研发，一旦在这一新范式下培养出来的人才运用新的研发成果致力于医学研究，将引起医药领域的巨大变革。比如利用纳米生物医学系统帮助解决相关的医学科学难题，分析人体中 3—10 万种不同蛋白质的结构，并确定每种蛋白质的功能，建立疾病和特定损伤的分子参考结构，为医学诊断提供基础。较远的进展将是运用纳米机器人进行细胞检

---

① 白茹、王雯、金星龙、宋文华：《纳米材料生物安全性研究进展》，《环境与健康杂志》2007 年第 24 卷第 1 期，第 59—61 页。

② 任红轩、鄢国平：《纳米科技发展宏观战略》，化学工业出版社 2008 年版，第 170 页。

③ James Moor, Issues: Health and environment, Fritz Allhoff, Patrick Lin, James Moor, John Weckert, *Nanoethics: The Ethical And Social Implications of Nanotechnology*, Hoboken: John Weley & Sons, 2007, p. 147.

查、修复和重建。① 总之,纳米医学将会运用分子医学系统去处理医学问题,并运用分子知识在分子层次上保持人体健康。

从目前的推测看,纳米技术在医学领域的应用,主要包括以下方面:(1)纳米给药技术可以将药物有效地送达病变部位,提高药物的效率(目前仅为20%),减少副作用,减少浪费(每年约650亿美元)。(2)纳米技术可以使药物进入细胞膜,确定癌变部位,杀死癌细胞,有望攻克癌症。(3)纳米技术可以使低溶解性物质变得适于药用,从而使能用于制药的化学物质数量翻倍。(4)纳米技术可以帮助检查仪器形成更清晰的影像,改善诊断质量,有利于早期治疗。(5)纳米技术和激光技术相结合,可以代替现在的手术治疗,并且可使创口无瘢痕。(6)纳米技术可以帮助再生或者修复受损组织,用纳米材料和生长因子刺激细胞繁殖(即组织工程),可代替器官移植和人工植入物。(7)医用纳米机器人可进入人体修复缺损、疏通血管、清除感染、杀死细菌、病毒和癌细胞等,相对传统药物治疗具有速度快,副作用小或无副作用的特点;细胞修复机可以拆卸损坏细胞,重建健康细胞、组织和器官。(8)纳米技术与基因技术相结合,将会推进基因治疗的步伐。比如染色体替换治疗(chromosome replacement therapy)。这一方法的基本原理是,由于许多疾病都与细胞水平的分子功能故障有关,而细胞功能又主要由蛋白质的基因表达所控制,所以许多疾病要么由染色体缺陷引起,要么是由基因表达缺陷引起。在多数情况下,最有效的治疗方法就是从病变细胞中将其染色体取出,然后插入新的染色体。②

总的来说,纳米技术在医学领域的应用,主要包括治疗性介入和增强性介入两类。以下重点讨论在这两类应用中的有关风险与伦理问题。

二 纳米技术治疗性介入中的风险与伦理问题

纳米技术的治疗性介入是为了矫正特有的疾病,试图使患者恢复到健康或者幸福的状态。在治疗性介入中,主要探讨与早期诊断和基因治疗相

---

① D. A. LaVan, R. Langer, Implications of Nanotechnology in The Pharmaceutics And Medical Fields, Mihail C. Roco, William Sims Bainbridge, *Societal Implications of Nanoscience and Nanotechnology*, Dordrecht: Kluwer Academic Publishers, pp. 98 – 101.

② 这部分内容参考了邱仁宗先生 2008 年 12 月在第二届全国生命伦理学学术会议上关于"纳米伦理学"的报告提纲。

关的风险与伦理问题。

（一）早期诊断

诊断技术的进步明显超过治疗药物的进步。由于纳米技术提供的新工具，基于分子的诊断新技术将会变得极为普通，传统的诊断技术也会得以改进，从病人身上获得的详细信息，将会促进更加有针对性的治疗。在不久的将来，健康检查将能轻易地确定患某种疾病的遗传体质，引起某种感染的病毒或者细菌，或者移植器官的健康状况。诊断自动化可以大大减少需要医生评估的病人的数量，减少诊断时间，降低人为诊断错误，拓宽利用保健资源的渠道。诊断技术特别是早期诊断技术的提高，对于早期治疗和挽救生命具有特别重要的意义。可以预期，由于纳米工具在诊断技术中的使用，某些未知疾病将会被诊断出来。在诊断是治疗的基础的意义上，诊断技术的提高，必然有利于研究相应的行之有效的治疗方法，即使不能有效治愈，至少可以采取有效的措施予以预防，因此，早期诊断技术的进步对于人类整体的健康和医学进步是有益的。

但是，诊断不等于治疗，通常诊断（发现）先于治疗，甚至根本无法找到有效的治疗手段。如果早期诊断出的疾病尚无有效的治疗办法，甚至在可预见的时期内都不可能有有效的控制方法，这些疾病对潜在的患者意味着什么？在临床上，有些患者能坦然面对"病魔"，但更多的患者是处于等死的绝望之中。事实证明，不少早期癌症患者、艾滋病病毒携带者在面对无法治愈的"病魔"时，绝望会导致他们精神崩溃，免疫力迅速下降，使存活率大大降低，有的人甚至选择自杀。当然，更有甚者还会采取一些危害社会的极端行为，比如故意传播所携带的病毒，导致无辜者感染，以"报复"社会。从引起个人痛苦的角度说，这些尚无有效治疗手段的疾病，对潜在的患者而言，肯定不是什么"福音"。技术进步不会停滞，新的诊断技术会不断产生，早期诊断水平会也会不断提高，一些潜在"新"疾病会不断发现，在这一过程中，人类整体健康利益和个人痛苦之间的这种冲突始终会存在。我们既不能因为人类整体的健康利益而忽视个体的"痛苦"，否则会导致更大的悲剧发生；也不能因为避免个体的痛苦而让技术停止不前。每个个体都可能是未知疾病的潜在患者，社会不能忽视病人的痛苦，甚至歧视疾病患者。被诊断出患有疾病的患者，其实对人类整体的健康做出了医学上的贡献，正是他们的"痛苦"促进了医学的进步，社会应该对他们进行补偿和关爱，尊重他们的生命权利，尽可能提高他们的生命质量。对个体而言，应该认识到疾病总是与人类相伴的不幸之一，某种疾病发生在哪类人群或者哪类人群的个体身上，具有随机性。可以说，疾病都是针对整个人类的，对这些疾病的诊断和研究，既有利于个体，也有利于整个人类社会。正视自身所患疾病，积极配合治疗，既是对自己的生命负责，也是对社会的一种贡献。

与早期诊断相关的另一个问题是，如果从医学上确定该种疾病的发病率极低，尽管有医学研究价值，但在卫生政策上是否会决定投入大量人力物力以研究寻找治疗该种疾病的手段呢？这必然会涉及公共卫生资源分配与人道之间的冲突。显然，从功利主义的效用最大化的角度说，应该把有限的卫生资源用于增进绝大多数人的健康，而不应该将其耗费在对罕见的发病概率极低的某种疾病上。另一方面，尽管该疾病的发病概率小，但从人道的角度说，如果明知他们正遭受疾病的折磨而不寻找有效的治疗方法，甚至以多数人的利益而牺牲这少部分人的利益，就是对这部分患者的漠视，不尊重他们的生命权和健康权。

（二）基因治疗

目前，科学家已经可以用各种纳米生物探针对活体细胞进行监测，真实地了解活细胞的 DNA、蛋白质和其他生物化学物质的变化。纳米技术将进一步促进基因技术的发展，开创后基因时代。在这一阶段，在纳米技术的帮助下，有望获得关于细胞、分子和基因过程与表达方式的更加详细的信息。一旦某个致病基因被确定出来，就可以设计分子去干扰反常的细胞行为，刺激它恢复正常的细胞功能。总之，对基因表达、分子路径和疾病之间的关系认识得越深刻，就越有可能寻找到具有高度针对性的个性化的治疗手段，特别是为基因治疗开辟新途径。与基因治疗相关的主要伦理问题是基因歧视。基因歧视直接针对那些相对于"正常"人类基因型有明显或可感觉到的基因变异的个人或者家庭。基因歧视会使具有歧视风险的调查对象拒绝基因测试。因此，发展具有高度针对性的药物治疗的最大障碍可能在于基因歧视。纳米技术在基因治疗这一特定医学领域的成功，取决于鼓励病人接受基因测试的政策是否成功。①

---

① D. A. LaVan, R. Langer, Implications of Nanotechnology in The Pharmaceutics And Medical Fields, Mihail C. Roco, William Sims Bainbridge. *Societal Implications of Nanoscience and Nanotechnology*, Dordrecht：Kluwer Academic Publishers, pp. 98 – 101.

此外，即使纳米医学发展顺利，作为一种新兴的治疗手段，它在医学实践中还会遇到两个问题。一是它首先会作为一种稀缺资源出现，这种稀缺资源如何分配？可以预期的是，在市场逻辑占主导地位的情况下，它在富有者和贫穷者、发达国家和发展中国家之间的分配肯定是不公平的；基于纳米医学的健康服务，作为一种新技术产品，它相对高昂的成本只能服务于经济精英，拉大富人和穷人之间的健康差距，引起不公平感。二是它被过度使用和滥用的问题。根据现有的医疗实践，我们可以预想营利性医疗机构要率先采用纳米技术作为新的治疗手段，目的无外乎是在同行竞争中赢得优势，为此它们必须在医生培养、设备采购方面进行较大的投入。一旦新的纳米技术治疗手段进入临床治疗，医院总会最大限度甚至过度地使用新技术手段，以尽快收回投资并盈利。医生作为医患关系的中介，他们是尽可能从维护患者利益的立场出发，在是否使用新技术的问题上做出符合专业知识和职业道德要求的负责任的决定呢？还是以专家的身份欺骗患者而屈从于医疗机构盈利的压力？

三　纳米技术增强性介入中的风险与伦理问题

与治疗性介入对人体的消极干预不同，增强性介入是一种积极干预，其目的不是使病人恢复健康，而是试图使人体获得某种超出健康标准之外的能力或特征。由于纳米技术有可能引起基因工程、人工材料等方面的巨大进步，它在人体增强方面可能会大有作为。目前讨论较多的方面有：

（一）基因优生

基因优生其实是个老话题。20 世纪中叶以来，由于优生学在理论和实践上的突破，使优生学从预防性向演化性领域发展。预防性优生学以减少或者消除人群中不良基因为目的。演化性优生学是为了促进体力和智力健康的个体的繁衍，促进人群中良好基因频率的增加，以改善人群的遗传素质。纳米技术在这两个方面都有广阔的应用前景。运用纳米技术制造的基因芯片，能够迅速查出遗传密码中的错误并进行修正，从而使各种遗传性疾病或缺陷得以改善。对此，人们没有什么异议。对纳米技术在演化性优生领域的运用，人们则表示出极大的伦理担忧。（1）对下一代人实施遗传工程，引进优良基因，就是为未来人作决定，违背了任何人都享有自决权的伦理原则。尽管这种为未来人作决定的愿望和目的是善良的，但它也只能是一种善良的"强制"。利用纳米技术进行基因优生获得的遗传特征，对于未来人来说意味着与"普通人"不同的外来设计与决定，被设计而优生出来的人只是设计者为实现其目的的工具。① 比如为了获得具有绝对身高优势的篮球运动员而实施的遗传设计，能保证他出生后一定会对篮球运动感兴趣吗？如果他对篮球运动不感兴趣，他能自愿选择其他职业，干他自己想干的事吗？如果把他设计得只有篮球天赋，那他除了是合乎设计者愿意的产品而外，还是真正意义上的人吗？谁有权做这样的设计？（2）基于遗传设计与性状的人工选择，可能会危害人类的整体利益。比如在某些国家和地区已经出现的性别选择，破坏了性别的自然比例，造成严重的性别比例失调，衍生严重的社会问题。遗传设计是以人为预定的"好"与"坏"为基础的，经过人工设计这种定向过滤，必然减少遗传的多样性，而遗传多样性恰恰是物种持续发展的基础，所以，从理论上说遗传设计对人类未来发展并不是好事。在此，我们不得不思考"技术上可行的，是否就是一定要做"的问题。（3）遗传设计还会加剧社会不平等。在自然状态下，尽管人与人之间有体力和智力上的差别，但人们总能接受和正视这种随机差别，每个人都力图通过后天的努力过上幸福生活，这也是一个社会良性运行与协调发展的基础。在现实中，遗传设计的成本只有少数富有家庭能够承担，而富有的父母可能也愿意在这方面"投入"，利用各种手段完善自己的孩子。毫无疑问，出生前就得到基因改进的人出身后在体力和智力等方面可能都会处于更加有利的地位。通过遗传设计将随机的差别变成先天的命运，"出生前的不平等"将会进一步加大后天的不平等，并在一定程度上对通过后天努力获得成功的价值取向提出挑战。

在对生命本质更加透彻理解的基础上，可以利用纳米技术复制人。自从 1997 年"多莉"问世以来，围绕克隆技术的伦理争论从未间断。研究显示，纳米技术在克隆技术中将发挥重要作用。② 纳米技术在这一领域的运用，必将加剧关于克隆技术的伦理争论。此外，比克隆技术更激进的想法是运用纳米技术复制人。从纳米技术的"上行路线"看，人也无非就是由各类不同的原子按照不同的组织结构和排列方式堆积而成的东西，对人的复制过程就是一个工业产品生产过程。运用纳米技术复制的人，虽然

---

① 朱凤青、张凡：《纳米技术应用引发的伦理问题及其规约机制》，《学术交流》2008 年第 166 卷第 1 期，第 28—31 页。

② 陈勇、蔡继业：《纳米技术在克隆技术中的应用前景》，《微纳电子技术》2002 年第 5 期，第 16—19 页。

它不像克隆人那样会涉及与当事之间种种难以界定的社会关系，但它比克隆人对既有社会伦理关系的冲击更大。毫无疑问，利用纳米技术复制人，生育就不再是婚姻和家庭的功能，家庭可能将不再存在，与家庭相关的各种社会规范也不再有效。家庭作为社会的"细胞"，家庭的巨变，必然引起社会的巨变。如果说其他的辅助生殖技术都是起"辅助"作用的话，运用纳米技术复制人则是纯粹人工的行为，复制出的人纯粹是人工产品。复制体与原型人之间的关系如何界定，复制体作为人的地位如何规定？复制人认同自己的"出生"方式吗？哪些人可能被作为复制人的原体？由谁来决定？运用纳米技术复制人会有技术缺陷吗？如果有，谁应该对此负责？

（二）寿命延长

长生不老自古就是人类的一个梦想。科学的发展也许最终会把这一梦想变为现实。现代医学研究发现，人体衰老的内在机理可能与细胞中的端粒酶有关。在大多数正常的人体细胞中，检测不到端粒酶的活性，随着细胞分裂，端粒每次丢失50—200个碱基。当几千个碱基的端粒DNA丢失后，细胞就停止分裂而衰老。科学家认为，在这一过程中，由于正常人体细胞中的端粒酶未被激活，导致端粒DNA被缩短。由此可见，端粒酶很可能与人体衰老之间有直接的关系，或者说，决定人类寿命长短的重要物质很可能就是端粒酶。[①] 由于染色体中的端粒酶与端粒之间的相互作用是发生在纳米尺度上的，随着纳米技术的发展，有望探明它们之间的作用机理，通过对端粒的调控达到控制细胞寿命的目的。[②] 就长寿而言，就是利用相关技术激活端粒酶的活性，使端粒DNA保持长度不变，从而使人体细胞保持正常的分裂能力，达到长生不老的目的。但是，长生不老也会带来一些问题。

首先，长寿不等于健康，用纳米技术延长生命存在健康风险，可能会降低生命质量。有两个研究结果与此有关，一是将线虫身上与衰老有关的基因调拨，虽然延长了其寿命，但同时使其处于昏睡状态；二是癌细胞之

---

① 任建国：《端粒及端粒酶的研究进展》，《生物化学与生物物理进展》1999年第5期，第45页。

② Christopher J. Preston, The Promise and Threat of Nanotechnology: Can environmental Ethics Guide Us?, Joachim Schummer, Davis Baird. *Nanotechnology Challenges: Implications for Philosophy, Ethics and Society*, London: World Scientific Publishing Co. Pte. Ltd, 2006, p.238.

所以能够无限分裂，正是由于其中含有延长染色体端粒的端粒酶，而端粒酶的活性随组织癌变恶化程度的增加而增加。由此推测，如果用纳米技术激活正常细胞的端粒酶，细胞是正常分裂还是无限制地分裂失控？对此还不能肯定。总之，即使通过纳米技术能延长寿命，但其健康风险仍然存在，有可能遇到始料不及的健康问题。在漫漫的长寿路上，可能不得不与各种因扰乱生命自然进程而出现的疾病相伴，生命质量可能因此大打折扣。人类可能又得回到痛苦的长寿与生命质量之间的二难选择上来。

其次，长寿可能引起生命价值与意义的危机。正是生命的有限性促使人们通过自己的不断努力向生命的极限挑战，尽可能在有限的时间内去实现自己的人生目的和价值，总有时不我待的紧迫感。生命的价值不在于其长短，而在于它对社会的贡献。每一代人的价值就在于在其有限性中为无限的人类做出自己应有的贡献。如果人能做到长生不老，"一寸光阴一寸金"的紧迫感没有了，人们是否会失去努力奋斗的动力？如此，如何重建人类生命的价值和意义？

最后，长寿可能引起代际冲突，不利于整个社会的持续发展。在自然状态下，人类通过繁衍后代实现新陈代谢，保持社会活力。个体的死亡与新生命的诞生，使整个社会在世代更替中始终保持生机和活力。如果人的寿命通过技术化延长甚至达到长生不老，是否需要繁育后代便是一个问题。如果在长寿过程中伴随着新的疾病，人们在是把资源用于对付这些疾病还是把资源用于哺育下一代的选择上，便出现了代际之间的关系问题？如果选择前者，无疑是当代人一种自私的行为，不仅会剥夺后代人可能的生存权利，而且还可能使整个社会始终处于衰老退化之中。如果选后者，技术化延长寿命的价值和意义又何在？它是否是值得追求的？再者，如果二者同时并存，地球资源能供养如此之多的人吗？如果地球上人满为患，共处的几代人之间是否会为争夺生存资源而斗争呢？

（三）竞技体育中的滥用与增强

竞技体育作为社会生活的重要方面，由于其"更高、更快、更强"的竞争追求，它在服装、器械、训练、裁判甚至体能等方面已经越来越依赖于高科技。以撑竿跳中的撑竿为例，运动员最早使用的撑竿是竹竿，1942年美国运动员首次使用轻合金撑竿，创下了4.77米的世界纪录，1956年，希腊运动员首次使用尼龙撑竿而获得好成绩，尼龙撑竿的最好成绩达到4.89米，苏联运动员使用玻璃纤维撑竿，将撑竿跳的成绩大幅度提高到 6.10 米。可以预期，由于纳米材料优异的性能，可以为竞技体育提供越来越符合需求的器材，从而大幅度提高运动成绩。但是，纳米技术在竞技体育中的运用，也可能会带来一些新的问题。

第一，如果运动器材的科技含量在运动成绩提高方面起着决定性的作用，这是否会削弱运动员的主体地位？竞技体育是运动员借助一定的器械进行的体能、技能和心理的较量，运动成绩是运动员本身体能、技能和心理素质的综合体现。运动员是竞赛的主体，运动成绩的提高，主要靠运动员科学合理持续的训练，运动员的天赋和刻苦训练是决定因素。运动器械是运动员完成比赛不可缺少的工具，它只是起辅助作用，是服务和服从于运动项目的。如果纳米器械在提高运动成绩中起到决定性的作用，那运动员的任务就不再是提高体能和技能，主要就是如何更加熟练地适应和掌握新的纳米器械，比赛中的较量就不再是运动员体能、技能与意志品质之间的较量，而是变成了运动器械之间的较量。在竞技比赛中体现出来的人对自身极限的挑战，便演变到如何才能保证把最新的科技成果运用到运动器械中去的问题。强身健体，挑战极限的竞技体育很可能在器材高科技化中发生异化。

另一方面，在竞技体育中，又不可能不运用最新的科技手段，如果不借助科技新发现和新的器材，一些运动项目就不可能开展，而运动成绩也会大大倒退。问题在于，运动器械高科技化与运动员主体地位之间如何保持平衡？何处才是二者合理的边界？

第二，竞技运动高科技化，运动成绩成为国家实力的象征，体育运动承载了体育以外的意义；国家科技实力和经济实力的不同，又会反过来引起新的不公平。科学技术发展历来具有很大的地域不平等性，科技实力与经济实力具有明显的正相关性，目前在纳米科技研发方面处于前列的国家，都是经济实力和科技基础较好的国家。如果说纳米科技成果有望运用于竞技体育比赛中，那么显然是经济和科技发展水平高的国家占有优势。那些纳米技术相对落后的国家的运动员，很有可能不是因为体能和技能而被淘汰，而是因为器材"落后"被淘汰。其实，经济和科技发展中的"马太效应"，已经在一些竞技项目上表现出来，在赛车运动、自行车运动、马术运动等项目中，很少看见那些贫穷国家运动员的身影。

第三，纳米技术除在器材方面的运用外，还可以直接改变人的机体，大幅度提高运动成绩。这种改变很可能成为另一种形式的"兴奋剂"，不仅会带来不公平，而且可能会对运动员的人格和尊严造成严重的伤害。兴奋剂历来是个困扰竞技体育的难题，它是指选手在比赛中采用药物和药理学以及其他措施，达到对其自身能力产生影响的目的。兴奋剂在暂时提高运动成绩的同时，往往会对运动员身体造成不可逆转的伤害。一种情况是运动员为追求个人名利，以牺牲自身身体健康为代价使用兴奋剂，另一种情况则是被迫使用兴奋剂。无论哪种情况，都是违背体育精神的不道德行为。纳米材料的优异特性及其他以纳米技术为基础的超微型机器的问世，将为那些想用不正当手段获取优异成绩的运动员提供一条比服用兴奋剂更隐蔽、对身体伤害更小的途径。例如田径运动员可以在脚、手、腿、臂等部位植入超微型泵机以增加自身的爆发力，相应地，体操运动员可以通过植入相关装置提高身体的稳定性、柔韧性和持久性，游泳运动员可以用微型机械泵增加身体的推力。凡此种种行为，都是以机械的方法改变自然人的身体结构，从而达到机能上的改变，这样的运动员已经不是以自然人的身份参加比赛，应该说都是违背体育运动精神的不道德行为。再者，这些微型机器的植入，使运动员成为人机复合体，运动员会因此变成受他人支配的运动和比赛的机器吗？这种改变会对运动员的生理和心理带来什么样的影响呢？

此外，纳米技术与信息技术、生物技术和认知科学技术会聚在一起，其成果将会给体育运动带来怎样的影响还不得而知。从目前的情况看，科技所带来的运动成绩的明显提高，已经在运动界形成了科技崇拜的风气，而科技成果被滥用的情况也越来越严重。医学研究表明，妇女在怀孕期间肌肉力量会明显增强。这一结果在运动界滥用，不少女运动员为了提高比赛成绩，在比赛前怀孕，比赛之后再人工流产。这一做法不仅表明技术发明会用于不正当的竞争，就是科学的发现也会被"巧妙"地滥用。总之，如果竞技体育过分依赖于科技发展，它必然会违背公平原则，也会突破不伤害的伦理底线，最终会背离体育的目的和精神，走上异化之路。①

四　治疗与增强中的其他伦理问题

（一）纳米医学与疾病的自决规范模式

如果把疾病归结为分子水平的细胞功能失调，那么运用纳米医学不但

① 申建勇、傅静：《纳米技术的发展给竞技体育带来的伦理道德问题及对策研究》，《体育与科学》2001 年第 1 期，第 14—16 页。

可以根治疾病，保证人体在分子水平的持续健康状态，而且还可以根据
"病人"的要求中止生理老化甚至减少现有的生理年龄，使人达到长生不
老的目的。由此引出的问题是，以纳米技术为基础的"基因治疗"到底
是"治疗"还是"增强"？要回答这一问题，必须首先弄清区分"疾病"
与"健康"的标准是什么。

事实上，"疾病"是一个非常复杂的术语，它到底是什么含义在医学
上还是一个极具争议的问题。有研究者指出，在临床理论与实践中，至少
有8种以上的不同"疾病"概念。它们分别是疾病唯名主义（Disease
Nominalism）、疾病相对主义（Disease Relativism）、社会文化疾病（Socio-
cultural Disease）、统计性疾病（Statistical Disease）、感染致病（Infectious
Agency）、疾病实在论（Disease Realism）、疾病理想主义（Disease Ideal-
ism）、功能失调疾病（Functional Failure）。每种概念都有不同的含义，也
不是被所有人普遍接受，对"疾病"的理解因时因地因人而异，实际上
没有判断"疾病"与"健康"的统一标准。①

进一步的问题是，与"长生不老"相对应的"衰老和非自愿的自然
死亡"能否算作"疾病"呢？如果没有健康与疾病的标准，谁有权做出
这种区分？对此，罗伯特·A.小弗雷塔斯（Robert A. Freitas, jr）提出
了一个疾病的自决规范模式（volitional normative model of disease）。这一
模式假定"健康"就是生命系统的最佳功能状态，而最佳功能状态又与
生理性程序化过程的运行有关。其中有两点需要注意：（1）最佳功能状
态是相对于"患者"个人的基因指令而言的，不再以其他人的基因指令
为参照，其他人的相关功能状况对"患者"的"疾病"判断不再起决定
性作用；（2）身体状况被视为一个自决状态，"患者"的意愿在"健康"
定义中是一个决定性因素。根据这一模式，"疾病"就被界定为或者没达
到"最佳"功能状态，或者是没达到"合意的"功能状态；"生病"就
是两种情形同时并存。反之，只有当以上两种情况都不存在时，个体才算
是健康的。当然，这一模式也有不足之处，它对疾病的界定不仅与个体愿
望、信仰等非理性因素相关，而且要求患者完全了解自己的身体状况，有

① Robert A. Freitas, jr., "Personal choice in The Coming Era of Nanomedicine", Fritz Allhoff,
Patrick Lin, James Moor, John Weckert, *Nanoethics: The Ethical And Social Implications of Nanotechnolo-
gy*, Hoboken: John Weley & Sons, 2007, pp. 164－167.

能力做出恰当的决定。事实上，不是所有主体都能满足上述要求。比如主体处于精神疾病之中，或者失去意识，或者年龄太小等情形就达不到上述能力要求；更何况不同的人在信息获取和处理等方面的能力也有很大的差异。那么，当"患者"缺乏做出自决能力时，应该由谁来作决定呢？

　　小弗雷塔斯根据这一模式，对刚才的问题作了如下回答：如果你（个体）处于生理老化状态，并且你又不想处于这一状态，那么对你来说，老龄和衰老（也就是非自愿的自然死亡）就是"疾病"，那就应该接受"治疗"。[①] 其实，他这一回答是有问题的，模糊了治疗与增强之间的区别。因为在他提出的模式中，个体"合意的"应该以个体自己的基因指令为前提，如果超出了这一前提，就不是治疗而是增强了。他还举了一个二头肌的例子来说明治疗与增强的区分。他说，如果我的二头肌没能达到我的基因规定所能达到的尺寸和力量，我又想它达到应达到的程度，那这种"小二头肌"就是"疾病"。对此，纳米医生就可以将我的二头肌"放大"到我想要的程度，当然这一"放大"不能超出我自身基因允许的程度。在自身基因允许的范围内进行"放大"，就是治疗，若超出这一范围，就是增强。显然，以个体自身基因指令给"治疗"和"增强"划定边界是明晰的。但是，对于个体而言，如何确知自己基因指令的宏观表达恰到好处呢？如果做不到这一点，个体自我决定的合理性和可行性就值得怀疑。而小弗雷塔斯自己也不得不承认，纳米医学最终会成为完全放任的医学。

　　从我们现在对健康和死亡的观念看，与非自愿的自然死亡相对应的"生命延长"肯定应该属于增强而非治疗。然而，在这一模式中，治疗与增强之间的边界视"患者"的愿意和个人选择而定，同一种技术手段对一个人是"治疗"，对另一个人可能就是"增强"；甚至同一个人在不同的时候可能也有不同的意愿，治疗与增强就可能在同一个人身上出现。如此，基因治疗不可避免地会引起我们对健康、疾病和死亡的重新认识，也将从根本上改变现有的医患关系。更有人担心：在纳米医学中，医生会不会变成纯粹的修理工？医患关系是否会变得跟机修师与机器、兽医与动物

---

① Robert A. Freitas, jr. , "Personal choice in The Coming Era of Nanomedicine", Fritz Allhoff, Patrick Lin, James Moor, John Weckert, *Nanoethics: The Ethical And Social Implications of Nanotechnology*, Hoboken: John Weley & Sons, 2007, pp. 167 – 170.

之间的那样一种关系？

肖峰教授从元伦理的角度论证了判断科技在"善"、"恶"的标准，即对痛苦的克服，而不是将重点放在追求更多幸福快乐之上。"就是说，科技善的主要任务，应该使那些因为遭受痛苦而处于正常生存状态以下的人，通过减少和消除其痛苦而将其提升到正常状态，而不是对已经处于正常状态的人去增加更多的幸福，从而达到一种超常的快乐。"①从科技善恶这一角度来看"治疗"和"增强"之间的优先性，纳米医学技术优先用于"治疗"，而不是"增强"，这样的选择才符合"救死扶伤"的医学目的。但是，若按"自决规范模式"的放任本质，"治疗"与"增强"的界限掌握在"患者"手中，有支付能力的"强者"完全可以把"增强"视为"治疗"，使自己变得更强。由此可见，纳米医学技术作为一种医学资源，其分配上的公平性也还有待进一步考量。

（二）纳米增强与"扮演上帝"

"扮演上帝"是一个隐喻，是指人代替"上帝"的角色对自然物（包括人本身）进行改造。"我们是否应该扮演上帝？"这一问题曾经是关于人类基因组计划的伦理争论中的一个焦点，由于纳米技术与基因技术的融合可能会引起医学的巨大突破，这一问题在纳米伦理的讨论中自然就再次引起了研究者的关注。

特德·彼特斯认为，"扮演上帝"这一概念来自关于普罗米修斯的古希腊神话。在现代文化中，"上帝"被"自然"所代替，而"普罗米修斯"被"弗兰肯斯坦似的科学家"所代替，其寓意的核心是自然对人的报复。他指出，"扮演上帝"这一概念在当今的科学文化背景中有三种解释：（1）洞悉上帝那令人惊叹的秘密。科学家通过研究自然特别是生物的内在工作机制，获得读懂上帝的能力。这既令人鼓舞，又让人害怕。（2）获取生死的权力。这主要指临床上或医院里的医疗技术，在患者眼里医生像上帝一样掌握着生死的大权。（3）改变生命并影响人的进化。②人们担心像弗兰肯斯坦那样的科学家通过技术干预而亵渎自然，并最终引起混乱与破坏。在第三种意义上，"扮演上帝"刺激起人们对科学和技术

---

① 肖锋：《从元伦理学看科技的善恶》，《自然辩证法研究》2006年第4期，第17页。

② Ted Peters, "Are We Playing God With Nanoenhancement?", see Fritz Allhoff, Patrick Lin, James Moor, John Weckert, *Nanoethics: The Ethical And Social Implications of Nanotechnology*, Hoboken: John Weley & Sons, 2007, pp. 178 – 179.

进步的恐惧，甚至要求禁止某些形式的实验室研究。当克隆羊刚刚诞生，就有关于克隆人的讨论；同样当纳米技术一出现，就有人问：我们是否应该运用纳米技术进行人体增强？这种增强会改变人性（human nature）吗？并会因此出现后人类或过渡人类吗？纳米技术是否会引起人之为人的认同危机（crisis of identity）？彼特斯通过考察智能放大（intelligence amplification）来回答这一问题。他认为，由于对心灵与大脑关系的假设不一样，问题的答案也不一样。不过，即使脱离肉体的意识不存在，纳米技术也一定会给我们人类现有的生存方式带来意义非凡的变化。他引用生命伦理学家保罗·沃尔普（Paul Wolpe）的话说："在历史上我们第一次真正将人造技术包括到我们生理学的存在中，在这种意义上，我们的确是在变成某种赛伯格（cyborg），或者某种后人类。"①

批评者通常认为，纳米增强往往是只追求短期私利的鲁莽行为，而不顾这种行为给他人和社会带来的长远后果。为了阻止这种行为发生，那些认为我们不应该扮演上帝的人竖起了"不得滥用人性"的禁令牌。如果我们不可避免地变成某种后人类，那问题就在于，在道德上我们能允许的人性改变究竟有多大？彼特斯认为，要回答这一问题，我们就得问"自然"或"人性"是否是不可改变的？如果因为道德原因，我们的人性是不应该改变的，那我们就应该禁止相关的研究；如果觉察到人性是自然地改变着的，并且我们认为这种改变可能会是好事，那我们就应该期望把纳米增强作为提升人类的一种形式，视为人类通向幸福的进步之路。②

彼特斯对纳米增强的反对者作为挡箭牌的"自然"和"人性"进行了进一步追问。他指出，正是"自然"，而不是"上帝"提供了神圣之为神圣的基础。反对"扮演上帝"的禁令或隐蔽或公开地植根于自然主义伦理学。通常，自然主义伦理学简单地假定，我们从长期进化的祖先那里继承来的"人性"，已经建立了对我们来说是"好"的东西，其必然的结论就是我们不应该对自己再做任何进一步的改变，自然赋予我们的已经足

①　Ted Peters. Are We Playing God With Nanoenhancement？[A]. Fritz Allhoff, Patrick Lin, James Moor, John Weckert. *Nanoethics: The Ethical And Social Implications of Nanotechnology* [C]. Hoboken: John Weley & Sons, 2007. 173 – 176.

②　Ted Peters. Are We Playing God With Nanoenhancement？[A]. Fritz Allhoff, Patrick Lin, James Moor, John Weckert. *Nanoethics: The Ethical And Social Implications of Nanotechnology* [C]. Hoboken: John Weley & Sons, 2007. 179 – 180.

够好了。但是，此处的"自然"是模棱两可的。一方面，相对技术的东西而言，自然是自然的，它是我们通过科学和技术改变它以前被发现的东西；另一方面，自然又定义了我们的本质，这一自然本质具有半宗教性质的神圣性和不可亵渎性。当这两种含义复合到一起，技术干预看起来就是对神圣的亵渎，技术也就变成了"扮演上帝"的一种方式，而这在自然主义伦理学眼中却是一种罪恶。可是，我们怎么知道人性是什么？我们如何才会知道我们已经改变或者亵渎了人性呢？

彼特斯回答说，无论我们是否求助于理性或者情感，我们只能从已经发生的事实中学习，只能从过去继承而来的东西学习，从自然的历史中学习。自然不能提供的恰恰就是它变化的未来景象。而自然主义伦理学的问题也就在于，它本身不能合理地提供一个能引导技术发展的目标景象。要展望自然变化的未来景象，我们就必须超越。"善"是我们所要追求的目标，是我们的目的所指向的东西，而非所继承的某种东西，我们的目的所指向的"善"超越于我们作为人的存在。有趣的是，作为一位神学家，彼特斯认为，我们不必维护什么神学的人性本质，不必害怕科学研究的进展，对神学家来说，特定技术的风险在于它能否建立"善"的超越基础，从而增强我们爱（爱上帝、爱邻居）的能力。基督徒的信仰与变化并不对立，我们的未来是进化史的延续，通过科技而获得的力量使人类在这一持续的变化过程中起着决定性作用。[①] 撇开彼特斯论证中的神学成分，他通过质疑自然主义伦理学关于"自然"和"人性"以反驳不应"扮演上帝"的禁令是有道理的，否则科技就失去了存在的必要性。只要技术对人的改变（当然包括纳米增强）能导向"善"的未来，他就是持欢迎态度。但是，谁又能保证技术对人的改变不会导向"恶"呢？

（三）纳米增强对社会公正、个人选择和自主性的挑战

阿里桑那州立大学的戴维·加斯顿（David H. Guston）、约翰·帕西（John Parsi）和贾斯汀·托西（Justin Tosi）等学者认为，人体增强的伦理问题可能是新世纪最为重要的一个争论。他们撇开"宗教反对与科学支持的价值对立"分析框架，讨论了纳米增强（包括 NBIC 的运用和更广

---

① Ted Peters. Are We Playing God With Nanoenhancement? ［A］. Fritz Allhoff, Patrick Lin, James Moor, John Weckert. *Nanoethics: The Ethical And Social Implications of Nanotechnology* ［C］. Hoboken: John Weley & Sons, 2007. 180 – 182.

泛的人体技术）对社会公正、个人选择和自主性等的挑战。人体增强是用于帮助低能者还是用于扩大富人与穷人之间的差距？一些增强会使我们倾向于仅仅做出某些种类的选择吗？在他们看来，人体增强可能不是导致人的自由的最大化，倒是可能导致其最小化。①

首先，新技术的分配仍然遵循社会财富的现有分配模式。在富人和穷人、发达国家和发展中国家之间有不断扩大的差距，同样，在技术性人体增强方面，也不太可能有不以支付能力为标准的其他分配方式。这种有严重偏向的分配方式，只会使"成功者"通过增强累积和保持更大的优势。从理论上说，这些增强性技术可以弥补弱势者的先天不足，而一些研究也确实是旨在改善低能者的状况。可是，治疗与增强之间的界限是模糊的。即使这些技术是针对治疗的，它们也很可能主要是在发达国家而不是发展中国家发挥作用。在多数情况下，在发达国家的"治疗"，在发展中国家仍然属于"增强"。

其次，从时间上说，富有者总是先于贫穷者获得新技术特别是人体增强新技术的好处。社会上的富有者和有权者将在社会普遍获益之前获得新技术，从而使他们变得更富有和更有权力，并以此阻止新技术利益的均衡分配。

再次，当新技术失败时，它们更加鲜明地强化了人们之间的社会差别。一般来说，在应对技术失败的风险时，富有者往往比贫穷者更有优势，受到的损失和伤害相对较小。

上述三方面从政治—经济的视角考察了人体增强技术对透明、公平竞争等社会价值的影响。这种对分配和使用的考量，再次显示出罗尔斯（Rawls）"作为公平的正义"观念（ideas of "justice as fairness"）和其"最大最小"原则（the "maximin" principle）的重要性。事实上，罗尔斯确实预想了关于用人体增强去达成自然禀赋的更加公平的分配问题的争论。他指出，他的"最大最小"原则保证了把少部分人拥有的较好的自然天赋作为社会财富去为社会谋取共同的利益，而不是去减少个体"不公平"地获得的优势。从罗尔斯的观点看，一个公正的社会不仅应该采

① David H. Guston, John Parsi, Justin Tosi. Anticipating the Ethical and Political Challenges of Human Nanotechnologies [A]. Fritz Allhoff, Patrick Lin, James Moor, John Weckert. *Nanoethics : The Ethical And Social Implications of Nanotechnology* [C]. Hoboken: John Weley & Sons, 2007. 185 – 197.

用治疗性的 NBIC 技术，而且也应该采用增强性技术，只要增强的目的是为了增进社会上最不利者的利益。可是，从既有的经验看，罗尔斯的想法是行不通的。相反，最有可能出现的情况是，那些"超人"会利用其"优势"建立更加有利于少数"优秀"人群的社会政治体制。果真出现这种情况，社会公正将会受到更大的挑战。

第四，当运用纳米增强技术改变认知能力时，就可能对自主和自由造成威胁。他们认为，要保持自由状态，主体必须满足如下要求：（1）能够在理性和自己的价值观的引导下选择自己的行为和信仰；（2）确认他是行为的参与者而非旁观者；（3）有足够的安全保证，使其能反对那些会给他们施加压力以影响他们做出选择的人的支配。事实上，纳米增强技术既能更好地达成上述自由条件，又可能损害这些条件。就是对是否使用纳米增强技术而言，主体也会面临许多意想不到的外在因素的影响，比如社会习俗、政府要求、某些行业对从业者的特殊要求等。邱仁宗先生就论证了药物改变认知带来的问题。比如使社会问题医学化；使对正常认知能力的态度发生变化，对增强产生不正当的要求；为了获得升迁或有所成就，非自愿地接受增强。更重要的是，获得认知增强后，生活并不一定就好，比如适当的遗忘恰恰为人类生活幸福所必需；智商高的人自杀率比智商低的人更高；聪明人往往不适应一般的生活条件，更自我中心，不易与他人相处，导致生活不幸福。因此，生活的关键不是努力变得更聪明，而是更明智。[①]

第五，人体增强技术内在地为社会和个人设定了"好"的结果和方向，这种人为的设定，既会对个人的自由选择产生强制，又可能会使社会丧失多样性。多样性假定人类的美好生活不必局限于某种特定的模式和价值，它应该随不同文化甚至同一文化中的不同个体而不同，应该由每种文化及其个体去决定和追求他们自己关于"好"的概念，美好生活是一个共同建构过程，而非某种单向的给予。

案例：被滥用的抗生素

如果从弗莱明 1929 年发表《论青霉菌培养物的抗菌作用》论文算

---

①　邱仁宗：《人类增强的哲学和伦理学问题》，《哲学动态》2008 年第 2 期，第 33—39 页。

起，抗生素与人类疾病的作战已历80年。然而，当第14个世界防治结核病日（3月24日）来临之际，我们却得到了这样一组数据：目前全世界每年新增将近1000万个结核病病例，每年约有300万人死于结核病；单在中国，目前就有活动性肺结核病人450万。曾经因为抗生素的杀菌威力而一度近乎绝迹的结核病卷土重来。更要命的是，今天的结核病病菌多数是具有强耐药能力的所谓"超级细菌"，我们仿佛又回到了无抗生素时代。所谓"超级细菌"，是指那些几乎对所有抗生素都有抵抗能力的细菌，它们的出现恰恰是因为抗生素的使用。

事实上，医院正是"超级细菌"产生的温床。它们之所以在医院里流行，是因为那里使用抗生素频率与强度最大。耐药性越强，意味着感染率和死亡率越高。专家调查发现，在住院的感染病患者中，耐药菌感染的病死率（11.7%）比普通感染的病死率（5.4%）高出一倍多。也就是说，如果你感染上耐药菌，病死的概率就增大了一倍。据推算，2005年全国因抗生素耐药细菌感染导致数十万人死亡。据1995—2007年疾病分类调查，中国感染性疾病占全部疾病总发病数的49%，其中细菌感染性占全部疾病的18%—21%。也就是说，真正需要使用抗生素的病人数不到20%，80%以上属于滥用抗生素。

与此同时，抗生素在养殖业中的应用突飞猛进。在中国，每年有一半的抗生素用于养殖业。可是，这些药物并非用于治疗而是用于预防。因为目前大规模集约化饲养，很容易爆发各种疾病。另外，在饲料中添加抗生素，可以促进动物生长，这已是养殖业内通行的做法。这样做的后果是，在农场周围的空气和土壤中、地表水和地下水中、零售的肉和禽类中，甚至是野生动物体内到处都充斥着抗生素。这些抗生素可以通过各种途径在人体内蓄积。它不仅会导致器官发生病变，而且能把人体变成一个培养"超级细菌"的小环境。现在有许多携带"超级细菌"的患者，既没有传染病史，也没有住过医院，病因十分蹊跷，"这很可能与环境有关"。

美国的劳伦斯·威尔森医生2008年10月发表网络文章为抗生素列举了十大"罪状"。但他并不否认抗生素在治病救人中的独特作用和崇高地位。抗生素之所以出现那么多的问题，比率又那么大，主要在于它的滥用。

导致以上结果，我们每一个人都有责任——正是因为我们每一个人对抗生素的滥用，促使细菌进化至耐药；同时，曾经遥远的"超级细菌"现在已经与我们每一个人都极度接近。按照目前的态势发展，"新的'超级细菌'还会陆续出现，10—20 年内，现在所有的抗生素对它们都将失去效力"。①

---

① http：//news. 163. com/09/0414/10/56RS0D6M00011SM9. html.

第四章　纳米技术的环境风险与
伦理问题

从长远的观点看，作为可能引起下一次工业革命的新技术，纳米技术不仅可能会极大地改变我们人类作为一个生物物种的现状，也会极大地改变我们现在生活于其中的环境。纳米技术的成败将在很大程度上取决于它处理环境及其相关问题的能力。"实现这一目标的主要障碍就在于控制、减轻或者彻底消除与这一技术相关的环境问题及与环境问题相关的其他问题，或者因其滥用而出现的困境。"① 因此，纳米技术的环境风险及其伦理问题也引起了广泛的关注。

第一节　纳米技术的环境应用与风险

人类生命质量极大地依赖于环境和生态质量。纳米技术安全性不仅包括生物安全，还包括环境安全。纳米技术在环境领域的应用，给环境保护和环境治理带来了巨大的希望，同时也存在着潜在的风险。

一　纳米技术在环境领域的应用

纳米技术的支持者认为，自然就是一位纳米大师，通过向自然学习，纳米技术有望使人"比自然做得更好"（do better than nature），从而极大地改善我们现有的环境状况。"在 21 世纪，纳米技术将是用于改善全球环境状况的关键技术之一。纳米技术对环境的益处，一些是直接应用带来的，更多的则是来自其间接应用。"直接应用主要是从环境中除去一些元

---

① Louis Theodore, Robert G. Kunz. *Nanotechnology: Environmental Implications and Solutions* [M]. Hoboken, New Jersey: John Wiley & Sons, 2005. xii, xvi, 2.

素或者化合物，比如在废物处理过程中，通过运用纳米过滤器、纳米多孔吸附剂、催化剂等实现净化、过滤、分离和消除环境污染物的目的。间接应用主要是通过运用纳米技术降低能源消耗和减少废物达到提高生产效率和降低成本的目的，比如制造更轻的复合材料、寻找清洁环保的替代能源等，既可减少资源消耗，又可以急剧减少全球碳及其他废物的排放。[1] 总之，通过直接和间接运用纳米技术，可为人类提供清洁的饮水，清除石油泄漏造成的污染，回收垃圾，减少自然资源的消耗，提供无毒涂层以保护物体免受环境的腐蚀；可以模拟人工光合作用过程，从大气中除去二氧化碳，把阳光转化为清洁可用的能源；纳米技术"自下而上"的技术路线和纳米材料优异的性能将减少对原材料的需求，降低能耗，减少有毒有害废物的排放，减轻生态破坏和环境污染。

环境问题总是离不开能源，使用能源的种类以及方式决定着我们对环境的影响是积极还是消极。研究发现，碳纳米材料具有良好的储氢性能，如果这种材料用于制造燃料电池汽车的氢气容器，可以大幅度提高氢气的储存率和释放率，有望使氢气成为一种实用的清洁能源。在海水淡化方面，利用纳米技术可以将能耗降为目前工艺的 1/10。利用纳米材料的光学特性，可以制造高效率的光热、光电转换材料，应用于能量转换装置有望大幅度提高太阳能的光电、光热转化率，应用于室内照明可以降低10% 的电能消耗。运用悬浮于流体中的纳米晶作传热载体，可以明显提高工业的热效率。[2]

纳米技术在水环境、大气环境、地表环境保护与污染治理方面的作用主要有：（1）减少水资源消耗。用纳米技术处理后的化学纤维制作的衣服、窗帘等具有自洁功能，不再需要使用化学洗涤剂清洗，减少了污水排放，节省了水资源。（2）利用纳米微粒的特性可以有效除去水和空气中的极小颗粒污染物（各种贵金属、铁锈等）、细菌、病毒等，从而克服传统水处理方法效率低、成本高和二次污染等一系列问题。特别是利用纳米 TiO_2 所具有的光催化氧化活性，在降解水体和空气中的有机物时表现出明显的效果，有机物和细菌可被其分解氧化为 CO_2 和 H_2O，从而消除有机物

---

[1]　Louis Theodore，Robert G. Kunz. *Nanotechnology：Environmental Implications and Solutions* [M]．Hoboken，New Jersey：John Wiley & Sons，2005．15 - 16．

[2]　李正孝、龚岩：《纳米技术在环境保护方面的应用》，《节能与环保》2001 年第 4 期，第22—24 页。

对环境的影响。纳米 TiO_2 的特殊光催化作用，正在引发一场"光洁净革命"。（3）作为助燃催化剂和脱硫催化剂。在炼油脱硫过程中，以纳米钛酸钴（$CoTiO_3$）作为催化剂，可以使燃油中硫的含量小于 0.01%；在煤燃烧过程中，加入纳米助燃催化剂，不仅可以使煤充分燃烧，不产生 SO 气体，提高能源利用效率，而且会使硫转化成固体硫化物，不产生 SO_2 气体。相反，有些纳米材料却具有阻燃功能，比如纳米氧化锑可以作为阻燃剂加入到易燃烧的材料中，从而提高材料的防火性能，提高消防安全，减少火灾概率和经济损失，间接地有利于环境。（4）用作汽车尾气净化剂。利用复合稀土化物的纳米级粉体极强的氧化还原性能，可以彻底解决汽车尾气中一氧化碳和氮氧化物的污染问题，从而有效避免目前石化燃料造成的空气污染、温室气体和酸雨等危害。（5）用于城市垃圾处理。随着城市化进程加快，城市人口快速增加，生活水平提高，城市垃圾问题越来越引起各国的重视，被一些国家特别是发达国家纷纷列为实施可持续发展的重要课题之一。纳米材料具有可回收、可生物降解等特性，用它代替铝箔、聚乙烯作为包装材料，可以实现重复利用，达到减轻环境污染的目的。纳米 TiO_2 对城市生活垃圾的降解速度是大颗粒 TiO_2 的 10 倍以上，用它可以加速城市生活垃圾的处理，从而缓解或者解决大量生活垃圾给城市环境带来的巨大压力，避免目前因使用掩埋和焚烧方式而带来的二次环境污染问题。[①]

检测技术是环境保护和环境治理的基础，纳米检测技术则是纳米技术应用于环境领域的切入点。保护人类健康和生态系统，需要能在分子水平快速、准确检测污染物的灵敏传感器。"纳米传感技术具有高灵敏度、高选择性、低功耗、微型化等优点，可以通过形成纳米传感网对环境进行实时准确的监控，为环境的保护和治理提供科学依据。"不仅如此，"纳米技术在检测纳米尺度物质方面具有独特的优势，可以发展纳米检测技术有效地检测环境中的纳米污染物"。[②] 气体传感器是利用金属氧化物自身电学性能（如电阻等）随周围环境中气体组成的改变而改变的原理，对气体进行检测和定量测量。由于纳米材料的比表面积大，它与周围气体接触

---

① 汤宏波：《纳米材料在生态环境方面的应用及潜在危害》，《新材料产业》2008 年第 3 期，第 51—55 页。

② 刘锦淮、孟凡利：《纳米技术环境安全性的研究及纳米检测技术的发展》，《自然杂志》2008 年第 30 卷第 4 期，第 211—222 页。

发生相互作用大，因此，用纳米材料做成的气体报警器具有灵敏度高、体积小、能耗低等显著优点。可用于可燃气体报警器、火灾警报器及其他种类的火灾警报器。[①] 显然，与此类似的传感器也可用于大气污染、水污染和土壤污染等的监测，有利于环境保护和污染治理。

从一定意义上说，纳米技术的进步及其在节能、储能、能量转换、水处理、化学催化、噪声控制、电磁辐射防止、污染监测方面的实际应用，极有可能缓解甚至根本解决人类在生产消费与环境保护之间长期存在的矛盾关系。

二　纳米技术的环境风险

但是，纳米技术在环境领域的种种应用，也可能带来意想不到的负面影响。如前所述，小白鼠肺里的纳米粒子导致了它们的死亡，水中存在的纳米物质导致了鱼的脑损伤。根据这些初步的研究结果，一些组织和个人认为，我们必须对纳米物质的应用和处理持谨慎态度。比如加拿大的环保组织"反对侵蚀、慎用技术和重组资源行动组织"（Action Group on Erosion, Technology and Control, ETC）就呼吁，在更多地了解纳米粒子的毒性之前，应该暂停其商业生产。

自然界中早就存在着纳米粒子。比如火山爆发、光化作用等自然现象和采矿、烹调、燃烧，汽油不完全燃烧等人类活动，都向环境释放了纳米粒子，而且许多还有很大的毒性。既然纳米粒子暴露并不是新现象，那制造和使用纳米粒子是否会带来新的环境风险呢？我们对这一问题的回答是，大多数纳米物质从未出现在自然界，自然界和生命有机体可能没有（或没有）相宜的手段对付这些人工"纳米废物"，如何处理纳米污染物可能是发展纳米技术的一大挑战。

有些关于纳米材料风险研究的结果比较乐观。比如，美国休斯敦的一些科学家及保险行业专家通过保险公司应付的保险费，对5种纳米材料产品和6种普通工业产品进行了比较，试图对纳米材料加工所造成的环境影响进行早期评估。他们得到的结论是：5种与市场密切相关的纳米材料的制造过程，对环境带来的风险比一些普通的工业产品制造过程例如石油精

---

① 刘丽珍：《纳米技术及其在燃气行业的应用前景》，《城市管理与科技》2002 年第 4 卷第 3 期，第 36—38 页。

炼要少，两种纳米材料（纳米管和明矾烷纳米颗粒）的制造风险与制造葡萄酒和阿司匹林相当；研究者们还运用苏黎世保险公司提出的保险方案，对 11 种生产过程进行三种风险评估，即附带风险（加工中的意外事故）、常规操作风险（废气和空气传播）、潜在风险（潜在的长期污染），其结果是，大多数纳米材料的附带风险可小于等于非纳米加工材料，纳米材料制作似乎比当前工业过程如石化精炼、聚乙烯生产和合成药物生产带来的风险要小。[①]

然而，对于同一材料，往往有不同的研究结论。比如，有研究指出，由于纳米颗粒难溶于水，故不必担心它们污染地下水。[②] 而另外一些研究则认为，虽然纳米粒子和碳纳米管难溶于水，但它们在水中有汇集的趋势，这些特点可能会减少它们在环境中的分布，但是碳纳米管具有很大的表面积，使它能大量吸附其他种类的分子，增强了它对污染物的吸收，而其超常的转移能力，又会使它通过地下水将污染物大范围传播，从而导致环境恶化。[③] 更重要的是，不同种类的纳米材料，其性质差异很大。比如关于水溶性，一些纳米材料难溶于水，而另一些则具有很好的可溶性。研究表明，C_{60} 就具有很强的亲水性，在没有任何表面处理的情况下，它可以溶于水中形成胶状聚合体，其溶解度是多环芳烃（PAHs）的 100 多倍，而水中浓度很低的多环芳烃也会对环境产生影响，研究者据此推测，C_{60} 可能对环境也有相似的影响。再者，环境中存在的酶会改变暴露于其中的纳米粒子的表面特性，比如可以使富勒烯形成含水胶体——巴基球（C_{60}），蒸发以后会重新悬浮在空气中。原始形态的胶体富勒烯尺寸小、表面反应活性强，这些特性使其成为有毒物质远距离传播的理想载体。因此，胶体富勒烯可能会对水层造成污染，并对陆生和水生生物造成伤害。对富勒烯和氧化纳米材料的研究表明，它们与普通材料相比具有不同的传输特点，像纳米粒子之类的超微颗粒很容易通过水、土壤和空气等散布到生命系统中，对植物、动物等造成伤害，这种伤害最终会变成对人类的伤

---

① 蒋晓文：《纳米技术安全性研究的进展》，《西安工程科技学院学报》2006 年第 20 卷第 5 期，第 637—640 页。

② 王翔、贾光、王生等：《纳米材料与健康效应关系的研究进展》，《国外医学卫生分册》2005 年第 33 卷第 1 期，第 1—6 页。

③ 邓平晔：《纳米科技新课题：纳米科技潜在风险与纳米安全研究》，《现代科学仪器》2004 年第 5 期，第 3—6 页。

害。由于纳米物质在产品中的使用十分广泛，所以很难控制纳米粒子向环境的散布。纳米材料在设计和制造中具有很好的稳定性。但是，正是这一特性也使它们一旦释放到环境中就很难降解，会在环境中长期累积和扩散，从而对环境造成负面影响。

更为重要的是，鉴于生态环境的复杂性，以及不能对自然环境进行直接实验，我们对影响纳米粒子在生命系统和环境中持久存在和分布的因素及在制造和处理过程中其物理性质是否发生改变等方面还知之甚少。目前对纳米粒子在生态中的危害和暴露风险的研究还处于初级阶段，已有的研究还只具有个案和推测的性质。对纳米技术的环境影响的关注主要在于纳米物质与相应的块体物质具有极不相同的性质，它们具有很高的反应活性和很强的组织与细胞穿透能力。这意味着在块体状态下认为安全的化学物质，必须重新试验其在纳米结构状态下的环境效应。因此，与纳米物质对环境影响相关的问题主要是纳米粒子的传播机制、相关的暴露途径与影响方式。

尽管目前对纳米物质的传播机制和环境效应还不清楚，但从已有的初步研究结果看，纳米物质在生产、使用和处置过程中都可以向环境中释放，并造成相应的环境暴露和可能的污染。比如，大量生产和贮运中溢出以及一些消费日用品的清洗；纤维和其他废弃材料中应用纳米粒子因掩埋而造成污染。就纳米材料较为共性的环境和生态特征而言，主要有：（1）生物大分子的强烈结合性。纳米材料的比表面积大，粒子表面的原子数多，周围缺少相邻原子，存在许多空键，具有很强的吸附能力和很高的化学活性。这些性质使纳米污染物往往具有显著的配位、极性、亲脂特性，有与生命物质强烈结合进入体内的趋势。（2）生态系统的潜在蓄积毒性。纳米级污染物在环境中存在的浓度一般都比较低，往往被大量的其他污染物所掩盖。纳米污染物的毒性不仅与材料的种类和浓度相关，还与暴露时间长短相关。它们一旦被生物体摄入，就可长期结合潜伏，在特定器官内不断积累增大浓度，当突破某一阈值，最终会产生显著的毒性效应。再者，通过食物链逐级高位富集，也可能导致高级生物的毒性效应。（3）多种污染物的组合复合性。环境中总是多种化合物以各种形态同时并存，相互拮抗或协同，成为复合污染体系，难以分辨和控制。（4）扩散和迁移的广阔性。小分子化合物的扩散属于分子扩散，纳米物质则可由布朗运动及介质涡流促成扩散，特别是当它们吸附在颗粒物表面上或由生命体携带，可以实现远距离输送传播，在广阔的空间范围产生污染效应。[①]

从以上的论述看，纳米技术对环境的负面影响和风险主要表现在以下四个方面：

一是经过实验研究，初步发现的纳米粒子等纳米材料对环境的毒性效应。比如，一些纳米粒子具有很好的水溶性，而且有杀菌作用，然而，在许多生态系统中处于食物链底端的正是细菌，因此纳米粒子在发挥其杀菌作用的同时，很可能会破坏生态系统。更为重要的是，如果生态系统的底层受到破坏，很有可能会引起整个生态系统的最终崩溃。

二是制备纳米材料过程中产生的其他污染。比如利用高温物理处理和化学处理方法制备纳米 $BaTiO_2$ 时，将 TiO_2 和 $BaCO_3$ 等物质混合后在 800℃—1200℃ 的高温下进行煅烧，这一过程不仅会消耗大量的能源，还会产生大量的二氧化碳气体；同样，利用化学气相沉积法和液相法制备纳米材料时，也会产生大量的二氧化碳、一氧化碳和氢气。可见，即使不考虑这些纳米材料本身的环境毒性，制备这些纳米材料的过程也不可避免地加剧温室效应，影响人类的生存环境。而由温室效应引起的诸如疾病、自然灾害等其他连锁反应还不可预知。

三是纳米材料使用过程中的一系列负效应。比如氢气是一种理想的清洁能源，已知碳纳米管具有很好的储氢性能，是目前已知的最理想的储氢材料，并且已经进入试制阶段。但进一步的计算机模拟研究发现，利用它储氢也会造成一定的污染。具体地说，在生产和运输氢燃料过程中，不可避免地有 10% 左右的氢泄漏到大气中，导致大气中氢含量增加。这一结果至少会导致以下几种结果：（1）当大气中的氢和氧结合后，会使同温层中水蒸气含量显著增加，从而使地球上出现多云天气的概率增加。（2）水蒸气含量增加，可导致同温层气温降低约 0.5℃，从而使南极和北极春季到来的时间推迟，还可能因此引起整个地球气温和天气的变化。（3）由于氢气不是微生物的"养分"，过多的氢气可能会对地球生物的存在和发展构成威胁。进入 21 世纪以来，大规模生产的各种人造纳米材料已经在近千种消费品和工业产品中广泛使用。我国目前有几十种纳米材料在进行工业化生产，还有数十种纳米材料可在实验室大规模合成，纳米材料对

---

① 白茹、王雯、金星龙、宋文华：《纳米材料生物安全性研究进展》，《环境与健康杂志》2007 年第 1 期，第 59—61 页。

环境及人类健康的影响已经是一个现实问题。[①] 2000 年 5 月，山东小鸭集团在国内首家推出了纳米洗衣机。据称，这种洗衣机使用了中国科学院下属机构生产的纳米氧化银材料，可以使洗衣机内胆不粘脏、不冷爆，还能够杀菌。[②] 不过，尚未见到其环境负效应的相关讨论。当然，也有人对纳米洗衣机的环境影响进行过质疑，认为如果纳米粒子脱落随污水排出，无论是直接进入环境还是进入污水处理厂，都会对环境造成负面影响。其理由是，如果直接进入环境，纳米粒子会造成地下水污染，对动植物带来影响；如果进入污水处理厂，按现有的污水处理标准，纳米粒子也不可能从污水中除去，它们仍然会通过排放和循环使用而进入环境和人类生产生活中，其环境风险和健康风险仍然存在。

四是分子装配器对自然资源的吞噬。分子装配器的风险就在于自动复制的纳米机器人（纳米虫）失去控制，无限自我复制，消耗掉地球上所有的物质，形成"灰色黏稠物"；或者人工病毒、细菌、浮游生物、藻类、磷虾、昆虫等充斥地球，杀死和取代现有生物，形成"绿色黏稠物"（green goo）。虽然分子装配器还是很遥远的事情，而且"灰色黏稠物"只是一种极端的景象，是一种小概率事件，但是，从理论层面看，纳米技术的这种环境风险也还不能完全排除。

河口和近岸海洋环境是大多数污染物质的最终的"汇"，也是人工纳米材料（Manufactured Nanomaterials，MNMs）的最终归宿。研究发现，MNMs 在海水中表现出与淡水中不同的物化性质与行为特征。比如 MNMs 在海水中比在淡水中的稳定性差，更容易发生沉降且沉降速度更快。由此推知，悬浮于淡水中的 MNMs 随水发生长距离传输，最终汇于海洋，在河口或者近岸海域发生沉降，并可能对海洋生态系统造成影响。此外，MNMs 在海水中更容易发生团聚且聚合物的平均粒径更大。与海洋环境中其他污染物发生相互作用，并进一步影响这些污染物在海洋中的归趋和生物效应。[③]

[①] 任红轩、鄢国平：《纳米科技发展宏观战略》，化学工业出版社 2008 年版，第 93、167—168 页。

[②] 陈来成：《论纳米科技及其产业意义》，《高科技与产业化》2001 年第 3 期，第 21—22 页。

[③] 顾世民、刘伟等：《人工纳米材料对海洋生态系统的潜在生态风险》，《海洋信息》2013 年第 4 期，第 27—30 页。

　　总之，生态系统中可能受到纳米材料影响的种群数量非常庞大，其后果可能是对个体、群体甚至是整个生态系统的损伤或破坏。纳米材料的生态危害性评价依赖于材料的物理化学特性和行为、暴露情况、在环境中存在的时间、环境转归、毒性（急性和长期毒性）、生物体内稳定性、生物蓄积及生物放大作用等。① 目前，面对这些可能的风险，最让人担忧的还是缺乏行之有效的监管标准，即既有的标准失效，新的标准尚未建立起来。纳米产品复杂多样，横跨各个行业，对产品的生产监管只能依靠各个行业的既有标准，还不可能形成统一的纳米生产标准和规范。所以，无论从短期还是从长远的观点看，随着纳米材料的广泛应用，它们总会通过种种途径造成对整个生态系统的暴露，并产生直接或间接的影响。

第二节　纳米技术环境风险的伦理反思

一　从环境伦理到纳米技术的环境伦理问题

　　美国蒙大拿大学哲学系的克里斯托夫·J.普雷斯顿（Christopher J. Preston）认为，纳米产品在公众领域的大量涌现，带来了一系列的伦理问题，而既有的环境伦理学为处理这些与纳米技术相关的伦理问题提供了合适的伦理框架，他还从普遍的环境伦理直觉出发，对一些新颖的纳米技术伦理问题进行了探讨。

　　（一）环境伦理为透视纳米技术提供了合适的伦理框架

　　普雷斯顿认为，纳米技术和纳米产品的发展不仅带来了大量的科学问题与技术问题，也带来了许多值得严肃思考的伦理问题。这些问题既有趣，也复杂。有人认为，由于纳米技术及其学科基础与其他学科完全不同，对其伦理问题的处理需要形成全新的有针对性的分析框架。普雷斯顿则认为，既有的环境伦理学（哲学）为纳米技术的伦理考量提供了一个合适的分析框架。

　　首先，与纳米技术相关的伦理问题，几乎都是与其他环境希望和威胁相关的问题。像生物伤害的威胁、复制物逃逸的危险、全新种类物质的制造、

---

　　① 汤宏波：《纳米材料在生态环境方面的应用及潜在危害》，《新材料产业》2008年第3期，第51—55页。

对自然过程"扮演上帝"的傲慢和对人之为人的意义的威胁等产生恐怖的根源，与从核能、转基因生物、生态恢复与人类基因治疗等先行技术中产生的担忧完全一样。环境哲学就是专门针对这些威胁而发展起来的。同样，纳米技术倡导者所承诺的未来物质富足、告别污染、物种绝灭终止等乐观前景，也类似于环境拥护者所提出的让已经灭绝的物种重新复活的观念。

其次，与纳米技术一样，环境哲学本质上是交叉学科，它搭建了哲学和伦理学与生态学、生物学及进化论之间的桥梁。这意味着环境哲学可能会适宜于处理化学、生物学、工程学与纳米技术哲学之间的交叉学科问题。纳米技术带来的关于自然与人工之关系的复杂本体论问题也完全在环境哲学的视界之内，并且环境哲学家已经从它们与生物学和基因学的关联中对它们进行过讨论。此外，从社会的维度讨论的问题有——对产生社会－经济纳米鸿沟的担忧、对谁能拥有纳米专利的疑惑、对政府或企业滥用的担心、纳米材料可能伤害的责任等，这些问题其实都是环境伦理所遇到过的问题。所以，尽管纳米技术带来了巨大的技术进步，但它是否带来了全新的伦理问题还不十分清楚。

再次，纳米技术常常被视为通过分子或原子操作以创造生物的或者进化过程的一种方式，这也就是引导纳米技术努力方向的强有力的隐喻。生物学就是许多纳米梦想的例证。英国的经济与社会研究委员会的报告指出，细胞生物学证明，至少有一种纳米技术是可能的（因为细胞本身就是一位纳米大师）。加拿大的克文·雅戈尔（Kevin Yager）认为，最好的证据来自大自然，它经过几百万年的进化，形成了包括催化剂、马达、数据编码机制、光传感器等在内的精湛的纳米尺度装置。更加大胆的纳米技术支持者则认为，人努力的明确目标就是"比自然做得更好"。最令人惊叹的挑战就在于看人能否更好地设计进化（outdesign evolution）。鉴于这种隐喻，看起来与纳米技术相关的伦理问题要么属于环境哲学，要么属于环境哲学与生命伦理学的交叉领域。

最后，纳米技术公众感知的形成方式与环境伦理有着密切的理论联系。事实证明，纳米技术发展过程中遇到的阻力许多是来自环保团体。比如加拿大的 ETC 就呼吁，在对纳米粒子的毒性有更多的了解之前，应该中止它的商业化生产，而在对抗和阻止转基因生物的过程中，起领导作用的正是 ETC；伯克利环保咨询委员会（Berkeley's Community Environmental Advisory Committee）是反对在罗仑斯伯克利国家实验室为碳纳米管生产建造"分子铸造场"（molecular foundry）的急先锋；英国绿色和平组织是有关全面讨论纳米技术社会影响的文件的最早出版者之一。无论如何，人们明显觉得纳米技术对环境是一种潜在的威胁。环保主义者既担心纳米材料对生物个体的生物学影响，也担心纳米物质的广泛散布对区域和全球生态的影响。从环境伦理的角度对纳米技术进行审视，有利于理解人们对纳米技术的环境影响的关切和担忧。①

（二）重视历史进化过程的环境伦理直觉

普雷斯顿指出，环境伦理学并非单一所指，它涉及一系列复杂多样的问题、理论和实践。不同的环境伦理学家将会以不同的立场和方式处理这些问题，这些不同的伦理立场包括敬畏生命的伦理学、弱人类中心主义、生态系统整体论、深生态主义或者关护性伦理学等。不过，在这些不同的伦理立场中，还是有共同的伦理直觉或伦理原则。对于许多环保立场来说，共同的伦理直觉是存在着某种与历史演化和生态过程相关的价值。对于许多伦理学家来说，产生于那些过程的演化和生态过程是具有道德重要性的。既然演化是一个开放的、无目的的随机过程，就应该给它加上一个无向量修正。沿着这一思路，克里考特（J. B. Callicott）指出，环境伦理学的价值中心就是在正常时空尺度上发生的演化和生态过程。更进一步说，环境伦理的直觉就是，自然因其自身而值得进行道德考量，其根据在于这样的事实，即生物群落是自然力量上百万年作用的产物，这些自然力量生成了具有生命支持能力、复杂性和多样性特征的系统。

这一伦理直觉在许多环境伦理学的文献中都有所述及。比如，阿尔多·利奥波德（Aldo Leopold）就认为，当一个行为倾向于保持生态群落的完整、稳定和美时，它就是正确的，否则就是错误的；霍尔姆斯·罗尔斯顿三世（Holmes Rolston Ⅲ）认为，系统的自然具有内在价值；罗伯特·埃里奥特（Robert Elliot）认为，我们之所以认为森林和河流有价值，部分地是因为它们代表了人类控制之外的世界，因为它们的存在独立于我们人类。这些表述都认为应该对非人类的产物和演化过程进行某种程度的道德考量。人们感觉到那些其生成独立于人类行为的自然各组成部分，都

①　Christopher J. Preston. The Promise and Threat of Nanotechnology：Can environmental Ethics Guide Us？[A]. Joachim Schummer, Davis Baird. *Nanotechnology Challenges：Implications for Philosophy, Ethics and Society* [C]. London：World Scientific Publishing Co. Pte. Ltd. 2006. 217 – 222.

具有某种价值。其他一些被环境主义者称之为"荒野"、"美"、"自发性"、"复杂性"和"生态完整"的价值，总是或直接或间接地与关于演化过程的伦理直觉相关联。对这一伦理直觉，有两点需要特别强调：（1）选择历史进化过程作为环境价值的基础，也就使每一个自然过程的产物具有与人类目的行为的产物不同的道德意义。保证自然产物道德意义的不是产物及其特征本身，而是它与产生它的自然历史过程的关系。在作为自然演化过程的产物的意义上，河谷和猩猩都具有自然价值，而不管它们一个或者另一个是否有知觉。（2）这一伦理直觉最大限度地排除了价值的人为因素。但是，这并不意味着否定人类在特定的情况下能对自然价值有所贡献；也不否认人类可以通过文化和艺术创造他们自己的内在价值的种类。这些作为演化伦理的标志类型，仅仅是表明了环保主义者具有一种强烈的直觉，即自然有其独立于人类的内在价值。在人类出现之前，自然早就是在按照自己的规律运行着。

尽管远离人类操作的自然在环境伦理学中具有重要的地位，但是这并不否定人类对自然进行操纵加工的价值。未经人类加工的自然的价值也不是绝对的。毕竟，每一个生物为了生存都必须对自然进行加工；而包括人在内的所有生物，在其对自然进行加工的每一时刻都必须遵从自然规律。因此，人类对非人类的自然的任何加工不可能都是错误的。这一取向实际上是要让那些试图对自然进行加工的人承担举证的责任，即由他们提供证明他们的加工无害于自然的证据，关于非人化的价值的伦理直觉恰恰为所需提供的无害证据给出了一个有用的参照。事实上，许多纳米技术的支持者都会对这种意义上的环境伦理产生共鸣，他们往往把纳米技术的潜在环境益处作为宣传亮点，比如污染的检测、有害废物的清除、能量使用的效率等。人们对这些环境益处的衡量，恰恰就是根据它们帮助保护所讨论的演化的和生态的价值的能力而进行。看起来，这一相同的环境直觉既存在于纳米技术的支持者头脑中，也存在于那些纳米技术的反对者头脑中。①

（三）环境伦理视角下的纳米技术伦理新问题

由于预想中的纳米产品涉及的领域非常广泛，因此，不可能对纳米技

---

①　Christopher J. Preston. The Promise and Threat of Nanotechnology: Can environmental Ethics Guide Us? [A]. Joachim Schummer, Davis Baird. *Nanotechnology Challenges: Implications for Philosophy, Ethics and Society* [C]. London: World Scientific Publishing Co. Pte. Ltd. 2006. 222 –226.

术做出简单的伦理判断。此外，难以区分纳米技术的科学事实与科学幻想，使与其相关的伦理问题变得更加复杂。为了便于处理这一领域的复杂问题，普雷斯顿提出，可以暂时将与纳米技术发展相关但又不是其特有的伦理问题搁置，主要考虑从纳米技术发展涌现出来的有代表性的新颖问题。在他看来，这类问题主要有四个：（1）全新种类的材料的生产；（2）失控的复制器问题；（3）纳米技术运用于人类增强的问题；（4）纳米技术满足人的所有物质需求的非凡能力问题。之所以选择这四个问题，理由有两点：一是这些问题引起了绝大多数关注纳米技术伦理问题的人的注意，二是从环保主义者的视角看，这些问题都是直接表达了对纳米技术的担忧。

　　无论是通过"自上而下"的方式，还是通过"自下而上"的方式，纳米技术都可以创造出以前从未在自然界中出现过的材料、结构和设备。对此，环保主义者表达了两方面的担忧：一是关于新物质种类伦理学的某种抽象的本体论关切，二是这些新物质的出现是否会影响生物和生态系统的正常功能。关于第一方面的担心，以 K. 李（Keekok Lee）为代表。K. 李认为，纳米技术给环境带来的威胁，使到目前为止的所有威胁都相形见绌，它不仅会使自然丧失"复杂性"、"完整性"之类的"第二价值"（secondary values），而且会根本丧失自然之为自然的本性，丧失其本体论地位，也就是丧失其"根本价值"（primary values），即"纳米技术能将生物和非生物都变成人工的，从而威胁到自然的本体论地位"。其理由在于：（1）历史演化过程的产物比人工物更具有价值，它们有其内在价值，当用人工物取代自然物时，也就意味着以某种价值较小的东西取代价值较大的东西，从而造成大量内在价值的丧失；（2）自然的内在价值的丧失，使人类处于伦理和心理的贫乏状态之中。K. 李认为，对自然物的系统的消除，会导致"自恋的文明"（narcissistic civilization），由纳米技术创造的"自恋的文明"将使作为"纯粹他者"（radical otherness）的自然不再能保持自身的存在。然而，我们对自己的恰当的意识，是密切地与他者（otherness）相关的，正是这种具有"本体论价值"（ontological value）的自然的独立性，有利于我们保持自己在地球上的恰当意识。

　　普雷斯顿对于 K. 李的上述观点提出了质疑。他认为，K. 李夸大了人工物代替自然物而造成的价值和意义的丧失。对于环保主义者来说，人工物和新的人工种类的生成本身并不成为禁止人工物的充足道德理由，否则合成化学每年产生的大约 90 万种化学新物质就应该受到比现在更加严厉的审查。总体上说，我们与人工物和新的人工种类相伴的生活相当良好。为了保护原始自然，有时我们还更乐于使用可回收塑料之类的人工物。总之，从自然内在价值的丧失和人类被越来越多的人工物所包围这一事实出发，并不能形成禁止纳米技术的伦理基础。即使纳米技术创造了越来越多的新人工物，如果它能确保更好地保护自然物，那么基于进化过程的价值的伦理学也不可能做出完全禁止纳米技术的要求。

普雷斯顿认为，倒是 ETC 关于暂缓纳米物质生产的讨论更具规范性力量。在他们看来，人类和其他生物一直生活在无大量纳米粒子的环境中，由于纳米粒子非天然的特征，大量暴露可能对人类健康、安全和环境具有潜在危险。而近来的研究表明，生物确实不能很好地适应有大量人工纳米粒子的环境。纳米材料对生物可以造成不同程度和不同种类的伤害。对此，有两个方面又必须引起特别关注：（1）对这些纳米新材料的健康、环境和安全影响的研究还很不够。作为一种新技术，推动其发展的幕后力量主要来自军事和商业领域，对健康和安全的研究常常被忽视。即使 NNI 的相关研究资助也很有限。（2）目前还根本没有针对这种介于宏观和微观之间的介观领域物质的管理机制。现有的管理机制都还是针对熟悉的宏观物质。在美国，碳纳米管和富勒烯还是当成石墨来对待。很显然，在人类历史上，总是不断有人工物出现，而且也不是所有新出现的人工物都对人体和环境有害，相反，只要在适当的条件下，一些人工物还有益于健康，比如复合维生素片。所以，仅仅因为纳米物质是新的种类就高估其危害，显然是没有充分理由的。其实，之所以强调要对纳米物质特别小心，主要是因为关于健康和环境的已有经验告诉我们，物质的尺寸是决定它对生态系统是否有害的相关因素之一。穿过天然屏障的呼吸、吸收、传播和传输都被证实是疾病和决定于尺寸大小的生物伤害的媒介，所以在纳米粒子的生物影响尚未得到充分认识之前，就将人和自然环境暴露于大量的纳米粒子中确实是引起担忧的一个重要原因。

普雷斯顿认为，必须对公众关于纳米技术的健康和环境方面的担心予以足够的重视。目前，纳米产品面临的情况与之前转基因生物在欧洲的处境很类似：缺乏对其健康与环境影响的科学认识；缺乏有效的管理体制；为了商业利益而不尊重公众的知情同意权。这些因素综合作用的结果，很有可能会激起公众对纳米技术的恐惧和敌视，使其发展遇到类似于对转基因生物那样的反对和阻碍。对此，欧盟环境署试图将曾经运用于化学工业的"预防原则"用于对纳米物质的管理，即没有足够的证据证明新物质对健康和环境无害之前，就不能批准进行商业化生产和进入市场（No data，No market）。鉴于纳米新物质的确存在健康和环境风险，对其采取某种形式的预防措施是恰当的，而重视进化过程的伦理直觉至少表明，应该由寻求引进新颖的纳米物质的人承担举证的责任，而不应该由那些反对它的人来承担，即"谁主张，谁举证"。[①]

德雷克斯勒于1986年首次提出了复制器失控的可能性问题，即"失控的复制器"（uncontrolled replicator）或者"灰色黏稠物"（grey goo）问题。失控的复制器和具有自我复制能力的人工生命体"绿色黏稠物"（Green goo）的无限复制，将造成全球性的生态吞噬。更为重要的是，纳米技术与其他技术相结合而带来的危险，将会远远超出目前我们所面对的危险。当然，也有人从科学上质疑复制器的可能性。但德雷克斯勒等人坚持认为，将复制器用于恐怖主义目的是无法排除的。对这一问题的伦理评价就是，作为一种威力强大的技术，纳米技术有可能会用作谋杀的手段，故它不应该落入罪恶之手。

太阳微系统公司（Sun Microsystems）的首席科学家比尔·乔伊（Bill Joy）从环境伦理的角度提出了更加有趣的道德问题。他认为，当GNR（Genetics，Nanotechnology，and Robotics）允许仅限于自然世界的复制和进化过程成为人类努力的领域时，它们也就跨越了道德的底线。如果自我运动的纳米机器能解决问题和复制自己，那么自然选择过程也就被改变了。如果复制机某个时候复制自己时出了差错，那这种不完善的复制体也一样能进化。让环境伦理学家特别担心的正是用人工制造的复制器模拟进化过程并把它释放到毫无准备的自然环境中去的人类企图，这样纳米机器所创造的"生物学"就能够直接干预历史的进化过程，而这一过程恰恰是环境伦理的根基。其实，为服务人类目的而修正进化过程的危险早已存在。因植物杂交和其他农业基因技术的使用而带来的生态问题有：生物群落的均质化、野生物种的灭绝、更加顽强的害虫、非本地动植物对本地生态系

---

① Christopher J. Preston. The Promise and Threat of Nanotechnology: Can environmental Ethics Guide Us? [A]. Joachim Schummer, Davis Baird. *Nanotechnology Challenges: Implications for Philosophy, Ethics and Society* [C]. London: World Scientific Publishing Co. Pte. Ltd. 2006. 226 – 234.

统的入侵等。不过，目前存在的这些问题与自我复制的纳米机器引起的问题相比，都显得无足轻重。自我复制的纳米装配器对进化过程的干预不同于此前其他人类干预的方面在于：（1）生物学的差异。由于农业生物技术产品与进化的自然产物在生物学上的相似，使它们遵从多重自然限制。比如农业生物技术产物仍然要服从自然的抑制和平衡机制，而具有自我复制能力的纳米技术非生物产物与自然进化的产物大相径庭，几乎不存在对它们的数量的自然抑制和平衡机制。（2）对全球生态干预的生态位问题（issue of ecological niche）。当人类将葛藤、斑马贝等引入非原生（non - native）环境时，由于在这些环境中缺乏相应的抑制机制，它们便超出其自己的生态位而大量繁殖，对生态环境造成严重破坏。同样，由于自我复制的纳米产物根本就没有自己的生态位，也就不存在对它的生态抑制机制，除了限制其能量供给之外，目前完全不清楚有何自然因素可以限制这些非生物纳米机器人的无限繁殖。（3）绝对数量上的差别。自我复制的纳米机器在短时间内可以产生数量惊人的个体，与之前通过动植物杂交技术获得的人工繁殖生物在数量上完全不同。由于纳米粒子极其细微，它们要在宏观层次上完成任务，必然需要大量的数量，所以，自我复制的纳米机器在数量的增长方面将会大得惊人。这三方面的特征使得解决问题的自我复制纳米机器人（problem - solving self - replicating nanobots）不仅利用生物而且还利用环境过程本身去服务于人类的目的，这就使其涉及完全不同的伦理层次。所以，不管"灰色黏稠物"景象在经验上是否会出现，环境伦理学家都有可靠的基础以反对制造纳米机器的任何企图。[①]

纳米技术在人类增强中的应用是环境伦理学关心的又一问题。人类增强并非只与纳米技术相关，医学伦理对这一问题已经有很深入的讨论。邱仁宗先生将近年来围绕人类增强的哲学和伦理争论概括为 8 个方面。[②] 在第一章中，我们也对纳米增强问题进行了讨论。此处主要从环境伦理的角度做进一步探讨。纳米技术在人类增强中的特殊之处在于，它很有可能在

---

① Christopher J. Preston. The Promise and Threat of Nanotechnology：Can environmental Ethics Guide Us? [A]. Joachim Schummer, Davis Baird. *Nanotechnology Challenges：Implications for Philosophy, Ethics and Society* [C]. London：World Scientific Publishing Co. Pte. Ltd. 2006. 234 - 237.

② 这些争论或伦理辩护包括：狂妄自大或扮演上帝角色论证、青春永驻或蔑视肉体论证、轻视人性或"足矣"论证、能力分隔或遗传分隔论证、民主威胁论证或"美妙世界"论证、非人化论证或 Frankenstein 论证、强迫幽灵论证或优生学战争论证、生存威胁或终结者论证。见邱仁宗：《人类增强的哲学和伦理学问题》，《哲学动态》2008 年第 2 期，第 33—39 页。

不远的将来能使已有的一些增强技术更加新颖和有效。由于它能制造不大于神经元的机器部件，从而使生物材料和非生物材料实现新的融合。典型的研究领域是 NBIC，它的追求目标是制造在许多方面优于现在人类的人机杂合体（human - machine hybrid or cyborg）。从重视历史进化过程的环境伦理直觉看，我们现有的基因和生物学遗产是值得保护的东西。我们的生物学遗产采取了特殊的形式，它是作为我们认为有价值的自然选择力之手精巧制作的结果而存在。生物的遗传物质也许比生物本身更应视作进化价值的载体，因为基因更具有代表性地包含了进化过程。正如罗尔斯顿三世所说，地球因 DNA 而获得了记忆。正是包含在 DNA 中的长久记忆，使表征生物获得了价值。因此，对于认同历史进化过程价值的人来说，对人类基因的任何改变都是有问题的。然而，这一主张与目前通常的医学实践和医学伦理并不一致。在实践中，体外受精和其他生殖技术使人们认为不必固守自然进化过程；心脏起搏器、视网膜移植等医学技术已经改变了遗传性的生物学特性；疫苗接种和复合维生素则证明我们对先天的生物学机制并不满意。医学伦理寻找限制对人体和人类基因进行操纵的理由并不十分成功。比如，治疗与增强之间的界限就总是模糊不清。假定已经给出了什么是伦理上可接受的东西，上面选择的环境伦理直觉也未显示出包含有完全禁止运用纳米技术进行人类增强的伦理基础。但是，这一环境伦理直觉仍然有助于我们讨论对人体和人类基因组的操纵，分辨什么程度是可以接受的，什么程度是不可以接受的。特别是一些狂热的纳米技术支持者所鼓吹的技术目的，即不仅要运用纳米技术增进人类的健康，而且还要根本改变人之为人的东西。正如超熵研究所（the Extropy Institute）所宣称的，"我们的目的是逐渐地但也是坚定地改变'作为人'的游戏的规则"。对这类有意把人类同其进化的和生态的过去历史割裂开来的意图，环境伦理学是坚决反对的。这种环境伦理直觉也反对对人之为人的意义的任何显著的改变。当然，与医学伦理面临增强与治疗的界限问题一样，环境伦理学本身也面临着在何种程度上人是自然人，何种操纵算是把人从进化的和生态的遗传中分离出来的不合意行为。①

---

　　① Christopher J. Preston. The Promise and Threat of Nanotechnology：Can environmental Ethics Guide Us?［A］. Joachim Schummer, Davis Baird. *Nanotechnology Challenges：Implications for Philosophy, Ethics and Society*［C］. London：World Scientific Publishing Co. Pte. Ltd. 2006. 238 - 242.

几乎所有新技术在发展之初都宣称能满足人的所有需求。但迄今为止的事实都表明，那不过是技术乐观主义者为向公众兜售其技术主张而制造的乌托邦而已，主要目的是获得对新技术的政治和经济支持。重视历史进化过程的环境伦理很容易识破这种论调。在它看来，对新技术未来的盲目乐观态度常常给人们带来巨大的误导。它很容易鼓励人们放松警惕，放弃其在环境方面的审慎行为。比如，未来廉价电力的承诺，就不鼓励人们现在节能；终结资源短缺的承诺只会促使人们对现有资源的大量挥霍；终结污染和清除所有有毒废物的承诺使人们不再担心现在多制造点污染。这些关于技术的极端乐观主义论调，只会危及清洁的水源、物种多样性等既有的环境价值观。由于物种灭绝之类的生态破坏往往难以恢复，有必要对纳米技术的乐观前景持谨慎的怀疑态度。

另一方面，由于纳米技术的希望与威胁是多种多样的，明智的选择是对它们进行逐例评估。实际上，利用纳米技术生产更好的污染探测器、制造强度大而质量轻的材料以及纳米机器人强大的染污处理能力，都有利于动植物栖息地的保护和恢复，从而使自然进化过程得以持续进行，这些有益于环境的承诺是环保主义者难以拒绝的。但是，在这些具体的案例中，必须对纳米技术的成本和收益进行计算，这种计算还必须严格分析与之相关的风险。然而，已往的事实证明，对新技术产品巨大商业利益的追求往往压制了对它进行足够的风险分析，常常将"无证据的风险"（no evidence of risk）与"无风险的证据"（evidence of no risk）混为一谈。由于纳米技术高尚的目的与其未知的生物和生态效应相伴随，很可能使其对一个问题的解决又带来一系列难以解决的其他新问题。如前所述，关于纳米技术的前景，既有乌托邦的美景，也有敌托邦的梦魇。对于重视历史进化过程的环境伦理来说，无论纳米技术允诺能给人类带来何种好处，保护现存自然多样性仍然是我们应尽的道德义务，即使对承诺能以最小的风险获得最大的环境利益的纳米技术行为，也应该持谨慎的态度。而对纳米技术的环境伦理考量，恰恰能在纳米技术高尚目的被扭曲之时发挥作用。①

---

① Christopher J. Preston. The Promise and Threat of Nanotechnology: Can environmental Ethics Guide Us? [A]. Joachim Schummer, Davis Baird. *Nanotechnology Challenges: Implications for Philosophy, Ethics and Society* [C]. London: World Scientific Publishing Co. Pte. Ltd. 2006. 242–245.

二 自然的价值与人的伦理责任

在前面的讨论中，我们已经注意到一些纳米材料可能会与生态系统的底层要素发生相互作用，比如杀死土壤中的细菌或者抑制其生长。土壤中的微生物是生态系统中的分解者，在整个生态系统中起着分解废物、净化环境的作用，保证了整个系统的物质和能量循环，对维持生态系统的平衡发挥着重要的作用。纳米技术与生物技术结合，可能进一步促进转基因技术发展，制造出新的物种，这些新物种会以何种方式与既有物种发生作用，对生态系统造成何种影响，目前对这些问题都还无法预知。但从转基因技术的生态安全性的有关讨论可知，将纳米技术应用于生物技术，与之相关的超级物种问题、基因污染问题、对非目标生物的伤害问题等一定会再次成为慎重考虑的议题。归根结底，这些问题实际上就是纳米技术与生物技术融合，会不会破坏生物多样性？会不会破坏生态平衡？会不会产生新的污染或者加重既有的污染？对这些问题的关心和相应的解决方式，与我们对自然价值的立场相关。此处不对环境伦理中的人类中心主义与非人类中心主义在自然价值问题上的分歧进行考察。只是从自然价值的内涵出发，论证在面对纳米技术的环境风险时，人必须承担的伦理责任。

自然界有没有价值？有什么样的价值？这是环境伦理的一个基本问题。按照余谋昌先生的理解，自然价值主要有两方面的含义：一是它对人和其他生命的生存所具有的意义，能满足人和其他生命存在和发展的需要；二是它自身的存在，保持地球基本过程的健全和发展。对应于这两种含义，可以把自然价值划分为外在价值和内在价值。[①] 外在价值实际上是自然的存在与发展对人的价值，若从人类中心主义的立场看，以人作为价值主体，则自然的外在价值就是对人的工具价值，自然的存在是人赖以生存和发展的基础，人对自然的责任，实际上是人对自己的责任。自然的内在价值是指自然本身作为一个自维持系统，它不以人的意志为转移，按照自己内在的规律发展和演化。非人类中心主义往往强调包括人在内的大自然在长期的历史深化过程中形成的自为价值。正像前面谈到的重视历史演化过程的环境伦理直觉所表明的那样，自然本身的价值与人无关，自然演

---

① 王玉平：《科学技术发展的伦理问题研究》，中国科学技术出版社 2008 年版，第 123—124 页。

化过程的产物比人工产物具有更大的价值。人作为自然的组成部分，整个自然系统的存在与发展是人的生存和发展的基础，但自然并不因为人的存在而存在。相反，人只有明确自己的生态位，处理好与其他子系统的关系，在保证整个自然系统良性运行的情况下，才能保证自己的生存和发展。也就是说，违背自然规律，破坏自然系统的稳定和平衡，也就是损坏自然的内在价值。自然的内在价值是工具价值的基础，破坏自然的内在价值，必然破坏自然的工具价值。无论如何，人对自然具有不可逃避的伦理责任。

多样性正是保持生态系统平衡的重要基础。"生物多样性是人类赖以生存的基础，人类的发展就是通过利用生物多样性的产品和效益与地球生命维持紧密的联系。"[①] 生物多样性包括植物、动物和微生物以及这些物种所携带的遗传资源。生物多样性是生物及其与环境形成的生态复合体以及与此相关的各种生态过程的总和。生命系统是一个等级系统，包括多个层次或水平——基因、细胞、组织、器官、种群、物种、群落、生态系统、景观。每一个层次都具有丰富的变化，即存在着多样性。研究较多的主要有遗传多样性、物种多样性、生态系统多样性。

遗传多样性，物种的遗传变异、生活史特点、种群动态及其遗传结构等决定或影响着一个物种与其他物种及其环境相互作用的方式。种内的多样性是一个物种适应自然环境的决定因素。种内的遗传变异程度也决定其进化的潜势。所有的遗传多样性都发生在分子水平。新的变异是突变的结果。自然界中存在的变异源于突变的积累，这些变异都经受过自然选择。一些中性突变通过随机过程整合到基因组中。上述过程形成了丰富的遗传多样性。

物种多样性是指一个区域内物种的多样化及其变化。物种是一级生物分类单元，代表一群形态上、生理、生化上与其他生物有明显区别的生物。通常这群生物之间可以交换遗传物质，产生可育后代。如果说遗传多样性损失常常是人们肉眼所不可见的。那么，物种绝灭是人们所能看见的，是引起人们警觉的现象。但是，由于物种数目繁多，许多物种在人们开展研究之前有可能绝灭。目前全球已经记录的生物为 141.3 万种。估计

①　王献溥、刘韶杰：《生物多样性保护与持续利用的有效途径》，《科学对社会的影响》2008 年第 4 期，第 17—22 页。

全世界生物总数在 200 万种至 1 亿种之间。

　　生态系统多样性。物种之间存在着相互作用，它们之间相互依存，形成一个功能整体，与生态环境一道称之为生态系统。在地球上不同的生态地理环境中，由于太阳辐射、降水、氧分压、蒸发强度等因素的差异，发育着不同的生态系统：如冻原、泰加林、落叶阔叶林、常绿阔叶林、热带雨林以及高山草原和荒漠等。这种物种集合的空间多样性称之为生态系统多样性。[①]

　　纳米技术的不当应用，对遗传多样性、物种多样性和生态多样性都可能造成破坏。自然是人的无机的身体，地球生态环境的相对稳定，是人类生存和发展的前提。就从"人类中心主义"的立场来说，人类利用自然也应该有一定的限度，"破坏性"使用不仅会损害当代人的生活质量和生命健康，也会把未来人类推向绝境。在我们不能确保会"比自然做得更好"之前，我们还是要谨慎行事。如果超越人类中心主义，从尊重自然的内在价值出发，就更应该尊重大自然这个自我维持系统，在利用其外在价值时，遵循其自身演化和发展的规律，实现内在价值与外在价值的有机统一。无论是对人类命运的终极关怀，还是对自然历史进化过程的重视，我们都不得不承担起对自然的道德责任。

三　环境利益与公正问题

　　面对纳米技术的环境风险，当我们从人与自然的关系回到人与人的关系时，公正问题就是首要的环境伦理问题。如上所述，由于纳米技术本身的复杂性、风险的不确定性，加上有限的科学证据，目前尚未形成关于纳米产品的有效监管标准和管理体系。受经济利益的驱动，某些群体必然会利用管理上的漏洞而滥用纳米技术，导致新的污染。对此，绿色和平组织早在 2003 年就发出了警告，他们认为，"必须避免这样一种局面，就是少数机构在利益驱动下开发某些纳米材料，没有进行足够的环境影响评估就进行商业化"。[②] 事实证明，以上警告和担心是有道理的。一些研究机构通过对纳米技术公司进行调查并对相关的纳米产品进行抽样检查后发现，比例较高的产品中含有污染物，当以这些纳米材料作原料进行下游产品的

---

① 蒋志刚：《生物多样性及其保护》，《科学对社会的影响》2008 年第 4 期，第 21—25 页。
② 胡永生：《特别关注—纳米技术：福分祸分》，《科技日报》2003 年 7 月 30 日。

生产时，会严重损害产品的质量。比如卢克斯研究咨询公司于 2004 年年底公布的一项调查结果表明，对一家半导体公司购买的碳纳米管的抽样检查发现，有近三分之一的样品中含有生产过程中遗留的铁质。而铁是生产半导体的工厂根本不允许存在的污染物。[①] 另外，包括大学实验室在内的一些研究机构在开展基础研究的同时，也在竞相开发一些面向市场的纳米材料，并以出售纳米材料为副业。这些机构生产的纳米材料同样存在质量问题，而且生产过程中产生的纳米废料处理也存在污染环境的风险。

　　以上这些事实说明，纳米污染并非遥远的事情，而是已经进入了我们的日常生活。一旦环境风险变为真实的污染，就涉及不同人群间的环境利益问题。环境正义原则是环境伦理的基本原则之一，其核心内容是如何协调不同群体之间的环境利益关系，它是在环境事务中体现出来的正义，包括分配的环境正义和参与的环境正义。分配的环境正义是指全体社会成员应当公平地参与公共环境利益的分配，共同承担发展经济所带来的环境风险与成本，同时，那些对环境造成了污染的个人或组织应当为治理环境提供必要的资金，并对因此受到伤害的人进行必要的补偿。简而言之，就是"谁污染，谁治理；谁伤害，谁赔偿"。参与的环境正义是指每个人都有权利直接或间接参与那些与环境有关的法律和政策的制定。即每个体或群体在环境问题上都有平等的"话语权"，其利益诉求都能得到充分关照。

　　从环境伦理的正义原则看，主要就是代内公正与代际公正两大问题。所谓代内公正，就是指当代人在利用自然资源，满足自身利益的过程中要体现机会平等，责任共担，合理补偿，即强调公正地享有地球，把大自然看成当代人共有的家园，平等地享有权利，公平地履行义务。[②] 代内公正问题所涉及的利益主体，既包括个体，也包括群体；既包括不同的国家，也包括同一国家内部的不同人群。就目前的情况看，无论是分配的正义还是参与的正义都没能得到很好的体现。一国内部的富有者和贫穷者之间、国际上发达国家与发展中国家之间在环境利益上的权利与义务并不对等，分享环境利益的机会也不公平。具体到纳米技术而言，在纳米产品的安全标准尚不存在、相关的监管措施不到位的情况下，少数掌握纳米技术的群

---

　　① Jim Giles, Growing Nanotech Trade Hit by Questions over Quality, Nature, 2004, （12）: 791.

　　② 王玉平:《科学技术发展的伦理问题研究》，中国科学技术出版社 2008 年版，第 127 页。

体追逐的可能还是自身利益的最大化，把相应的风险和伤害（环境成本）归由社会其他成员承担；在参与的正义方面，由于纳米技术还基本处于基础研究阶段，相关技术是渗透于各种传统产品之中，尚无明显的独立形态，公众对纳米技术和纳米产品还知之甚少，这种情况使公众特别是纳米技术相对落后国家的公众很难参与到纳米技术发展与分配的决策中去。此外，从以往的经验看，发达国家为了自身的环境利益，往往向发展中国家转移肮脏产业，甚至直接转运垃圾，由发展中国家为其发展承担环境代价。有人指出，当纳米技术突破集成电路的技术瓶颈，电子产品的更新周期会进一步缩短，电子垃圾的污染问题会越来越严惩。由于技术上的优势，发达国家更是可能将生产污染和垃圾污染都向发展中国家转移，而只享受技术的高附加值及高技术产品所带来的便利。

代际更替是人类持续发展的前提，后代人的生存和发展同样必须以一定的环境资源为基础，因此代际公正问题也是环境伦理中另一个重要问题。所谓代际公正，主要是指当代人与后代人公平地享有地球资源和生态环境，即要求当代人要对子孙后代负责，绝不能为了满足或者实现当代人的需要而断送后代人存在和发展的机会。当代人与后代人在环境资源上是不对等的，后代人不能选择而只能接受当代人对环境的影响，当代人对环境的破坏往往会让后代人承担代价。因此，当代人对环境的破坏行，为对后代人而言，既不公正，也不负责任。就纳米技术而言，由于其应用领域的广泛性和环境风险的巨大不确定性，它有可能会对我们现在生存于其间的环境造成不可想象的负面影响。再者，一些纳米材料目前的环境负效应可能还显现不出来，但是，一旦它们在环境中富集到一定程度，就可能突然爆发。而这些意料之外的后果，往往也只能由后代人来承担。因此，在纳米技术的运用中，如果我们不采取审慎的态度，那就是对后代人不负责任。

环境具有公共产品的性质，享有一个健康优美的环境是每个公民的基本权利。但在现实生活中，对环境资源的分配和消费是不公平的，尚未充分体现正义原则。要消除不同群体之间的环境利益冲突，必须以环境正义原则为基础，建立有效的环境利益协调机制，强化责任意识。在我们看来，人们之间的环境利益协调机制主要包括环境利益补偿机制和环境破坏预防机制。环境利益补偿机制是以环境正义原则为基础，要求环境资源的分配和消费体现公平性，不同主体的环境利益诉求能够得到充分尊重，权利和义务要对等，特别是在环境污染方面，要坚持"谁污染，谁治理；谁伤害，谁赔偿"的原则。这种补偿机制既针对环境本身，又针对受害的个体或人群。政府主导下的利益补偿机制在环境保护中的巨大作用。另一方面，在资源环境保护实践中，我们还应该采取"保护为主，处罚为辅"的方针，建立生态环境破坏预防机制。这不仅是因为生态恢复与污染治理成本比预防要高，更主要的是如果不加强预防，就难免对生态环境造成不可逆转的破坏。灾难性破坏一旦发生，处罚也于事无补。我们认为，基于正义原则而制定的环境利益协调机制，对自觉的环境保护者是一种利益保障机制，对环境破坏者则是一把高悬的"达摩克利斯"之剑，是一种强有力的监督惩戒机制。①

---

① 刘松涛：《人与自然关系的实践困境及其出路》，《北京大学学报（哲学社会科学版）》2006 年（S1），第 5—10 页。

第五章　纳米技术的社会风险与
伦理问题

　　作为可能引导下一次产业革命的新技术，纳米浪潮对个人和社会都会带来一系列深刻的影响。纳米技术在信息领域的广泛应用，可能会造成私人领域公开化，对保护个人隐私提出了严峻的挑战；不同利益群体在塑造纳米未来中的博弈、不同的经济基础和研发条件及现行的知识产权保护制度和财富分配方式的综合作用，可能造成类似"数字鸿沟"那样的"纳米鸿沟"；纳米技术带来的产业结构调整对不同国家和不同人群有不同的影响，对一些人可能是机遇，对另一些人可能是挑战；纳米教育为作为公民进入纳米时代的准备，教育机会这个起点直接影响着就业机会和财富分配方面的公正。以上这些问题会或直接或间接地对建设一个公正、和谐的社会（世界）目标带来挑战。

第一节　纳米信息技术的隐私风险与伦理问题

　　对隐私的尊重是社会文明的重要标志。在当今社会，隐私被视为公民最基本的人权，不少国家都将隐私权纳入法律保护的范围。隐私涉及人与人之间的信息交流。人们总是有与他人或者环境之间交流信息（包括产生、传播与接收）的愿望。随着技术的发展，信息交流正以令人惊奇的速度变化。今天，我们越来越被不断增长的信息所包围，它们涉及健康、金融和个人行为在内的方方面面。①一旦个人信息能被轻易获取，个人隐

---

　　① P. Chaudhari. Future Implications of Nanoscale Science and Technology: Wired Humans, Quantum Legos, and An Ocean of Information [A]. Mihail C. Roco, William Sims Bainbridge. *Societal Implications of Nanoscience and Nanotechnology* [C]. Dordrecht: Kluwer Academic Publishers, 2001. 93 – 97.

私就难以得到保证。

一　纳米信息技术的隐私风险

冷战和反恐战争中对想象的或者真实的"潜伏敌人"（enemy within）的搜寻，已经使西方公众习惯了政府在军事方面的高昂花销、鼓励邻里相互监视、调整政府监管部门、制定限制公民自由的法律、采用新技术加强对公民的"管理"等现实。在新世纪，"伦敦城中没有一条街道不处于闭路电视摄像头的监视之下。政治活动家和民权运动者交换使用遥远异地的移动电话和电话卡，因为他们知道政府当局能够并且确实在监听他们的通话，而且能知道通话者的准确位置"。① 虹膜识别软件即将标准化，现实生活就像好莱坞电影所描述的一样，每个人的位置都会被扫描装置监视，躲避监视识别的唯一方式就是安装假眼球。

跟踪与图像扫描的核心技术是目前广泛使用的射频识别（radio frequency identity，RFID）芯片。这种芯片包括一个小型集成电路和一个能接收和发射无线电信号的天线。射频识别也称电子标签，是一种非接触式的自动识别技术，它通过射频信号自动识别目标对象并获取相关数据。识别工作无须人工干预，可工作于恶劣环境；还可以识别高速运动物体，并能同时识别多个标签，操作快捷方便。使用射频识别技术，每一个物体都有其自身独特的识别标志。这一技术的进一步应用有两个挑战，一是自给能源和节能，二是价格。

纳米技术运用于电子信息技术，可以引起两个方面的显著变化：（1）纳米处理器和存储器会使计算机更小、更快、更便宜；（2）纳米技术可以制造更加微型化、灵敏度更高的传感器。由此可见，电子技术从微米尺度向亚微米和纳米尺度发展，必然会产生新的传感器和监视技术。事实上，不可见的证牌、集成电路、标签和可佩戴的电子产品已经通过各种途径进入了供应链、物流、商场等现实生活场所。当这些新技术与大型数据库、无线和移动通信设备（比如超宽带、蓝牙等）结合，并与计算机网络相联，无疑会使信息收集和处理能力发生不可想象的变化。

可以预期，纳米信息技术能极大地提高信息检测和监视能力，它可以

---

① Toby Shelley, *Nanotechnology: New Promises, New Dangers*, Nova Scotia: Fernwood Publishing Ltd, 2006, p. 102.

改善公众的生活质量。比如,将纳米传感器和微型计算机织入衣服或者安在家里,就可以监测老人的健康状况或者检查膳食平衡;可以更好地实现对整个产品链的控制,包括从原材料供应、生产、运输、销售、售后服务的全过程;能监测包装食品的品质变化,如有质变可以向消费者发出提示,从而有效在保护消费者的健康。

可是,纳米信息技术也可能会因其不当使用而加强对社会生活的控制和破坏,侵犯个人隐私,引起生活质量蜕化。低廉的价格决定了纳米信息产品使用的广泛性,使其不仅适用于政府安全部门,也适用于个人;微型化的特点则可以使其达到无孔不入的程度。国家安全部门利用纳米监听设备,其无形之手就可能触及个人、家庭和工作场所的种种细节。急剧增长的数据意味着相应的监管和存储急剧增长,技术上的瓶颈已经给国家安全机构带来了相当的麻烦。不过,由于纳米技术的运用,量子或者生物计算机会使安全部门在信息收集、存储和处理方面的技术限制一扫而光。不仅国家安全部门可以"合法"地使用这些设备,任何个人或者组织都可能"非法"地使用。人们有意或无意携带的各种证件、甚至项链信息都可能被远处的监视设备所读取,并把这些信息作为独特的识别标志,实现跟踪或者进一步收集个人信息的基础。还可以通过采集大数量人群信息,从中发现人群的某些属性,或者将共同的特征与特定的行为、倾向和偏好相匹配,从而服务于信息使用者的特殊目的。

现行的隐私管理制度并不十分奏效。在欧盟,政府监管部门能获得何种通信信息,完全由主权国家说了算。在英国,通信信息不必经过国家安全和预防犯罪的审查就能轻易得到。这样,涉及个人身份、地址、呼叫者和接听者的号码、呼叫时间和通话时间、通话位置、使用设备的类型等相关信息几乎是公开的。另外,通过获取信用卡交易记录、电话通话记录、调查结果,再加上从因特网上获取的海量信息,就可以实现对个人和团体的识别、分类和跟踪。无论这些信息收集行为是针对有严重犯罪可能性的嫌疑人还是针对所有人,这既涉及政治选择,也涉及对政府安全部门的管理和约束。由此可见,纳米信息技术的无限可能性加上管理的无效性,无论是"潜在敌人"还是普通公民的信息,都在"别人"(可能是政府安全部门、也可能是其他组织或个人)的掌控之中,个人生活没有任何秘密和隐私可言。总之,纳米信息技术预示着我们将面临这样的隐私处境:无形监视无处不在。

案例一：射频识别技术的使用情况及其公众态度

意大利品牌贝纳通（Benetton）计划在菲利普（Phillips）的帮助下，在其所生产的服饰中植入 RFID，结果遭到消费者的强烈抵制，使两家公司的声誉受到损坏。英国特斯科（Tesco）曾在商场里安装照相机，当顾客从货架上取吉列（Gillette）剃须刀时，就会自动照相，然后将相片添加到消费者数据库中，这一行为也引起了公众的激烈讨论。利用 RFID 生产的精确实时定位系统（Precise real-time location systems）已经进入商业化阶段，全世界已有不少医院使用它监视医疗设备和病人的位置与移动。美国食品与药品管理局已经批准为了医疗记录而在人体中植入芯片为合法行为。日本对学生进行皮下芯片植入，学校可以通过计算机跟踪学生出入学校的情况；墨西哥司法部 160 人接受了皮下芯片植入，以便发生绑架时便于找到他们；已经有成千上万美国宠物植入了芯片，以便它们逃走时找到它们。美国联邦政府已经试行在外国访问者的入境档案中使用射频识别卡，而美国数字应用公司的首席执行官则建议用 RFID 标识入境者并监视他们的行踪。①

案例二：2009 年央视"3·15 晚会"揭秘个人信息泄露

我们的个人信息到底是如何被人暗中频繁交易，流转到各种发送垃圾短信的公司和所谓的电话营销公司，成为他们牟取暴利的主要工具呢？央视"3·15 晚会"锁定个人信息安全，揭秘个人隐私被运营商出售或被人盗取后牟取暴利的链条。首先，是一些移动公司自己承接发送大量商业广告短信的业务，向基站覆盖区域内的移动用户发送短信，只要手机处于开通状态，就能收到这种垃圾短信；其次，是移动公司将自己掌握的客户信息卖给与自己有合作关系的广告公司，进行垃圾短信业务；最后，是一些专门收集个人信息（包括姓名、住址、电话、身份证号码、购物经历、

---

① Jeroen van den Hoven, Nanotechnology and Privacy: Instructive case of RFID, see Fritz Allhoff, Patrick Lin, James Moor, John Weckert. *Nanoethics*, Hoboken: John Weley & Sons, 2007, pp. 255 – 256.

车牌号、银行账号、股票交易记录）的公司和网站，仅花 100 元就能买到 1000 条各种各样的信息；

更有甚者，黑客通过木马程序窃取个人信息，使电脑成为"肉鸡"，会在毫不知情的情况下随意摆布受害者。①

中国社会科学院 3 月 2 日发布 2009 年"法治蓝皮书"。蓝皮书指出，随着信息处理和存储技术的不断发展，我国个人信息滥用问题日趋严重，社会对个人信息保护立法的需求越来越迫切。课题组通过调查，将我国个人信息滥用情况大致归纳为如下类别：一是过度收集个人信息；二是擅自披露个人信息；三是擅自提供个人信息；更为恶劣的还有非法买卖个人信息。受访者普遍感到，有关机构在处理个人信息过程中问题不少。例如不明确告知个人信息的用途；很多信息与所要办理的业务无相关性；有关机构超出原有的目的使用个人信息；有关机构的个人信息保管机制不健全，存在信息被泄露、篡改的可能等。这种情况在政府机关也相当数量地存在着。现行的各类规定一般仅限于禁止泄露个人信息，但是，个人信息主体在信息收集、保存、利用中的知情权、同意权、请求更正错误信息和删除不必要信息乃至获得救济的权利等，几乎都没有得到确认。②

二 纳米信息技术隐私风险的伦理反思

康乃尔大学（Cornell University）的布鲁斯·V. 卢恩斯坦（Bruce V. Lewenstein）设想了这样一个案例：假设任何人都能使用微型摄像头去记录进入某个商店的行人，使用面部识别软件去确认其身份，通过公用数据库查找他们的地址和个人信息，最后就能够基于该商店形成有针对性的销售宣传。他针对这一案例追问道：谁将控制获取信息的权利？对此，他又以基因领域对个人隐私的保护为例，提出了个人信息保密与获取中的权利与公平问题。为了保护个人医疗记录，制定了不少的法规。但是，在实践中这些法规并没能得到很好的执行。比如，这些法规不允许保险公司获取个人健康档案信息。然而，保险公司的商业模式的基本假定是，风险可以在不同人群间公平地识别和分配，如果公司不能获得相关的健康信息，无疑就会增大公司的经营风险，那么这样的规定对保险公司的投资者公平

① http：//www. chinanews. com. cn/cj/xfsh/news/2009/03－16/1602452. shtml
② http：//news. 163. com/09/0309/06/53UP7ACI0001124J. html

吗？当遇到政府、个人、公司和其他群体间的利益冲突时，应该如何裁决呢？① 卢恩斯坦的案例和追问就涉及与信息相关的隐私保护问题。

数据保护法规对处理个人信息的限制做出了具体的界定，它们在OECD 的数据保护规则（1980 年）中被清楚地表述为八条基本规则，其主旨是知情同意（informed consent）。② 同样，知情同意也是欧洲数据保护法（1995 年）的道德核心。在个人数据上贯彻知情同意，就是在处理个人信息前，必须获得信息主体的知情同意——被告知，主体有机会修正有误的信息，信息的使用仅限于收集信息的目的，信息处理者必须保证根据法律准确、完整、安全地处理信息。

荷兰代尔夫特理工大学伦理学教授杰诺恩·范·登·霍文（Jeroen van den Hoven）认为，信息隐私之所以重要，是因为"我们想阻止别人利用与我们相关的信息来伤害我们、冤枉我们，或者我们想得到公平的对待、平等的机会，不想被歧视等"。据此，他从以下几个方面对纳米信息技术背景下信息隐私的重要性进行了论证。③

（一）信息伤害

信息伤害（information – based harm）是指利用人们的个人信息对信息主体造成的特定伤害。犯罪分子通过数据库和互联网获取受害人的信息并准备和筹划犯罪行为。比如，与"身份盗窃"（identity theft）有关的最重要的道德问题，就是被盗人存在经济和人身方面的风险。一旦"窃贼"进入个人账户，个人的信用记录就可能遭到不可恢复的破坏，从而在将来失去享受经济收益和服务的机会。跟踪者和绑架者可以利用互联网和在线数据库跟踪其受害者。同样，RFID 信息也可以被破译从而造成身份失窃。如果犯罪分子没有这些信息资源，他们就不可能实施其犯罪行为。这也成

---

① Bruce V. Lewenstein, What Count as a "Social and Ethical Issue" in Nanotechnology, Joachim Schummer, Davis Baird. *Nanotechnology Challenges: Implications for Philosophy, Ethics and Society*, London: World Scientific Publishing Co. Pte. Ltd., 2006, p. 208.

② OECD 确定的 8 条基本原则是：收集限制原则（collection limitation principle）、数据质量原则（data quality principle）、目的特定原则（purpose specification principle）、使用限制原则（the use limitation principle）、安全保证原则（security safeguard principle）、公开原则（openness principle）、个人参与原则（individual participation principle）、负责任原则（accountability principle）。

③ Jeroen van den Hoven. Nanotechnology and Privacy: Instructive case of RFID, Fritz Allhoff, Patrick Lin, James Moor, John Weckert. *Nanoethics: The Ethical And Social Implications of Nanotechnology*, Hoboken: John Weley & Sons, 2007, pp. 256 – 265.

为政府限制公民个人自由和获取信息的最强有力的理由。必须对引起、威胁引起或者可能引起他人信息伤害的人进行限制。保护公民的信息，而不是任其处于公开状态，可以消除引起信息伤害的可能性，就像对枪支的管制会消除街头枪击的可能性一样。

但是，基于信息保护的信息管制与对公民自由的限制之间的冲突总是存在着，政府对公民信息管理的界限是什么？管制到什么程度？哪些人是被重点管制的对象？这些问题无论在理论上还是在实践中都存在争论。

（二）信息平等

信息平等（informational equality）是为个人隐私保护辩护的另一个理由。越来越多的人已经亲身体会到个人数据交换市场所带来的好处。而顾客也已经意识到当他们到柜台去买东西时，同时也在出卖某种东西，这种东西就是关于他们购买和交易的信息。类似地，当我们通过网络或者传感技术分享我们的信息时，我们随后得"支付"更多的信息。许多隐私问题都是或者将会通过"回报"实践和关于个人数据的使用和再使用的私人合同得到解决。虽然关于个人数据交易的市场机制已经在全球范围内发生作用，但并非所有的个体消费者都意识到其中蕴含的经济机会，即使他们意识到了，他们也并不总是在透明和公平的市场环境中进行交易。而且，当他们同意或者签字同意被监视时，他们也并不总是知道那对他们意味着什么。相关的数据保护法可以帮助形成公平和平等的个人数据交易市场，消费者通过要求公开、透明、参与等方式对个人信息提供保护。

交易双方看似平等，事实上二者在信息处理上是不对称的。一般来说，信息的收集者、处理者和使用者往往处于强势一极，个人则处于相当弱势的地位。在实践中，当个人需要某种服务时，政府部门、医院、学校、银行甚至商场都会要求个人提供相当详细的信息，而这些住处如何处置，个人往往是不得而知的。更不用说一旦监管不严，个人信息四处泄露。

（三）信息不公

防止信息不公（informational injustice）是对个人信息保护进行辩护的第三个道德理由。迈克尔·瓦尔塞尔（Michael Walzer）认为，特别引起我们不公正感的有三个方面：（1）属于领域 A 的商品，其分配方案不是按领域 A 的分配逻辑制订，却与领域 B 相关；（2）商品在两个不同领域间转移；（3）一些商品支配另一些商品。为了避免不公正的分配，必须在两个不同的领域间贯彻"分离艺术"（art of separation）和"阻断交易"（blocked exchanges）。霍文将瓦尔塞尔的观点用于对信息不公的分析。他指出，信息的意义和价值是局域性的，信息分配方案和分配获取信息的机会的局域性实践应该与其局域性意义和特定领域相联。许多人不会反对为医学目的而利用他们的个人医疗数据，只要他们能绝对确认这样做的唯一目的是治病救人，而不管这些医学目的是否与其本人、家族、甚至社区或者世界其他人有直接的关系。但是，他们确实会反对因这些数据的使用而损害他们的社会经济地位、遭受工作歧视、被商业服务拒绝，或者失去其他种种利益和机会。再比如，读者不会介意图书馆利用他们的借阅信息来为他或者其他读者提供更优质的借阅服务，可是，如果这些信息被用于批评他们的阅读口味，他们就会在意；即使他们从这些被"交叉污染"的信息中获益，他们也同样会反对，比如一个图书馆员根据某个读者的医疗记录和胆固醇值，建议他（她）借阅一本关于低脂饮食的书；或者一位医生根据一个人在公共图书馆借阅了艾滋病方面的图书，就向他（她）询问艾滋病方面的问题。

据此，我们可以推出"信息不公"就是不尊重特定信息的特定边界，对信息进行跨边界的使用，而对隐私的侵犯常常被理解为个人信息（数据）在不同获取领域间的不道德的转移和使用。同样，射频识别芯片也允许较大范围的信息收集和处理，没有尊重不同信息获取领域之间的边界区分，因而这一技术有违信息公正。

（四）尊重道德自主和道德身份

尊重道德自主和道德身份（respect for moral autonomy and identity）是为保护隐私进行辩护的第四个理由。所谓道德自主就是道德主体在不受外界（他人或社会）干扰的情况下形成自己的道德选择和道德评价，是自己道德生活和道德实践的决定者和实践者。隐私可以保护道德主体作为道德人在不受规范压力的情况下自主地进行自我定义（self‐definition）、自我表现（self‐presentation）、自我完善（self‐improvement）等道德活动。关于某些个人的信息，无论是否完全准确，都会促使他人形成关于该个体的信念和判断。当这些个体了解或怀疑形成了关于他（她）的信念和判断，就会引起他们自我观念的变化，他们的行为和思想也会发生相应的变化。他们会防止自我决定的行为和选择，而把自己降格为自我表现者（当然是表现别人根据其信息加给他的角色），如果他表现失败，就会产生羞耻感。由别人的判断而形成的个人道德身份的固化，恰恰是个体道德自主性的障碍。反之，只有保护个人信息，才能防止由他人形成关于个体的固化的道德身份，才能保证道德主体的自主性。

对人的尊重关涉对个体的道德身份确认（moral identification）。只有道德主体本身才真正知道和了解他自己。我们关于他人的实际知识都是描述性的知识。无论我们关于他人的文件多么详细，我们都不可能像信息主体（the data subject）那样了解他自己，而可能只是接近他的自我理解而已。也就是说，根据信息而形成的身份"标签"，很可能只是对主体的表面看法。对信息主体的道德认同，要求我们尽量从他（她）的角度去观察世界，从而获得关于信息主体的知识，并关注主体所过的那种生活对他（她）来说意味着什么。由此可见，根据信息对信息主体的认识，因为无法做到设身处地而不能与主体对自身的认识相一致，所以缺乏对主体的尊重。尊重个人隐私，就表明承认这样的事实，即我们对信息主体的认识，不可能真正达到与他们对自己的认识相一致。

与纳米技术相关的隐私问题的核心是监视无处不在，我们不知道我们是否被监视和被跟踪。当我们面对这种不确定性时，即使在我们没被监视时，我们也可能会错误地以为我们被监视，所以，无论我们是否被监视，监视是秘密进行还是公开进行的，都会使我们的自主性受到影响。因而，纳米技术带来的无处不在的不可见监视手段，将会改变我们作为一个自我表现者的概念，在这种技术体系中，自我表现的概念和与之相连的自主形式都会消失，利用文件和数据库不可能道德地确认一个个体。只有当公民能确信那些处理他们信息的人以一种道德的态度对待他们，并且对他们的道德确认的关切真正仅次于其他形式的识别，无处不在的秘密监视才可能被视为可接受的。

在现代社会中，不可能不收集公民个人信息。然而，如下这些问题始终是必须严肃追问的：谁有权收集公民的个人信息？这些收集者处于何种制约之下？他们对公民信息承担着怎样的义务和责任？收集公民个人信息的目的是什么？当公民处于信息收集或者监视状态下，他们是否知情？收集行为是否得到了他们的同意或者授权？当纳米信息技术使得信息收集更为隐蔽时，公众的知情同意权是否能够得到实质性保护？特别是纳米技术将为我们提供越来越多新的传感器类型，能随意地使原位信息储存于局部和临时的数据库之中，这些新型信息处理方式的出现，要求对隐私的保护从侧重于个人数据的收集和处理环节（即数据保护），转变到侧重于信息手段设计的制约，即"在一个应用纳米技术的世界里，个人隐私将越来越与纳米制品的信息处理性能和环绕人们的智能专门设计材料的信息传导性相联系"。"对数据和信息的控制可能不再是坚守其隐私的人们唯一和最重要的目标；对嵌入产品的数据小装置（data gadget）控制，及形塑它们的设计，对主体而言可能变得同样重要。"[①]至少要求纳米信息产品能主动提醒被监视者，他（她）已经处于被监视状态之下。

第二节　纳米鸿沟的可能性与伦理反思

不少国家都把纳米技术作为带动经济增长的"引擎"，它有望引导下一次产业革命，给社会带来巨大的经济利益。发展经济的根本目的，是让人获得最大的自由，对自由和平等的追求，是人类社会永恒的价值目标。人们在经济上是否能够享有平等的权利，直接反映了社会是否公正。可是，历史经验告诉我们，新技术带来的利益，往往不是让人均等受益，而是在不断地证明"马太效应"的普遍性。在这方面，"数字鸿沟"可能会给我们思考纳米技术的相关问题提供有益的帮助。

一　数字鸿沟的启示

以互联网为代表的信息通信技术（Information Communication Technology, ICT）的革命性变革，带来了一场经济革命，也引起了社会的深刻变化。"数字技术的高度发展和广泛应用，在给全人类带来福祉的同时，也带来了新的不平等和新的社会分化，此即所谓'数字鸿沟'（digital divide）。"[②] ICT 在全球范围内呈现出一种极不平衡的扩张态势。以美国为首的多数发达国家，在 ICT 的研发和商业化中走在世界前列，成为信息强国，迅速地实现了信息化和网络化。相反，大多数国家和地区却被边缘化或隔离化了。更重要的是，不仅在发达国家和发展中国家之间存在这种数字化水平差距，在各个国家内部不同的地区和人群中也都普遍存在这种不

---

① 尤瑞恩·范登·霍文、彼得·埃·弗马斯：《纳米技术与隐私：有关全景敞视监狱外的持续监视》，赵迎欢、高健、杨雪娇译，《武汉科技大学学报》（社会科学版）2012 年第 1 期，第 1—8 页。

② 曹荣湘选编：《解读数字鸿沟》，上海三联书店 2003 年版，第 2 页。

平衡状态。①

　　每项新技术的产生和商业化，都会给社会带来新的问题，这几乎已是人类社会与技术之间关系的一种惯例。联合国教科文组织早在 1980 年的报告中就对与数字鸿沟类似的问题表示了关注，探讨了计算机的广泛应用是否会引发社会不平等的扩大和深化；1984 年，世界电信发展委员会的报告声称，发展中国家电信基础设施的缺乏将阻碍其经济发展；1990 年，未来学家 A. 托夫勒（A. Toffler）在其《权力的转移》一书中提出了"电子鸿沟"（electronic gap）的概念，并将其描述为"信息和电子技术方面的鸿沟"；马克（Markle）基金会的前总裁劳埃德·莫里塞特（Lioyd Morrisett）针对不同的社会群体在个人计算机占有率上的差异，提出了信息富人（information haves）和信息穷人（information have–nots）的概念。

　　目前，比较一致的看法是，美国对国内不同人群之间使用互联网的差距（即在网络中落伍，Falling Through the Net）进行的统计研究及其系列报告，引起了公众对数字鸿沟的广泛关注。该研究主要从技术的角度，将美国国内的数字鸿沟理解为信息富有者与信息贫穷者之间的两极分化趋势，认为数字鸿沟已经成为美国国内主要的经济和公民权问题之一，必须予以高度重视。此外，报告还进一步认为，两极分化的后果将会使发达国家与发展中国家之间，国家内部、区域之间以及不同人群之间产生事实上的不平等。2001 年，经合组织发表了《理解数字鸿沟》的研究报告，该报告超越了技术本身的视角，强调人们在使用数字技术能力上的差异，认为数字鸿沟是不同社会经济水平的个人、家庭、企业和地区在接触 ICT 和利用互联网各种活动的机会的差异。②至此，对数字鸿沟的研究逐渐从技术应用层面转向人文解读。这些研究主要包括以下内容：

　　（一）数字鸿沟的表现形式

　　尽管对数字鸿沟的存在有争议，但较普遍的看法是数字鸿沟的确存在，其表现形式主要有六个方面：（1）国际鸿沟。这是讨论最多、最受关注、最令人担忧的一种表现形式。研究者通过区域间的统计比较发现：各地区之间在网络接入和应用方面的差距非常惊人；这种差距的分布与

---

　　①　刘芸：《国际数字鸿沟问题解决方案—基于经济学角度的研究》，经济管理出版社 2007 年版，第 2 页。

　　②　同上书，第 7—8 页。

"南北"、"东西"的传统差距分布极为相似，2001 年美国拥有个人电脑的比例为 61%，而南亚为 0.5%；极端的例子是美国的比例是埃塞俄比亚的 550 倍。①在增长趋势上，呈现出"马太效应"，即越是上网基数多的地区，增加的人数越多，具体地说，欧美、加拿大和亚太地区增加较快，而拉美、非洲和中东地区增长极慢。（2）种族鸿沟。这方面的讨论主要集中在美国，主要指白人和其他肤色人种之间在信息产品和服务上的鸿沟，特别是白人与黑人之间的差异。总体上说，教育水平较低是限制使用计算机和网络的主要因素。（3）语言鸿沟。主要是指在网络上使用英语和使用其他语言的差距，以及由这种差距带来的阅读、理解、交流、电子商务方面的障碍。在网络空间，参与者、裁判者和游戏规则都是美国化的，英语和北美文化是网络空间的统治者。有学者认为，以是否懂英语为标准，将世界人口一分为二，语言鸿沟可能使非英语使用者沦为低一等的网民。（4）性别鸿沟。全球互联网用户中，女性比男性少得多，这种情况在发展中国家更加突出。（5）代际鸿沟。主要是指老一代人未能及时跟上信息技术的发展，老年人上网的人数远远低于年轻人。（6）地域鸿沟。主要指不同地域、城乡、大城市和小城市之间在数字化程度方面存在的差距。②

（二）对待数字鸿沟的态度

目前，对待数字鸿沟的态度大致有四种：（1）否定论。一些发展中国家和媒体对研究数字鸿沟的必要性提出了质疑。一些最不发达国家和地区认为，以美国为首的发达国家强调数字鸿沟，实际上是在逃避对世界贫困问题的责任，发达国家应该首先关注贫困国家的基本温饱和医疗卫生等事关生存的基本问题。（2）乐观论。认为数字鸿沟是新技术发展过程中的一种临时性正常现象，数字鸿沟将随着新技术的成熟和自然扩散而自然消失，政府不需要任何干预。因此，数字鸿沟根本不是什么不可跨越的危机。（3）悲观论。对技术进步的后果持怀疑态度，认为数字鸿沟将产生数字帝国主义和新的技术殖民，数字鸿沟中的马太效应会随着时间的推移而愈加突出，发展中国家无法跨越数字鸿沟。（4）理性论。承认数字鸿

---

① Toby Shelley. *Nanotechnology*：*New Promises*，*New Dangers*［M］. Nova Scotia：Fernwood Publishing Ltd. 2006. 110.

② 曹荣湘选编：《解读数字鸿沟》，上海三联书店 2003 年版，第 4—8 页。

沟的客观存在，通过定量和定性研究，对数字鸿沟的现状和变化趋势进行描述，分析它对社会公平、经济发展和消除贫困的意义，探讨数字鸿沟的成因和影响因素，寻求缩小数字鸿沟的对策。①

（三）关于数字鸿沟的理论解释和反思

从目前的主导潮流看，学术界主要关注的是"国际鸿沟"，把数字鸿沟与传统的帝国主义论、依附理论、发展学等联系起来，提出了"数字帝国主义"、"文化帝国主义"、"技术殖民主义"、"新世界体系论"等理论观点来解释数字鸿沟的产生及其影响。比如，普林斯顿大学的埃斯特·哈吉泰（Eszter Hargittai）就根据葛兰西的霸权理论和沃勒斯坦的世界体系理论，认为一种文化的较高代表性能主宰网络信息朝着向自己有利的方向发展。格兰诺维特（Granovetter）则根据他提出的"弱联系力量"理论，认为新技术扩散的不平衡性能通过不均衡的信息分布来影响一个国家的发展水平。一国的互联网接入水平取决于本国在世界体系中的综合地位、发展水平、财政与技术资源以及本国的文化。互联网可以帮助那些没有实现联接的国家复兴。但是，如果一个不能独立的国家与其他国家联上网络，就可能增加它的依附性，它将更加不能摆脱从属地位。网络带来的优势决定了国家在链接上的利益，它能够为那些拥有网络的国家提供更多的资源。网络可以扩散霸权的知识与文化，而不断增长的网络扩散无疑加强了西方霸权的扩张。因此，网络也就成了西方文化与意识形态向发展中国家扩张的一种工具，数字鸿沟最终将导致"数字帝国主义"，实现发达国家对发展中国家的技术殖民。英国爱丁堡大学的阿方索·莫利纳则把数字鸿沟理解为不断加深的相对贫困与社会排斥问题内在固有的因素和后果。还有不少学者认为，从本性上说，互联网具有不正常的种族歧视和阶层偏见，除非有重大改观，数字鸿沟将继续剥夺边缘群体的某些生存权利。

综上所述，ICT所引起的数字鸿沟确实存在。对数字鸿沟的种种表现形式和理论解释表明，经济基础、文化水平和教育程度的差异，使不同国家、地区和人群在新技术机会的获取和利益的分配方面存在着明显的差异，新技术在使用过程中不仅会（甚至必然会）加深一些既有的不平等

---

① 刘芸：《国际数字鸿沟问题解决方案—基于经济学角度的研究》，经济管理出版社2007年版，第20—21页。

现象，而且还可能带来一些新的不平等。由此可见，数字鸿沟凸显了新技术应用过程中引起的社会公正问题，这也正是伦理学的核心问题。其实，新技术引起的社会公正问题在转基因技术的研究与使用过程中也存在着，并且技术利益分配上的冲突（生物技术中不同的利益主体主要包括转基因技术开发企业、农场主、政府、消费者）也导致了转基因农作物和转基因食品市场化过程中的尴尬处境。纳米技术作为具有跨学科、综合性的支撑技术，在四大会聚技术中具有基础性的作用，它的进一步发展，可能也不得不面对"纳米鸿沟"之类的问题。从数字鸿沟到纳米鸿沟，托比·谢利（Toby Shelley）的观点颇有说服力，他认为："数字鸿沟只是更宽泛的技术鸿沟的一个象征而已，这些鸿沟还反映在通过新兴技术获取电力、基本医疗等方面的益处的差距，对纳米技术而言也不会例外。"[①]

二 纳米鸿沟的可能性

如上所述，纳米技术作为四大会聚技术的基础，它的突破有望引导下一场产业革命。各个国家和地区不同的经济实力和技术基础，决定了它们在纳米技术发展过程中存在着明显的起点差距；现有的知识产权保护制度和财富分配制度可能会放大起点差距。这些因素综合作用的结果，很有可能会在国际上形成类似于"数字鸿沟"那样的"纳米鸿沟"。

（一）纳米技术发展过程中的起点差距

杰弗瑞·洪特和迈克尔·D. 米塔在概述众多研究者关于纳米技术区域发展（Regional Development）情况的研究成果时认为，"世界上凡是有足够物质和经济资源的地区都在投资纳米技术，这些投资领域包括研究与开发、应用、研讨会、广告和公共关系、新的基础设施、机构和网络、商业化和教育改革。与此同时，诸如比较贫穷的非洲、亚洲和拉丁美洲部分地区，就只能靠边站了"。[②] 在导论中，我们已经对世界纳米科技发展的概况作了较了详细的论述。在此，我们仅从发展战略、资金投入、成果产出、产业化等方面再作些分析和比较。

在发展战略层面，世界上已经有 50 多个国家制订了国家级的纳米技

---

① Toby Shelley. *Nanotechnology*: *New Promises*, *New Dangers* [M]. Nova Scotia: Fernwood Publishing Ltd. 2006. 110.

② Geoffrey Hunt, Michael D. Mehta. *Nanotechnology*: *Risk*, *Ethics and Law* [C]. London: Earthscan, 2006. 4.

术计划，美国早在 2000 年就率先制订了国家级纳米技术计划（NNI），2003 年 11 月还通过了《21 世纪纳米技术研究开发法案》；日本政府将纳米技术作为第二期科学技术基本计划的四大重点之一，视其为日本经济复兴的关键；欧盟在其第六个框架计划（2002—2007）中将纳米技术作为最优先发展的领域，并且欧盟多数成员国还制订了自己的纳米技术研发计划；韩国、中国台湾等新兴工业化经济体也纷纷制定纳米科技发展战略；中国政府在 2001 年 7 月发布了《国家纳米科技发展纲要》。《纲要》指出，纳米科技已经成为国际高技术竞争的热点之一，明确要占领科技制高点。并先后建立了国家纳米科技指导协调委员会、国家纳米科学中心和纳米技术专门委员会。2006 年正式颁布的《国家中长期科学和技术发展规划纲要（2006 - 2020）》将纳米研究列为四项重大科学研究计划之一。①

在研发资金投入方面，据欧盟 2004 年的一份报告称，世界公共投资从 1997 年的 4 亿欧元增加到当年的 30 亿欧元，私人资金估计约为 20 亿欧元，故全球对纳米技术研发的年投资达到 50 亿欧元。其中，美国公共财政对纳米投资最多，2000 年为 2.2 亿美元，2003 年为 7.5 亿美元，2005 年为 9.82 亿美元，2005—2008 财年联邦政府的投入为 37 亿美元左右，这一数目不包括国防部和其他部门用于纳米技术研发的经费。日本在纳米研发资金投入方面仅次于美国，2001 年的投入为 4 亿美元，2003 年达 8 亿美元，且年均增长率达 20% 以上；欧盟在其第六个框架计划中规定，年均纳米投资约为 7.5—9.15 亿美元，若加上欧盟各国自己的投入，总计可能 2 倍于美国。按纳米科技人均公共支出算，欧盟 25 国为 2.4 欧元，美国为 3.7 欧元，日本为 6.2 欧元；从增长率看，美国和日本要快于欧盟。就 2004 年私营机构的纳米投资看，美国约占全球该领域的 46%，亚洲占 36%，欧盟占 17%。②

从已经取得的研究成果看，在科技论文方面，美国有一定的优势，约占论文总数的 30%，紧随其后的是日本、中国、德国和法国，这 5 国实际是上纳米研究最活跃的国家，也是纳米研究实力最强的国家；除此之外，英国、俄罗斯、意大利、韩国和西班牙等国发表的论文也较多，是纳

---

① 参见任红轩、鄢国平《纳米科技发展宏观战略》，化学工业出版社 2008 年版，第 55—57 页。

② 不同资料对不同地区和国家资金投入的统计有出入，但这种出入对发展差异的比较和分析结果影响不大。

米研究较为活跃的国家。而在申请纳米技术发明专利方面，美国遥遥领先，其次是日本和德国。这说明不少国家和地区的纳米科技研究能力和水平与研究成果实用化能力之间还有很大的不一致。多数国家还处于基础研究阶段，而实用化能力还比较弱。[①]

　　另外，还值得一提的是，一些发达国家的政府和企业对发展纳米技术的态度十分坚决，看起来纳米技术的研发及其产业化趋势锐不可当。下面以日本和美国为例，进一步阐明这一观点。日本可以说是纳米技术的发源地，很多重要的纳米技术新概念都是日本人首先提出来的，在材料科学、电子学和投资方面日本都有举足轻重的地位，日本是第一个使碳纳米管引起世人关注的国家。无论是公司的实验室还是资源丰富的国立研究机构，推进创新的速度都非常快。日本大企业对发展纳米技术非常有信心。早在2000年，日本商业联盟就提出了"'N‒计划21'：纳米技术塑造的未来社会"宣言；2003—2004年，纳米领域的研发投入中有73%来自私人领域。同时，日本政府对纳米技术也十分支持，它在2001年就将纳米技术和材料科学列为其优先发展的四个领域之一。其资金投入无论按单位资本还是按占GDP的比例，都高于美国和欧盟；在纳米教育方面的投资也持续增长，从事纳米研发的科技人员的比例高于美国。对纳米技术风险的关注，日本比美国和欧洲都要晚，到2005年，才由国立高级工业科学技术研究所（AIST）在东京组织了第一次关于纳米技术社会影响的论坛，尽管一些与会代表提出应在纳米技术发展初期就必须认真考虑其风险与收益之间的平衡之道，但另一些代表则认为"预防原则"只是一个教条，不必太在意像加拿大的ETC（该组织呼吁中止纳米技术的发展）那样的NGO的意见。AIST还帮助促成了工商业界在发展纳米技术方面开展合作的网络。

　　毫无疑问，就投资、专利、基础研究和军事应用方面而言，美国是纳米技术商业化的领头羊。与日本一样，美国公众对科学和技术有极大的热情，绝大多数投资和商业化都能得到支持。2005年的一项调查表明：有50%的美国人认为纳米技术会给生活带来改善，而欧洲只有29%的人持这种观点；有35%的美国人说不知道纳米技术将会带来什么，持这一观

---

　　① 编辑部转载：《世界纳米科技发展态势和特点》，《全球科技经济瞭望》2005年第9期，第31—33页。

点的欧洲人则为53%。总起来说，美国人比欧洲人对新兴技术的态度更正面，相信技术进步能带来好处，而且并不一定会给自然造成威胁。① 美国也是官方关注纳米技术社会影响的第一个国家。鉴于转基因技术的教训，美国意识到纳米技术会像生物技术一样带来很多潜在的伤害和可能的反对，所以在NNI建立之初，就把它的社会影响的研究包括在内。但是，美国对纳米技术社会影响的关注，并非是要寻找一条技术的谨慎之道（相对于欧洲的"预防原则"而言），主要目的是提高公众对纳米技术的接受程度，消除其商业化的障碍。对美国来说，确保在纳米技术研究和应用中处于支配地位，则是其重要的国家目标。

与经济实力和技术基础相关的是技术决策。由于纳米技术研究更多地是一种未来愿景导向（guided by the vision of the future）的研发活动。由于人们对纳米技术及纳米产品的认识才刚刚起步，对纳米技术的未来发展前景主要还是建立在推测基础之上。所以，无论是政府还是私人部门对纳米技术的重点投入，主要是基于激烈竞争的一种反应性策略，主要目的是抢占先机，不失去发展的优势，而非一种稳操胜算的必然选择。从这种意义上说，竞争中的应对性策略，不一定是发展中的最佳选择，这种应对策略本身也有很大的风险。由于技术基础较差，发展中国家对纳米技术的未来发展路线的把握可能不如研究基础较好的发达国家，这样在技术路线选择和相应的研究资助决策上失误的可能性更大。在一定程度上说，发达国家还可以承受某些决策失误的损失，可是，对于经济实力较差的发展中国家来说，这种失误可能就是灾难性的。一旦发展中国家出现重大决策失误，它们与发达国家之间的差距就会进一步拉大。当然，如果发展中国家选择自己有一定研究基础的项目，也可能不断提高自己的研发水平，形成自己的特色和优势，在纳米技术中占领一席之地。

综上所述，世界纳米科技的不平衡发展状况在发展战略规划、经费投入、论文和专利产出、应用开发效率、产业重点选择等方面都有明显的表现。纳米科技成果产出与其研发投入呈正相关。在未来纳米科技的知识产权和利益分配中，"马太效应"会越来越明显，很可能会在国与国之间出现类似于"数字鸿沟"那样的"纳米鸿沟"。国际间的"纳米鸿沟"不

① Kirsty Mills. Nanotechnologies and Society in the USA [A]. Geoffrey Hunt, Michael D. Mehta. *Nanotechnology: Risk, Ethics and Law* [C]. London: Earthscan, 2006. 74.

仅会出现在研发投入多、研发能力强和研发水平高的国家与其他几乎没有研发投入与研发能力的国家之间，也会出现在基础研究能力相当但实用化水平不同的国家之间。在一个国家内部，由于对纳米技术的未来发展前景的不同认识，在产业重点的选择上也有差异，还可能会因此形成纳米产业与非纳米产业之间的鸿沟。

（二）知识产权制度与财富分配方式会放大起点差距

在发展纳米技术的种种好处中，最吸引人的是它被描述为能彻底解决世界能源、环境、粮食、饮水等问题的关键技术，它能根本改善世界贫困人口的生存状况。那么，实际情况果真会如此吗？在市场经济中，对技术利益的分配不是取决于需求，而是取决于政治和经济力量。转基因食品也曾经被标榜为解决世界饥饿问题的出路，然而，这种论调现在已经彻底破产，美国政府和四大基因公司促进转基因食品的用心也昭然若揭。当转基因食品因安全问题在欧洲遭到拒绝时，美国却把它作为对非洲国家的援助，但并没有把专利权捐赠给非洲。显然，美国的"援助"只是为了开拓其新技术专利的新市场而已。

围绕知识产权和专利保护的利弊问题，国际上已经展开了广泛的讨论。专利和知识产权制度的初衷是要确保研发者和投资者的投入能得到回报，丰厚的回报是对研发与投资的主要刺激。同时，专利制度还是对创业公司的一种保护，一种注册的专利产品往往决定着这类小公司的生死。但是，专利制度的效益如何，还是个未决的问题。正如联合国教科文组织的报告指出的那样，"目前几乎还没有证据可以证明日臻增加的专利权或版权保护的经济效益，也没有任何证据证明减少保护是否有益。"[①] 目前，有关知识产权在科学研究与商业化过程中的争论，主要涉及过于宽松的专利授权可能会导致诉讼费用增加，并使公司和政府间的交叉许可及专利贸易制度高度复杂化。"商业方法"专利则是知识产权过度扩张的典型例子。这种专利授予用计算机技术完成传统工艺的公司以广泛的权利（包括对网上拍卖和网上购物等方式授予专利）。人们对于纳米技术在这方面的担心有三个原因：一是该技术在一定程度上打破了"科学"与"技术"的界限，使基础研究具有技术发明的性质，为其申请专利保护提供了理论

---

① UNESCO：《纳米技术的伦理、法律和政治含义》，《中国医学伦理学》2008 年第 1 期，第 20 页。

上的依据（按规定，科学知识是对所有人公开的）；二是纳米技术被定义为"探索已知材料的新奇特性"，纳米材料的制备和使用方法都可能十分精微，具有"新颖性"，符合专利申请的要求；三是纳米技术的跨学科本质，某一个领域的专利会对范围广泛的其他领域产生不利影响。因此，大量的专利会使得使用纳米技术进行生产面临着巨大的知识产权纠纷，增加商业风险和诉讼费用。画地为牢式的专利申请与授予很可能会在纳米技术领域泛滥，并最终导致"专利<u>丛</u>林"或"反公地悲剧"的危险。

　　事实上，与纳米技术相关的专利已经大量膨胀。作为纳米科技研究基本工具的原子力显微镜的首次专利注册是在 1988 年，6 年以后，与此有关的专利注册数为每年 100 项左右，到 2003 年，则达到了 500 项左右。量子点与树状大分子的情况也与此类似。1997 年到 2002 年，美国与纳米技术相关的专利注册数从 3623 件增加到 6425 件；另一项权威的专利数据库搜索显示，自 1976 年以来，全世界与纳米技术有关的专利达到 89000件，其中美国超过 56000 件，日本超过 7500 件。根据 2004 年年底对全球数据库的搜索情况看，以"纳米粒子"命名的专利将近 3000 项，以"纳米碳管"命名的专利超过 2200 项，而不同的专利之间仅有微小的差别。更为重要的是，与对纳米材料的安全管理缺乏专门的标准一样，在对纳米技术相关的专利管理方面也还没有起步。[①]

　　对"纳米鸿沟"来说，关于纳米技术的知识产权问题的分析，意义不在于其使用效益如何，而在于快速增长的专利、复杂的使用程序和高昂的使用成本对发达国家与发展中国家意味着什么？从农业生物技术和信息技术中的专利情况看，发达国家占据了绝对优势，而且专利申请和使用主要集中在发达国家的大公司中，特别是一些跨国公司。对于纳米技术的研发而言，走在前列的仍然是发达国家的大公司。可以这样说，市场份额和资本向大公司集中带来了研发的变化：研发投入集中在大公司；通过购买创业公司、赞助大学研究、影响政府管理或者资助决策，大公司能占有外部取得的突破性研究成果。可以预计，"现行的专利制度将会进一步巩固统治着研发领域或者有必要财力获得用户许可证的 OECD 国家的大公司对

　　① Toby Shelley. *Nanotechnology*: *New Promises*, *New Dangers* [M]. Nova Scotia: Fernwood Publishing Ltd. 2006. 120；Siva Vaidhyanathan. Nanotechnologies and the Law of Patents: A Collision Course [A]. Geoffrey Hunt, Michael D. Mehta. *Nanotechnology*: *Risk*, *Ethics and Law* [C]. London: Earthscan, 2006. 225 – 236.

纳米技术的控制"。①

三　纳米鸿沟的伦理反思

按照既有发展态势，从经济实力和技术基础所决定的不同研究起点，到现行知识产权制度所放大的起点差距，再到由不公平的财富分配方式决定的纳米新技术获取机会的差距，必然会形成发达国家与发展中国家之间的"纳米鸿沟"。那么，美国、日本等发达国家是将他们在纳米技术上的领先优势用于谋求经济霸权和殖民掠夺、加剧地缘政治的紧张和冲突，还是用于促进合作、和平与环境可持续发展的全球性运动呢？是遵循资本的逻辑追求自身利益最大化呢？还是优先用于解决国际社会共同面临的困难，特别是改善贫困人口的生存状况？这些都是不得不引起我们严肃思考的社会公正问题。

公正是伦理学的核心。与公正相关的是平等，衡量平等的标准有两条，一是绝对平等，二是比例平等。所谓绝对平等是指所有人因其基本贡献而享有的最基本的权利上的平等。比例平等则是指根据不同的贡献而成比例地获得不同的非基本权利。比如维持基本生存所必需的食物、住房、医疗保证就是基本权利。然而，据联合国发展计划的"人类发展报告"（the UN Development Programme's Human Development Report）所称，在2003 年，估计有超过 10 亿人口生活在极端贫困状态中，许多生活指标还在恶化；据国际能源署（the International Energy Agency）估算，尚有 16亿人口没有用上电力，24 亿人口还依赖于传统的生物资源作为燃料；水援助组织（WaterAid）估计有 11 亿人缺乏安全的饮水，每年约有 200 万人因此而死亡。有 8 亿人无可靠的粮食保障。这些问题是长期困扰世界的难题，并没有因为技术的发展而得到根本性的改善。近年来，关于 HIV/Aids 药物专利问题的讨论，比较典型地揭示了与专利有关的国际公平与人道主义问题。在发展中国家，有数百万人感染了艾滋病病毒，但是他们支付不起由西方制药巨头生产的专利治疗药物，于是与知识产权贸易相关的第 31 条款的解释和执行引起了广泛的关注。按照该条款，当一个国家处于紧急状态，或者其他特别情况，或者非商业的公共使用时，可以免于

---

① Toby Shelley. *Nanotechnology: New Promises, New Dangers* [M]. Nova Scotia: Fernwood Publishing Ltd. 2006. 120.

批准并且可以不向专利权所有者支付专利使用费。对于许多国家来说，数量众多的艾滋病感染就是国家紧急状态，但是这一免责条款其实对他们毫无用处，因为他们根本支付不起所需药物的基本费用。通过大规模的国际运动以后，发展中国家才争取到了两个方面的胜利：（1）跨国制药公司同意以更低的价格提供他们生产的专利药物（目的在于保证其市场份额）；（2）在 2003 年的 WTO 协议中，同意那些建立了基因药物企业的发展中国家向那些没有本土生产能力的国家出口其药物，这在以前是被第 31 条款所禁止的。[①] 由此可见，在既有的贫富差距基础上，知识产权保护制度总是对发达国家有利，即便在事关生死这样的人道问题上（生存权是基本权利，应该属绝对平等的范畴），专利拥有者也总是优先考虑自己的利益。据此，我们有理由相信，由起点差距必然会导致发展的差距，不同国家和地区之间在分享纳米技术相关收益方面，必然存在分配不公平的问题。

在技术扩散与转移过程中，还必然涉及技术领先者的经济利益、对落后者的善意帮助与技术殖民的问题。在应对数字鸿沟时，一些学者也对西方发达国家的真实意图提出了质疑。比如美国里德尔大学的博萨·埃博（Bosah Ebo）就针对西方公司在非洲的数字化工作提出了这样的问题：是援助还是技术殖民？是要把非洲数字化、把该大陆纳入到全球新经济中去，还是要为西方自己的产品和服务开拓出更多的市场？在他看来，尽管我们很难洞悉这些做法背后的动机到底是什么，但不可否认的是，大量动机最终也许是为了把非洲大陆"技术殖民化"。此外，对许多发展中国家来说，"数字帝国主义"（cyberimperialism）是个生死攸关的问题。因为发达国家把互联网上的技术优势变为对外宣传上的重要优势，以增进国家的利益，灌输价值观，并最终实现其文化殖民。[②]

科技实力是日益激烈的国际竞争的核心，与科技实力直接相关的是教育与人的发展机会。经济起点和财富分配方式中的不公平，使得发达国家具有更多的资金投入纳米教育，培养和储备纳米研发和人力资源，这既使发达国家在战略层面抢占了制高点和先机，又使接受纳米教育的个人有更

---

① Toby Shelley. *Nanotechnology*：*New Promises*，*New Dangers*［M］. Nova Scotia：Fernwood Publishing Ltd. 2006. 122.

② 曹荣湘选编：《解读数字鸿沟》，上海三联书店 2003 年版，第 191—192 页。

好的发展机会。再者，由于发达国家对优秀人才的吸引力，发达国家及其跨国公司以较低的费用就造成发展中国家花费高额成本培养出来的高级人才流失而这些人才无论是在研发还是在相关产品在发展中国家开拓市场方面，都会起到非常重要的作用，这足以说明在包括纳米在内的新技术发展中发展中国家会做出重要的贡献。然而，在财富分配方面，发展中国家的贡献往往被有意无意忽略而受到不公正的对待。这一公平现象在国际制药业中早已存在。不少药物（更不用说基因资源）是世界人民特别是一些贫困地区人民世代探索和积累的结果，而一些跨国制药公司只是凭借资金和技术优势在生产和营销上下功夫，就获得了高额垄断利润，这对贫困国家和地区的公民特别是患者公平吗？对这些问题的追问，将会有利于我们进一步思考在纳米技术上的国际公正问题。

此外，就是在一国内部，关于纳米技术的公共基础研究与公司专利之间的合理边界如何确定也涉及公平问题。事实上，正如前面已经讨论过的，为了在纳米竞争中获得优势，政府投入了大量研究资金，从这些研究资助受益的除了政府研究机构和大学实验室外，还有不少的私人研究部门。从理论上说，这些受公共资金资助的研究成果都应该由公众共享，而不是部分人（或机构）获得专利，因为公共资金本身就是纳税人的钱，若公众还要支付相应的专利使用费，就意味着他们要为自己的东西再埋一次单，这显然是不公平的。

第三节　纳米技术产业化的代价与机会

假设纳米技术的突破确实能引起一场新的产业革命，那么它必定会对整个社会带来全方位的影响，而且这些影响对发达国家和发展中国家的意义可能很不相同。本节主要探讨纳米技术产业化对发展中国家的农业、工业、贸易和劳动力等方面的不利影响，以及在迎接纳米时代到来过程中纳米技术教育机会的公平问题。

一　纳米技术产业化的代价与公平

纳米技术与生物技术相结合，可能会使农业在运输、作物监测、工作监督、食品改良等领域发生重大变化。ETC指出，农业纳米技术与产业化食品链的监督相连，并且还会把它向前推进一步。新的纳米基因技术将把基因改良植物变成原子层次改良的植物；运用分子传感器、分子输运系统和廉价劳动力，自动化与中央控制的产业化农业将变为现实。在非洲和亚洲绝大多数地方，在掌握了纳米技术的公司的发展计划中，廉价劳动力将没有地位。纳米技术在农业中的作用不是用于延长家养奶牛的寿命，也不是用于提高木薯片的产量，而是用于进一步提高农业产业化程度。农业产业化水平的提高，无疑会对农业人口的就业造成极大的冲击，失业率上升将会带来一系列的连锁反应。

许多发展中国家的收入主要是依赖于金属、矿石和石油之类的自然资源出口。世界原材料市场的任何变化都会影响这些国家的经济收入。纳米技术广泛运用于工业中必然会引起对原材料需求的变化，从而威胁发达国家与发展中国家之间现有的商品贸易形式，对发展中国家的经济收入、产业结构和劳动力造成巨人的影响。纳米技术的使用可能减少对某些原材料的需求和依赖，也可能用新的原料代替现有的原材料，甚至最终可以完全不用某些原材料。比如说，纳米技术在化学催化、汽车尾气治理、电子制造等领域中的应用，会大量减少直至完全不再使用某些稀有金属，这对一些资源依赖型国家的经济会造成严重的影响。

有不少的研究指出，发达国家以其技术方面的优势，正在逐渐减少对发展中国家资源的依赖。同时，减少对发展中国家的资源依赖，也是发达国家技术进步的内在驱动力。其实，西方国家在研究昂贵的、天然的或者国外的资源的替代品方面，已经有了很长的历史。比如，早在19世纪末期就以合成染料代替来自亚洲的天然染料，在20世纪初以合成氨代替来自智利的天然硝石，20世纪中叶则以塑料代替木材、天然橡胶和金属。所有这些替代过程都引起了资源供应地区或国家的经济上的剧烈变化。在发达国家制定的纳米发展规划中，减少对发展中国家的资源依赖也是其重要内容和长远目标。以铂金为例，它是一种相当稀有的金属，在过去30年中由于广泛用于汽车尾气减排装置，市场需求旺盛，价格急剧攀升，2005年年初的价格达到每千克22万美元。2005年，美国总统顾问委员会的科学政策制定者声称，纳米技术研究的短期目标就是使催化效率提高2—3个数量级，同时减少稀有金属的用量。而目前，有望大量减少催化转换器中铂金用量的复合材料已经申请到了专利并获得了投资，其产品的目标是最终完全代替铂金。此外，纳米镍粒子的大量生产和使用，完全有可把铂金彻底挤出催化剂市场。果真如此，必定会对南非的经济带来极大的不利影响。因为南非的铂产量超过全球市场总量的 70%，产值占其 GDP 的 2.5%。棉花和天然橡胶也可能是在短期内受纳米技术冲击较大的两种商品，目前，全世界有 3000 万农民从事天然橡胶收割，有 1 亿农民从事棉花种植。同样，如果对这两种商品的需求量大幅度下降，那么对发展中国家的就业和收入会造成不可估量的负面影响。①

对原材料需求的变化，会直接影响原料供应国工人的就业和收入。农产品的需求和价格下降，规模经济代替劳动密集型种植方式，会逼迫农民离开土地。显然，在采矿业和产业化农业中，低需求和低价格的结果是工人过剩和失业。其实，新技术产业化必然会引起投资在不同领域发生转移，对人力资源的需求也会发生相应的变化，结构性失业不仅会出现在发展中国家，也会出现在发达国家。这种变化必然是对一些人有利，而对另一些人有害。那么纳米技术产业化中的这种代价应该由谁来承担？由失业工人自己、原料供应国还是纳米技术使用者（国）？如何在得与失之间达成一个平衡，这显然涉及国际公平，也涉及国内不同人群之间的公平问题。

在纳米技术产业化过程中，生产过程和产品对工人和环境的影响也应该引起重视。根据以往的经验，发达国家在采用新技术的同时，会向发展中国家"转让"被他们淘汰的落后技术；如果新技术产品生产对工人健康有伤害或者对环境有负面影响，这类"肮脏产业"也往往会向发展中国家转移。发展中国家要么是由于技术落后不了解这些技术产业的环境负效应，要么是为了经济增长和就业而被迫承接这些技术和产业。由此看来，在纳米技术产业化过程中，可能也很难避免这种因技术水平差异而引起的国际产业垂直分工中的不平等现象。

当然，从理论上说，发展中国家也有机会利用纳米技术革命提供的机遇，通过技术和产业的跨越式发展缩小与发达国家的差距，甚至在某些领域有所突破，占领一席之地，并获得局部优势。但从前面的分析看，如果既有的世界政治经济秩序没有根本性的变革，要把这种理论上的后发优势变为现实，概率还是很小。有学者从依附理论（dependency theory）的视角对发展中国家依靠纳米技术实现跨越发展提出了质疑。在他们看来，所

① Toby Shelley. *Nanotechnology: New Promises, New Dangers* [M]. Nova Scotia: Fernwood Publishing Ltd. 2006. 112.

谓跨越发展，就是指发展中国家尽可能快地开展纳米技术研发，依靠纳米技术提供的独特机会实现经济的快速发展，在短短几年内取得工业化国家用了几个世纪才取得的经济成就。可是，这种观点的缺点在于对历史性的工业革命作了简单化的理解，认为单一的技术创新就推动了 19 世纪欧洲国家的经济发展。根据依附理论，世界资本主义发展是一个硬币的两面，一个国家的产业革命，就是另一个国家的不发展。换言之，一个国家（或者一部分国家）的发展是以另一个国家（或者另一些国家）的不发展为代价的。该理论强调一个国家的发展取决于多种因素，比如国际贸易、产权、经济基础设施、人力资源、政治权力等，而技术创新只能对这多种因素决定的发展起到强化作用。可以预期，在其他条件都相同的情况下，纳米技术只会加大穷国与富国之间的差距。①

总之，在既有的不平等的国际经济分工体系中，发展中国家与发达国家不太可能获得同等的发展机会，纳米技术产业化的利益也不可能公平分配。相反，最大的可能性倒是进一步加大穷国和富国之间的不平等地位。此外，在面对新技术风险时，发展中国家可能会比发达国家承受更多更大的风险和代价，比如产业结构的被动调整、经济收入下降、失业率增加、工人的健康伤害、环境污染等。

二 纳米技术教育与机会平等

纳米技术产业化必然带来产业结构的调整，会对劳动力提出新的要求。与纳米技术研究和产业化相关的纳米教育，既是纳米技术研发和产业化的人力资源基础，也是公民适应纳米时代的能力准备。纳米技术作为一个跨学科的技术领域，它的研究和应用会涉及物理、化学、工程、医学、生物等多学科的知识。不少纳米技术的支持者都感觉需要进行教育体制的改革，从而为纳米技术发展提供从业人员准备，既包括接受初级培训的技术工人，也包括从事前沿研究工作的顶尖人才。② 美国的 NNI 对纳米技术

① Joachim Schummer, Impact of Nanotechnologies on Developing Countries, Fritz Allhoff, Patrick Lin, James Moor, John Weckert. *Nanoethics: The Ethical And Social Implications of Nanotechnology*, Hoboken: John Weley & Sons, 2007, pp. 291 – 307.

② Bruce V. Lewenstein. What Count as a 'Social and Ethical Issue' in Nanotechnology, Joachim Schummer, Davis Baird. *Nanotechnology Challenges: Implications for Philosophy, Ethics and Society*, London: World Scientific Publishing Co. Pte. Ltd. , 2006, p. 204.

教育非常关注。不少学者详细讨论了纳米技术对工程教育和技术教育的冲击，并对如何拓宽学生的科学背景提出了建设性的意见。

但是，由于纳米技术才刚刚起步，不少方面甚至还处于概念设想阶段，所以对纳米教育应该包括哪些内容、如何开展纳米教育等问题都还不清楚。最为重要的是，由于与纳米技术相关的研究都是各个学科的前沿，一般学生根本没有机会接触纳米技术的相关研究设施，无法接受纳米技术教育，更不用说对技工的培训了。与纳米技术教育这种状况相关的伦理思考至少有三个方面：

一是纳米技术教育作为一种稀缺资源，应该如何分配？或者说谁有机会接受纳米技术教育？在现代社会，成功的教育是一个国家获得优质人力资源的前提，接受良好的教育则是提升个人潜力、获得特有专业技能的最重要的途径。如果说纳米技术真的会引起下一次产业革命的话，那么纳米技术教育就是国家和公民进入纳米时代的必要准备，是提高其核心竞争力的重要手段。对一个国家来说，纳米技术教育领先和成功，就意味着它在纳米技术的研发和产业化上的人才优势；对公民个人来说，能接受纳米技术教育，就意味着获得了在纳米时代就业竞争和财富分配的优势。总之，纳米技术教育是一种机会，是促进发展的一种资源。从伦理的角度看，机会平等是公正体系的重要内容，它具有承前启后的作用。"机会的具体状况直接影响着社会成员未来分配的具体状况，机会的不同将导致未来发展可能结果的不同，因而从分配的意义上讲，机会的状况是一种事前就对分配有所'预构'的原则。"① 因此，要保证公民在纳米时代的平等，就必须注意在纳米技术教育机会上的平等。当然，由于机会平等有共享机会平等和差别机会平等、形式上的机会平等和实际的机会平等之分，所以机会平等又不等于机会的完全均等。由此可见，正确理解机会平等的含义，处理好不同形式之间的关系，协调好纳米技术教育资源的分配，对于促进纳米技术健康发展和社会公正都具有重要意义。

二是纳米技术教育在整个教育资源中应占多大的比例，或者说如何处理好纳米技术教育与传统教育之间的关系，这也是需要认真考量的问题。发展纳米技术，风险与机遇并存。对于发展前景并不确定的纳米技术及其教育，政府教育部门的决策会对未来经济社会发展造成深远的影响。如果

---

① 吴忠民：《社会公正论》，山东人民出版社2004年版，第121页。

比例过低，培养的人才很有可能满足不了纳米技术发展的需求，错失纳米技术发展的良机；如果在这方面的比例过高，而纳米技术的研发进展和产业化浪潮又未如预期的那样到来，就可能造成人才浪费，并且还会影响到传统产业的发展。从而对社会的就业、经济增长等带来不利影响。

三是由于纳米技术并不成熟，接受按照某些技术设想而开展的"超前"教育有较大风险，会对受教育者的未来职业生涯造成很大的不确定性。如果这些技术路线最终被证明是失败的，那么风险应该由谁来承担？是政府教育管理部门、教育者，还是受教育者？

第六章　纳米技术的军事风险与
　　　　　伦理问题

　　不少军事家认为，纳米技术是未来军事高科技的制高点，纳米技术在军事领域的应用，将会从根本上改变战争的形态和方式。纳米技术的军事风险主要是指纳米技术及纳米武器对国家安全和国际安全的潜在威胁。技术越先进，其毁灭潜能越大。以现代高科技为基础的高技术武器，其破坏力已经超越了对生命个体的消灭，关涉到整个人类的生死存亡。正是在这种意义上，必须对纳米技术的军事应用及其相关的伦理问题进行严肃的思考。

第一节　纳米技术的军事应用

　　战争与人类如影随形，"据不完全统计，从公元前 3200 年到公元 1964 年，世界上发生战争 14513 次，共夺去了 36.4 亿人的生命，其间仅有短短的三百年没有战事"。冷战结束以后，"和平与发展"成为世界的主题，但这一主题包含的两个问题都没有得到根本解决。贫富差距不仅没有缩小，反而有扩大的趋势；没有爆发世界大战，但区域性冲突和局部战争从未间断。"仅 1990 年至 1996 年七年间，就发生了各种规模的武装冲突和局部战争 234 场次，年均 33 场次。"[①] 武器作为影响战争胜负的重要因素，历来为战争双方高度重视。从武器与科技的互动关系看，军事上的需要或者国家安全的特殊重要性决定了科学技术成就或者首先应用于军事，或者产生于军事。一方面，军事始终是社会生活中对科技最新成果利用得最多最快的领域，从利用机械能的冷兵器到使用化学能的热兵器再到

---

　　① 陆华：《军事科技发展的伦理性思考》，《南京理工大学学报（社会科学版）》2005 年第 2 期，第 32—33 页。

利用原子能的核武器直至生化武器的武器发展序列即是明证。另一方面，改进战争技术一直比改善和平生活更需要科学，军事上的需要是推动科技发展的强大动力之一，钢铁、雷达、计算机、因特网和核技术等都是战争的产物。就科学与战争的关系而言，有人认为："如果说第一次世界大战可以称为'化学家的战争'，那么，第二次世界大战则称为'物理学家的战争'。"[①] 纳米科技的发展也没有摆脱这一轨迹，世界各军事强国都纷纷把目光瞄准了纳米技术的军事潜力，而军事纳米技术投资也是推动纳米技术发展的重要动力之一。

一　纳米技术军事应用的必然性

对于谁可以被恰当地称之为"纳米技术之父"这一问题，人们是有争议的。有人认为是冯·诺伊曼，有人认为是费曼，有人认为是谷口纪男，还有人认为是德雷克斯勒，而最有新意的则认为应该是美国前总统比尔·克林顿，因为正是他对 NNI 的支持，使许多勤奋的物理学家、化学家以及材料科学家一夜之间变成了纳米科技专家。从纳米技术的源头看，费曼作为"纳米技术之父"是当之无愧的。然而，不可否认的是，正是美国官方对纳米技术的积极支持态度及其示范作用，使纳米技术成为显学，受到各国政府、企业、科研机构乃至民间的高度重视。

美国官方对纳米技术的高度重视，既有其寻找新的经济动力的意图，也有其军事战略上的考虑。他们认为，经济机遇与军事机遇往往是相辅相成的，从长远的观点看，纳米技术在其他领域广泛应用会对国家安全提供支持，反之亦然。纵观美国军事战略思维的演进历程，可以发现其军事战略与高科技紧密相关，在战略手段的实现上，其基本特征就是"技术决胜"。"技术决胜"思维的基本内涵就是将军事战略优势的获取寄托在技术领先的优势之上，认为军事技术发展能为军事战略实现提供新的思维空间，保持军事技术优势是实现军事战略的坚实后盾，抢占军事技术制高点可以避免军事战略陷入被动境地。[②] 在美苏激烈对抗的冷战中，美国通过保持高技术武器质量上的优势，最终战胜了苏联数量上的优势。在冷战后

---

① M. Bridgstock 等：《科学技术与社会导论》，刘立译，清华大学出版社 2005 年版，第 45 页。

② 石海明、曾华锋等：《技术决胜：美国军事战略思维特征评析》，《国防科技》2006 年第 9 期，第 69 页。

的军事实践中，新武器一经研制成功，就会立即投放到战场接受实战检验，每次战争都是美军新军事技术的试验场。越南战争中使用的精确制导技术和直升机技术，海湾战争、科索沃战争以及伊拉克战争中使用的夜视技术、相控阵雷达技术、空间技术及隐形技术，对战争进程和结局都起到了决定性的影响。高技术新武器在实战中的成功，反过来强化了美军的"技术决胜"战略思维，进一步刺激着它对新技术军事化的欲望。

不少军事家认为，纳米技术是未来军事高科技的制高点，纳米技术在军事领域的应用，将会根本改变战争的形态和方式，建立起了良好的军事技术预警机制。这一机制包括"技术突袭"和"技术预警"这两个相互联系的概念。技术突袭是指以独有的军事技术成果或压倒性的优势突袭对手，技术预警则是指对潜在对手可能形成的技术突袭发出警报。无论是技术突袭还是技术预警，都强调技术上的绝对领先和压倒性优势，保持对科技前沿和焦点技术的充分关注。正因为如此，美国军方从一开始就高度关注并积极推进纳米技术的研究。早在 2002 年 3 月，五角大楼就在麻省理工学院投资建立军事纳米技术研究所，以便为其提供更先进的作战装备。该研究所目前主要的研究领域有士兵防御、作战能力和受伤时的处理与治疗等三个方面。其中，投入"未来战袍"研究项目的专项研究经费至少为5000 万美元。从 2001 年开始实施的 NNI，超过四分之一的研究经费落入了国防部的腰包。从 2005 年开始，美国国防部每年为纳米技术研究拨款也至少为 3500 万美元。另有观点认为，"美国开发纳米技术的经费中有一半左右来自国防部系统"。[①] 世界其他军事大国也相继制订了各具特色的军事纳米研发计划。欧盟一项军事纳米研究计划已经在法国的一个实验室展开，日本基于纳米技术的长远军事潜力，致力于分子装配器的研究。主要军事大国的动向是世界军事技术发展的风向标，他们在军事纳米技术研发上的表现，足以说明纳米技术的军事应用和纳米武器开发是不可避免的趋势。

二　纳米技术的主要军事应用

（一）关于纳米技术军事运用的主要构想

尤尔根·阿尔特曼（Jürgen Altmann）在其 2006 年出版的《军事纳米

---

① 刘春生、得樟树：《纳米技术对未来电子战系统的影响》，《飞航导弹》2002 年第 2 期，第 4 页。

技术：潜在应用与预防性军控》中提出，就纳米技术长远潜力而言，它对战争和军队有着广泛的影响。他较为详细地追溯了讨论纳米技术军事应用的相关文献，并且认为许多观点都是受"分子纳米技术"这一概念启发的结果。这些观点主要有：

德雷克斯勒提出的"创造引擎"及其军事应用问题（1981—1991）。从负面来看，"创造引擎"其实也是"破坏引擎"。蓄意使用"复制器"可以制造大量的先进武器或者发动种种微生物战争；人工智能系统可以提高武器设计、战略规划及作战方案的效率。基于"分子装配器"的突破，一个国家可以迅速扩充其军事力量，这将导致国际军事格局突然的和不稳定的变化。由于"复制器"不需要使用稀有的同位素并且可以从很小的物质开始，故它比核武器更有可能导致人类灭亡；而"纳米机器"在高压与专制国家中用于监视或身体操纵比原子弹更灵活。由于纳米技术在军事上的这些潜力，必然会引起激烈的国际军备竞赛。

美国海军上将戴维·E. 杰里米亚（David E. Jeremiah）在1991年召开的分子纳米技术会议上作了题为"纳米技术与全球安全"的演讲。他提出了人类未来武装冲突的几个一般理由——比如种族冲突、资源竞争、人口和环境问题、移民以及技术革命等，强调了信息的军事重要性不断增长，展望了微型化传感器的种种应用，并预测分子纳米技术与人工智能结合一起将为人力不足或憎恨杀戮的国家提供具有人工大脑的人形机器人。他还提出，假使分子纳米技术的破坏性比核武器还大，那么如何才能避免其伤害？

马克·A. 古布鲁德（Mark A. Gubrud，1997）讨论了在由时刻准备武装冲突的国家构成的世界上，如果具有自我复制能力的通用分子装配器成为现实，这对国际安全将意味着什么？分子纳米装配器不仅可以极大地提高传统武器的性能、使海上战斗装备微型化，还可以在短时间内生产出包括核武器在内的大量军事产品。在理论上，一个国家可以利用这种数量和质量上的革命性变革，通过高效的组织领导，解除潜在竞争对手的武装。

朗尼·D. 亨利（Lonnie D. Henley，1999）讨论了基于信息处理、生物科学和诸如纳米技术等高级加工技术的会聚而引起的下一次军事技术革命。他列举了几种可能的军事产品，比如具有选择性攻击能力的生物武器、分布式微型传感器网络形成的"监视尘埃"、模拟人的大脑而得到极大改进的信息处理方式、大量用于攻击的成本低廉的机器人等。

B. 乔伊（B. Joy，2000）在其论文"未来为什么不需要我们"中，讨论了基因工程、纳米技术和机器人技术（GNR）的危险。对于这些技术的军事及恐怖主义使用，他引述了德雷克斯勒的观点，特别关注破坏性纳米装置。他还强调说，20 世纪用于制造大规模杀伤性武器的核技术、生物技术和化学技术基本上是在政府所属实验室研发出来的秘密军事技术，而 21 世纪的 GNR 技术却主要是在公司里进行研发的商业技术，所以它们被滥用的可能性大为增加。

S. 梅茨（S. Metz，2000）指出，随着纳米技术作为微系统技术（MST）的后续发展阶段的来临，技术与战争的未来趋势是微型化，微系统技术和纳米技术将会带来类似"机器人小虫"的武器，它们可以附着于敌方的武器装备之上以收集信息或进行破坏。

NNI 研讨会（2000—2001）在探讨纳米技术的社会意义时，涉及了纳米技术的国防应用，主要包括凭借更先进的电子技术继续保持信息优势；基于纳米电子学制造的更加成熟的虚拟现实系统，提供更廉价更有效的军事训练；增加自动装备及机器人的使用量以减少人力的使用，降低部队的风险，提高机动性；提高军事装备的性能，降低失败率和生命周期成本；改善对生化及核武器的感知和对伤员的救治；对核不扩散监视和管理系统的改进；利用纳/微电子技术对核防御控制设备的改进等。

英国国防部（2001）的报告认为，纳米技术既对提升国家军事能力带来了机遇，也给国家安全带来了新的威胁。比如完全安全的通信；智能化全自动的短程和远程高精度武器；改进隐形技术；运用"全视"传感器形成的全球信息网络和局部战场系统；微型化高能电池和能量供应；智能辅助决策；自我修复的军事设备；新的疫苗和药物治疗；高精度微型化的多功能生物化学传感器；纳米技术不道德的运用导致的新生化武器。该报告也强调，因为纳米技术的许多基础技术是产生于民用领域，故其被潜在敌人快速利用更为容易，因而带来新的安全威胁的可能性较大。

美国政府国家安全专题小组资助的"会聚技术，提升人类能力：纳米－生物－信息－认知"研讨会（2001/2002）涉及了以下论题：数据连接、威胁预测及相关的准备；非常规的战争运输工具（比如安装有与熟练飞行员匹敌的人工大脑的飞行器）；战士教育与训练系统（比如具有语言、视觉、情感交流功能的成本低性能好的虚拟计算机教学设施）；能检测和防护生物、化学、辐射及爆炸的设备；高性能的士兵装备；增强人类能力的非药物治疗方法（包括改进人体的生化性能——睡眠剥夺补偿、提高身心能力和受伤存活率）；大脑—机器接合的应用等。研讨会认为这些应用可以极大地提高美国的军事技术优势，减小战争爆发的可能性。但是，研讨会没有涉及可能由此引起的高技术武器竞赛、潜在的不稳定发展和新的犯罪威胁。

美国空军科学技术委员会专门探讨了微/纳技术对空军的影响（2002）。报告涉及的军事主题有增强信息能力、微型化、新材料、功能提升与自动化；就技术关键词而言，主要有电子微型化、新材料、生物科学、固定的与移动的传感器、软件与硬件的联合设计等。

肖恩·霍华德（Sean Howard，2002）探讨了纳米技术与大规模杀伤性武器问题。他认为，现在的情况类似于 20 世纪 30 年代核物理学中物理学家对原子能释放的怀疑，持续的纳米技术研究终将会造出可能会被恐怖分子使用的大规模杀伤性武器。

吉斯庞勒（Gsponer，2002）将纳米技术与所谓的第四代核武器相联系，其主要观点是说微系统技术和纳米技术为纯聚变（极小质量热核爆炸）提供了可能。如果这种武器成为现实，因其模糊了常规武器与大规模杀伤性武器间的界限，国际战略形势将会发生根本性的变革。不过，其中还存在不少技术问题。

尤尔根·阿尔特曼还根据美国国防高级研究规划局（DARPA）的研究情况具体探讨了纳米材料与分子纳米技术的一般的和特殊的潜在军事应用。他承认，对于前者主要是根据现有的纳米科学技术发展情况做出的推断，而关于分子纳米技术的军事应用则纯粹是基于假设做出的，而且许多关于大规模杀伤性武器的探讨，由于多种原因不太可能获得公开的信息。[1]

（二）纳米技术的主要军事应用

与以计算机技术和通讯技术为核心的新技术革命相适应，目前全球新军事技术革命的核心是军事信息技术。微电子技术是军事信息技术的重要基础，也是其进一步发展的瓶颈。如前所述，微电子技术发展的需要是推

---

[1] Jürgen Altmann. *Military Nanotechnology：Potential Applications and Preventive Arms Control*, Routledge，2006，pp. 7 – 18.

动纳米技术前进的重要力量，把纳米技术看成突破微电子技术瓶颈的希望，一旦它得到纳米技术的支撑，或者说纳米技术获得真正的突破，以微电子技术为代表的当代信息技术将向以纳米技术和分子器件为代表的智能信息技术转变，这必将把军事信息技术推向更新更高的阶段。因此，目前关于纳米技术的军事应用，主要集中在纳米电子信息技术方面。①

第一，是纳米技术计算机系统。计算机是信息系统的核心，也是现代信息化战争的基础，其性能高低直接关系着作战指挥自动化的实现。纳米技术与生物技术相结合，有可能制造出单分子组成的线路和生物分子电子器件；纳米磁膜材料将大大提高磁记录密度，其信息储存量大约为现在的100万倍。可以预计，纳米技术将会使计算机尺寸大为缩小、信息处理速度更快，工作效率和可靠性更高。计算机技术的重大突破，必将带来信息处理能力和自动决策能力实现革命性变革。同时，高性能计算机还使作战模拟系统更为逼真，交互性更强，可以极大地提高军队信息化战争的演练水平，推进对信息化战争的认识和研究。

第二，是纳米信息装备系统。它是以纳米技术为核心技术形成的信息收集、传输、存储、处理、传感、控制为一体的军事电子装备系统。这一系统又包括以下子系统：（1）纳米卫星侦察系统。早在1993年，美国的Aerospace公司就在第44届国际宇航大会上提出了纳米卫星的概念。所谓纳米卫星，就是指使用纳米元器件、用纳米加工方法组装而成的、质量小于10kg的卫星。由于纳米卫星采用微机电一体化集成技术进行整合，使其具有体积小、质量轻、易发射、成本低、数量多、生存能力强等优点。理论上，若在太阳同步轨道上等间隔布置648颗功能不同的纳米卫星，就可以连接成"天网"，实现在任何时刻对地球上任何一点进行连续监视，即使少数卫星失灵，整个卫星网络的工作也不会受到影响。"天网"的军事价值就在于能对全球进行地毯式覆盖侦察，实现高空侦察无"死区"。从美国最近发动的几次战争看，其太空优势是其制胜的根本保证。20世纪90年代以来，世界上已经发射微型卫星（10－100kg）百余颗，发射纳米卫星几十颗。我国也已经成功地发射了纳米卫星。近年来，各航空大国纷纷加大纳米卫星研发力度，将其视为抢占太空军事制高点、谋取太空

---

① 周德俭：《纳米技术在电子与军事领域中的应用》，《电子机械工程》2004年第6期，第27—30页。

军事主动权的重要手段。（2）纳米飞行侦察系统。这种系统是以纳米技术为基础的微型化飞行器，它可以携带各种探测设备、具有信息处理、导航（带有微型 GPS 接收机）和通信能力。它的主要功能是秘密部署到敌方信息和武器系统的内部或者附近，对敌方情况进行监视和监听，同时还可以对敌方雷达、通信等电子设施和设备进行有效干扰。由于这些飞行器极其微小，很难被常规雷达发现，它们可以在侦察目标附近实现全天候飞行或者悬停，直接将侦察目标的坐标信息传送到己方导弹发射基地，引导精确制导武器实施精确打击。目前，最有代表性的成果是美国的"黑寡妇"超微型飞行器和德国美因兹微技术研究所研制的微型直升机。前者的质量仅为 7g，装有 GPS、微型摄像机和传感器等精良设备；后者长 24mm、高 8mm、质量为 400mg，可以停放在一颗花生上。据称，在未来的信息化战争中，纳米飞行器将是对敌方重点设防的封闭型目标进行秘密侦察和有效攻击的最佳工具。（3）分布式纳米传感器网络。主要是利用纳米传感器灵敏度高、体积小、易隐蔽等特点，将其散布于战场环境、植入士兵作战服装或武器装备中，实现信息收集、士兵保护、攻击预警、敌我识别、精确攻击等功能。

第三，是纳米攻击装备系统。这是指运用纳米技术制造的微型智能攻击武器系统。主要包括：（1）纳米机器人。这是指直接从原子或者分子装配成具有特定功能的纳米分子装置。可以通过火箭或者无人飞机投放到阵地或者进入敌方武器装备中，通过进行人机对话启动命令，发挥其强大的破坏力。比如施放化学制剂使武器的金属装置变脆，渗入敌方信息系统使其瘫痪，引爆特种炸药破坏重要目标，施放致命或非致命毒剂使敌人丧命或者失去战斗力。纳米机器人投入战场，既可以弥补部队人力不足，也能降低部队在生化武器和核战争中的风险，可能会使未来战场模式与战争格局发生根本性的变化。（2）纳米导弹。基于纳米技术的智能化微机电导航系统，可以使制导武器在制航、导航、推进、姿态控制、能源供应等方面发生质的变化，从而提高导弹的隐蔽性、机动性、精确性和生存能力。目前，美国、德国和日本正在研制的一种细如发丝的传感致动器，是这种微型导弹研制的先导。（3）纳米攻击机。与前述纳米侦察飞行器类似，不过其功能主要是用于攻击而非纯粹的信息收集。

第四，是纳米天线技术。这一技术主要体现在采用纳米技术、使用纳米材料使天线微型化和提高天线系统的性能。比如将超高分辨率纳米孔径雷达放到卫星上，可以实现对地面的高精度侦察；再如北约海军为水面舰艇研制的封闭式天线系统，由于使用纳米技术而实现了微型化，它容纳了相控阵雷达天线、电子对抗天线和红外、雷达、激光预警天线，而且还可以将同一种天线一组一组地成群布置，实现360°全向探测和接收而不留死角，又由于它是由纳米玻璃纤维和纳米碳纤维等材料复合而成，可以让各种不同的雷达波束和通信信号相互之间不受干扰地通过，而且信息损耗极低，又能有效抑制外来干扰，实现了各种信号的综合传输、实时处理。我国863高技术成果——有机高分子/纳米磁性介质新微带天线材料，具有比重小、质量轻，在温度变化范围较大的情况下磁性能和化学性能稳定，在高频微波激励下损耗低，适用频率范围广等特点，这项成果必将广泛运用于各种电子战系统中。据悉，美军也在试验类似的复合材料与纳米天线。这类天线系统将是未来海上信息化战争的重要装备。

　　第五，是纳米隐形技术。隐形技术是提高武器系统生存和突防能力、提高总体作战效能的有效手段，它一直受到世界各军事大国的高度重视。隐形材料是隐形技术的关键，而雷达波吸收材料又是其中发展最快应用最广的材料。纳米超细微粒的几何尺寸远远小于红外及雷达波波长，具有吸波性能好、频带宽等优点，被广泛应用于武器装备系统隐形材料的制作。在海湾战争中大显身手的F117战机，由于机身外表涂有多种能吸收红外和微波的超微粒吸波材料而具有良好的隐形性能，使它在对伊拉克的第一波空袭中有效地逃过了伊军的防空系统，对伊军的重要军事设施造成了毁灭性打击。美国研制出的第四代纳米吸波材料"超黑粉"，对雷达波的吸收率达到99%，而厚度只有微米级。随着电子对抗越来越激烈，对隐形技术的需要越来越强烈，对隐形材料的性能要求也越来越高，新型隐形材料已经成为各国纳米军事技术研究的一个热点。

三　纳米军事技术的特点及其对未来战争的影响

　　基于纳米技术和纳米材料的优异特性，纳米技术在军事领域的应用，使武器系统具有以下特点：[①]

　　第一，微型化。由于纳米技术用量子器件取代大规模集成电路，使武

---

　　① 周玺、高东华：《纳米技术在信息战中的应用》，《飞航导弹》2006年第10期，第20—21页。

器和武器控制系统的质量、体积、功耗都大大减小，甚至可以使目前的车载、机载电子战系统缩小为单兵携带，从而提高电子战的覆盖面。

第二，高智能化。如果纳米技术能突破现有微电子技术的瓶颈，以量子计算机或生物分子计算机为核心的控制指挥中心的信息处理能力和自动决策能力将迅速提高，加上各种分布式传感器在战场和战争中的使用，可以有效地完成以信息干扰、信息收集、信息处理和自动决策等为特点的高度智能化信息作战任务。

第三，成本低廉。"自下而上"的纳米加工路线，与"自上而下"的技术路线不同，几乎没有肉眼可见的硬件单元的连接，不仅省去了大量线路板和接头，没有多余材料的损耗，而且能耗也低，与其他小型系统相比，成本将会更低。前面提到的美国黑寡妇超微飞行器，造价仅为1000美元，如果技术进一步成熟，性价比还会进一步提高。这也印证了美国战略研究所一位研究人员的如下看法：如果美国失去十几艘航空母舰中的四五艘，美国军力可能会受到重创；如果以同样的成本制造袖珍武器，就可以以量取胜，毁了100艘袖珍舰艇和飞机也无关痛痒。

第四，性能大幅度提高。采用纳米技术，能缩小武器装备的体积，降低武器装备的成本，但武器装备的性能却不会降低，反而会大幅度提高。比如，在使现有雷达体积缩小数十倍的同时，其信息处理能力和分辨率却会提升数百倍；制导武器的隐蔽性、机动性和攻击精度会大幅度提高；信息传输的容量和安全性也能得到有力保障；纳米级弹药的能量密度比普通弹药更大，使弹头获得的初始速度更大、射程更远、更便于运输和携带；基于纳米技术的微型武器和防护设备集成的单兵作战装备，能使单兵作战能力和生存能力极大提高。

随着纳米军事技术的进步，纳米武器诞生和大量运用，必将改变传统的作战样式，对未来战争和军事变革带来深远的影响。①

第一，侦测能力大为增强，未来战场更加透明。由于纳米计算机和纳米侦察系统的应用，信息收集、通信、处理与指挥决策能力更强，从太空到空中，从深海到地面，将形成多层次全方位的立体侦察监视网络，从战场到指挥中心都可能暴露在敌方的眼皮之下。另一方面，纳米技术计算机

---

① 李芹、蔡理、吴刚：《纳米器件对未来军事变革的影响》，《电子机械工程》2007年第6期，第3页。

抗电磁干扰能力强，通信安全性能高。换言之，技术相对落后的一方将无谓秘密可言，战场对敌方将会彻底"透明"，而自己却对敌方一无所知。在一定程度上说，信息技术优势预定了战争的胜负。

第二，武器的隐蔽性增强，突袭能力提高，突发性战争概率急剧增大。纳米材料的优异隐身性能必将大量运用于各种攻击性武器和侦察系统，透明的战场加上破坏力强大的隐形攻击武器，为具有技术优势的一方提供了突然袭击的必要条件。

第三，技术优势更加明显，打击目标层次更高。信息技术使战争形态发生了根本性的改变，一方面是打击手段向智能化、精确化方向发展，二是攻击目标从传统的工业生产设施转向通信系统和信息指挥控制系统，使敌方的战争中枢神经系统瘫痪和崩溃，使军队无法发挥应有的作战能力。纳米技术会进一步强化并能很好地满足信息战的要求，对敌方高层目标的打击必然是其首要选择。

第四，战争消耗减少，局部战争爆发的频率可能上升。从冷兵器到热兵器时代，武器装备和战争消耗一路攀升。第二次世界大战以来，战争的科技含量越来越高，而战争的代价也越来越大。在某种程度上，巨额的战争费用也是国际社会视战争手段为解决争端的下策的根本原因之一。短短42天的海湾战争耗资高达600多亿美元，战后美国不得不向英、法、德、日等盟国摊派费用。与此不同，纳米武器所用资源较少，成本相对较低；由于信息和武器上的优势，战争对抗强度和持续时间将受到控制；纳米机器人部分代替士兵投入战场，后勤保障难度和费用都将大为降低。由于战争成本降低，发生微型局部战争的概率有可能会上升。

第二节　纳米军事技术与军事风险

纳米军事技术的成果，既可以用于国内安全，也可用于对外战争。对纳米军事技术领先的国家而言，纳米武器不仅为保障国家安全提供了新的手段，而且通过提升或保持其军事优势，为其在国际关系格局中赢得了更多的经济利益和更大的政治权力。但是，纳米军事技术也可能会给国家安全和国际安全带来更大的风险。

一 纳米军事技术与国家安全

就国家安全而言，纳米技术为其提供了种种防护手段和措施，但也存在着这些技术手段被滥用和被恐怖主义运用的风险。对一个主权国家而言，对其国家安全的威胁主要来自三个方面：一是其他主权国家，二是非国家敌人（non‑state enemy），主要是国际恐怖组织；三是国内的反政府和反社会力量。

当还存在主权国家及国家利益冲突时，国与国之间的竞争与冲突就难以避免。在国际舞台上，军事实力是维护国家利益和国家安全的坚实后盾。冷战结束以后的局部战争表明，现代战争都是一种"非对等战争"，交战双方往往实力悬殊，是否爆发战争也往往取决于强者，而真正实力相当的主权国家之间基本上不可能选择用战争手段解决问题。在纳米技术军事应用过程中，由于各国经济实力和技术基础不同，必然会造成国与国之间的军事实力进一步悬殊，对于相对落后的国家，其国家安全必然会受到巨大威胁。如前所述，基于纳米技术而获得的信息优势和高性能武器，使技术相对落后国家无军事秘密可言，从战场到最高指挥系统都完全被对手控制，要么在主权和利益上屈从于强国，要么在军事冲突中一败涂地。

美国"9·11"事件后，非国家敌人对国家安全的威胁越来越引起主权国家的高度重视。美国为此专门成立了国土安全办公室（the Office of Homeland Security）。对各种真实的和人为制造出来的恐怖袭击的可能性的担忧四处蔓延，比如用装在漂流容器中的脏弹污染水源，在公共交通系统中使用沙林等神经毒气。对国内安全的强调，带来了对隐形、监视与传感设备的新需求，而这恰恰是纳米技术有着广阔应用前景的领域。从这种意义上说，纳米技术提高了国家安全能力。有咨询公司估计，2009 年纳米传感器的市场价值将达到 30 亿美元，而军事与国内安全方面的份额将超过总数的 1/3。

另一方面，纳米技术和纳米武器的特点必然引起反政府力量和恐怖分子的兴趣，未来的纳米武器为他们进行恐怖活动提供了新的选择，增加了它被滥用的可能性，从而对国家安全带来更大的风险。

首先，传统军事技术往往由专门的研发机构垄断，保密性高，非军方人士不易获得。相对而言，由于民用纳米技术与军事纳米技术的研发可能会并驾齐驱、相互促进，许多先进的民用纳米技术很可能被犯罪分子通过商业交易而轻易获得并用于犯罪目的。信息技术的发展，曾经引起了人们对核武器和生化武器激增的担忧。事实证明，这种担忧不是多余的。不仅不少主权国家很快掌握了这类大规模杀伤性武器的关键技术，多次生化恐怖袭击也说明非国家组织也很容易获得这些技术，而其使用则更加难以预防。纳米粒子对健康的损害与其强大的传播感染能力，足以使其与贫铀弹相提并论。目前，人们非常关注纳米军事技术在几个主要国家之外的迅速涌现。如果纳米科技的产品和工艺遍布于整个工业，那么制造纳米武器的技术就会变成唾手可得，并且价格低廉。

其次，运用纳米加工技术和纳米复合材料，可以使现有的常规武器微型化和非金属化。前者使武器便于携带和隐藏，后者则使现有的主要针对金属武器的安全检查方法和设施失效，给武器的安全检查带来了极大的挑战。

再次，纳米加工技术的成熟和武器的微型化，进一步降低了武器制造的难度和成本，使武器扩散更加迅速，对武器的控制和管理难度更大。这些因素可能增加了恐怖袭击的隐蔽性和分散性，提高恐怖袭击的成功率，从而刺激更多的恐怖袭击活动。

最后，如果恐怖分子运用纳米技术改进常规武器和制造新型武器，使他们掌握的武器性能提高，破坏力更强，这也将对国家安全造成更大的威胁。英国国防部就曾表示了这样的担心，利用纳米技术对生化武器进行改进，可能会带来难以检测和防范的新威胁，恐怖分子和非国家组织可能会用它们来攻击国家的基础设施，比如对农作物或者牲畜进行感染。

总之，"纳米武器、炸弹及其设备的使用，将使社会犯罪和恐怖主义更加猖獗"。[①] 纳米武器的特点，将使恐怖活动更加精准和成本低廉，也使对恐怖活动的预防和处置变得更加困难，恐怖活动的成功率提高，将会导致更多的恐怖活动。

二 纳米军事技术与国际安全

如前所述，冷战是基于常规军事实力的旗鼓相当和核恐怖的平衡。在以常规武器为主的常规战争中，两强的正面冲突只能是两败俱伤，他们之

---

① 张凯、何桢、弗雷德里希·斯坦霍斯勒：《纳米技术对社会安全影响的风险评估——基于军事国家和恐怖活动的使用》，《科技进步与对策》2009 年第 20 期，第 157—160 页。

间的冲突与角力只能通过支持各自的附庸国而展开，冲突的规模也仅限于局部战争。核武器只是作为备而不用的战略威慑力量，各核大国都遵循着"确保相互毁灭"的原则——每一方都确信，当对方遭受己方的核攻击时，会有足够的时间和能力给攻击者（己方）以致命的核报复。正是在这种意义上，核武器使战争拥有了毁灭人类的能力，又正是这种同归于尽的毁灭能力导致了世界的冷战和维系着"恐怖的和平"。

　　在霸权主义仍然盛行、冷战思维仍然存在的"一超多强"的格局下，国际安全主要取决于超级大国的国际思维，特别是其军事战略思维。在美国的军事战略思维中，曾把苏联视为其军事霸权的"同辈竞争者"，苏联解体后，中国又被视为其"同辈竞争者"的主要候选人。对这类"潜在竞争对手"，其主要策略是遏制；对于其他发展中国家，只要有碍于美国在该地区的主导地位和战略利益，如果不能归顺，就会被视为"流氓国家"而以武力相威胁或者征服。"技术决胜"是美国军事战略思维的根本特征。20世纪80年代，美国前总统里根就提出"星球大战计划"，试图打破美苏间的军事平衡而谋求美军的优势地位。对于新兴的纳米军事技术，美国其实已经遥遥领先于其他国家，但他们自己仍然以美国没能占据绝对领先地位而忧心忡忡。阿尔特曼指出："与在其他军事领域一样，美国在纳米军事技术上投入的研发力量也是全世界最大的。近年来，美国极大地增加了其纳米军事研发的投入，以确保把其他国家甩在身后。"[1]早在20世纪80年代，美国国防部就在微电子学领域开展了纳米尺度的研究；到80年代末，当第一台扫描探针显微镜诞生后，它立即成为美国军事技术研发的主要焦点；1996年，纳米科学被称为六大国防战略研究领域之一；1997年国防部用于纳米科技的研究经费为3200万美元，约占美国政府在此项目上总支出的1/4强；1999年，国防部在纳米科技研究上的投入增加到7000万美元，其中的5000万美元用于纳米电子技术研究。此外，与国防相关的其他研究部门亦积极投资纳米军事技术的研究。美国国防部在2000年NNI建立伊始，就获得了其中的主要份额（1/4强），仅次于国家科学基金会所获得的资助。并且从第二个财年开始，其国防部所获研究经费中用于应用研究和先进技术研究的比例迅速提高，约占55%。

---

　　[1]　Jürgen Altmann, *Military Nanotechnology*: *Potential Applications and Preventive Arms Control*, Routledge，2006，p. 38.

除了美国之外，英国、德国、法国、俄罗斯等国家也十分关注纳米技术的军事应用。阿尔特曼对 2003 年国际军事纳米技术的研发经费进行了比较。据他估算，美国军方从 NII 中获得了 24300 万美元；英国大概为 210 万欧元；德国则在 20 万欧元左右；法国则可能与英国接近，整个西欧每年不超过 2000 万欧元，大约为美国的 1/12—1/16 左右。对于俄罗斯和中国而言，若以英法等国纳米军事技术在军事技术研发总经费中 10% 的相同比例计算，则分别为 200 万美元和 100 万美元。总之，除美国以外的其他国家，每年投入纳米军事技术研发的总数大概在 3000—4000 万美元之间，是美国的 1/8—1/6。根据已有的经验，当技术从基础研究阶段向开发与应用阶段过度时，研究经费的投入会迅速增加。① 在纳米军事技术研究经费的投入上，美国是其他所有国家投入总和的 6—8 倍。若再考虑到民用技术研发对军事技术的促进作用，那么与其他国家相比，美国在纳米军事技术上已经遥遥领先。很明显，美国在纳米军事技术研发上的实际投入，是美国军方重视纳米军事技术的战略意义的具体体现，也是其"技术决胜"思维特征的具体体现。

很明显，美国军方视纳米技术为其保持并拉大与其他国家军事技术差距的重要机遇。美国的这种"努力"，很有可能会打破国际军事力量的平衡，甚至使其他国家的核威慑失去效力，从而引起其他国家对自身安全问题的严重担忧。在缺乏相互信任的国际关系格局中，弱国无外交，强者才有话语权。国家安全是任何主权国家的底线，不能说每一个国家都存有"害人之心"，但每一个国家最现实的选择只能是"防人之心不可无"。面对纳米军事技术引起的变革及军事力量的非平衡发展，有一定经济实力和技术基础的主权国家，出于对自身安全的忧虑，必然会通过高技术研发以增强军事实力而不会自甘落后。"落后就要挨打"，这是一条铁的定律。"二战"中，美国之所以敢于使用原子弹，一个重要原因就是除它之外没有其他国家拥有这种破坏性力量。如果未来还有战争，那谁也不想成为战争中的第二个日本。近年来，在国际核裁军成为主流的情况下，一些国家不顾国际社会的强烈反对和严厉制裁，想方设法加入国际"核俱乐部"即是明证。如果纳米军事技术果真具有如此潜力，则围绕它而展开新一轮

① Jürgen Altmann, *Military Nanotechnology: Potential Applications and Preventive Arms Control*, Routledge, 2006, p. 68.

军备竞赛就会在所难免。在激烈的军备竞赛中，如果某个国家遥遥领先，并因此而获得了超越"确保相互毁灭"原则的能力，它就面临着在其他国家赶上之前是否凭此按自己的意愿改变世界秩序的抉择。尽管美国是唯一的超级大国，但它也对自己能否长久保持超级大国的地位而深表忧虑，对其他国家发展大规模杀伤性武器和获得新一代军事技术的速度和能力感到惊奇。这种担心往往会促使像美国这样的领先国家对潜在的敌人和竞争对手采取遏制甚至"先发制人"的手段，而决不会让其迅速"坐大"成为自己的现实威胁。另一种情况是，竞争各方在各个关键领域都势均力敌，结果是进一步刺激各方加快研发步伐，力图跟上并企图最终在质量和数量上超越对手。更严重的是，如果拥有生化武器和核武器的一些竞争对手在竞争中处于劣势，必然会担心被对手远远抛在后面。激烈竞争中的落伍者或者可能落伍者会更加看重既有毁灭性武器的价值，也就是说，一旦失去"后发制人"的能力，与其坐以待毙，不如"先发制人"。因此，不断升级的军备竞赛，无论其结果如何，都会增加国际安全风险。

事实上，不只是目前的军事大国和军事强国有开发纳米新武器以保持其军事优势的动力。一些被排除在"核俱乐部"之外的国家，面对各种国际公约的种种限制，要想再挤入该俱乐部已经不大可能，而目前针对纳米技术的技术标准与禁区尚未建立，对其军事应用也还没有什么硬性的约束，这正好给他们提供了开发新武器的机会，以增强自己的军事实力，谋求国际话语权。在谁都没有绝对优势的情况下，纳米武器的非均衡发展，可能会成为重建国际关系新格局的重要因素，这势必会引起国际关系的重新洗牌。

第三节　纳米武器的伦理反思

战争作为解决人类社会集团利益冲突的最高手段，与人类社会相伴而生。战争伦理主要涉及道德进步如何影响战争，以及战争对道德的挑战。有学者认为，"可以将战争伦理分为军事伦理和军备伦理、军人伦理三个层面，分别代表基于人、武器以及人与武器相结合而采取的行动——作战之上的伦理规范，它们都是随着时代的发展而发展的"。[1] 当然，这三个方面是相互联系、相互影响的。其中，基于军事技术发展而迅速变化的武

---

[1]　刘戟锋、曾华锋：《战争伦理：一种世界观念》，《伦理学研究》2006年第4期，第85页。

器装备，对战争伦理的影响最为明显。武器装备是军事技术的物化，而军事技术在本质上是科技成果被"恶用"的产物。不管武器的形态如何变化，其"杀人工具"的基本性质不会改变。武器的科技含量越高，它对人的生命、财产、尊严和生态环境造成的破坏也越巨大。

一 纳米武器可能消解正义战争标准

关于战争的道德拷问，形成了两种绝对对立的观点，即纵容主义与和平主义。纵容主义来自古人对战争力量的崇拜，认为道德准则不适用于战争，战争不是一种抉择，而是一种必然。与此相反，"和平主义则反对战争和有组织的暴力行动，提倡采取各种可导致和平与正义的替代手段，其道德原则基础是：从道德上来讲绝对不允许某些形式的杀戮，无论是他杀还是战争"。但在事实层面上，无论赞成也好，反对也好，战争总是在以种种形式继续着。这就涉及战争的必然性问题。对此，人们发现只要战争是实现某些既定目标不可或缺的手段时，战争就是合理的。当然，"既定目标"的正当性，本身又是需要适当回答的道德问题。比如战争或者暴力是制止非法行为的唯一选择，那这种选择就是正当的、正义的。这就是关于战争性质的正义战争理论。

正义战争理论在当下的军事伦理中占据主导地位。关于正义战争的标准，主要有：（1）合法的权威；（2）正义事业；（3）最后的手段；（4）适度；（5）胜利有望；（6）正当的意图；（7）正当的行为。[①]

这些标准，可以理解为目的—手段—结果的统一。我们认为，假定正义战争的标准没有问题，但它的实现也是有前提的，即可能发生战争的双方，在军事实力上应该是势均力敌的。否则，这些标准就可能沦为强者发动"正义"战争的借口。在这几个标准中，（1）是说谁有权决定是否采取战争手段，或由谁授权进行战争。就当今世界而言，"合法的权威"是联合国安理会。如果说海湾战争是在联合国授权下进行的驱逐侵略者的战争，既有正义性又有合法性的话，那么后来的科索沃战争、阿富汗战争和伊拉克战争则两者都不具备。这说明，只要一个国家或者国家联盟有足够的实力，为达到自己的目的（正义的与非正义的）也可以无须安理会的授权而绕过它行事，所以（1）的存在本身就是值得怀疑的。就（2）和

① 刘戟锋、曾华锋：《战争伦理：一种世界观念》，《伦理学研究》2006年第4期，第86页。

(4) 而言，直接涉及战争的"既定目标"。假设"合法的权威"存在，但它的决议的"正义"性仍然值得怀疑。这是因为，联合国的决议形成过程是主要国家利益博弈的过程，国家利益远远高于对别国的"正义"。再者，即使能够做出决议，决议的执行也存在问题。就（3）而言，可以理解为某种形式的"最后通牒"，但在现实中，"最后通牒"仅仅是强者对弱者的威胁和恐吓。当强者提出的条件完全超出弱者的承受限度时，弱者的拒绝是否可以视为强者选择战争的充分条件？就（5）而言，相反的情况就是如果强者认为采取战争"胜利无望"，则会不采用战争，在这种意义上是否可以理解为正义是以实力为先决条件的？如果这种理解能成立，那么基于目标的正义性就更值得怀疑了。无所不用其极，是军队在战争手段上的真实写照，当没有人能阻止战争爆发的时候，也没有人能阻止交战双方对手段的选择，为了达到既定的目标，胜利才是最高标准。为此，谁也不会顾及对方能够接受何种破坏方式。因此（4）和（7）关于手段的使用的规定也是不现实的。

从已有的技术水平与军事实力的关系看，技术的先进与落后会造成军事实力的悬殊，而战争都是强者对弱者的非对等战争。我们完全可以认为，纳米技术会使先进与落后之间的差距更加明显。如前所述，从世界主要国家关于纳米技术研发投入与成果产出来看，二者是成正相关的，美国投入最多，取得的成果（包括论文和专利）总数也最多。如果按照这种趋势发展，不同国家在纳米军事技术上的差距将会越拉越大，其结果很有可能会打破现有的"恐怖的平衡"，出现武器代际的差别，犹如历史上长弓对骑士、枪炮对大刀、来福对火枪、坦克对步兵一样。这种绝对的优势会使美国等纳米技术领先国家产生大规模战争具有存活能力的想法，"技术决胜"增加了其以武力解决国际争端的可能性。纳米技术是否会因此而沦为强权政治和霸权主义的工具，从而以"正义战争"之名行"非正义战争"之实呢？

二　纳米武器不会使战争手段更人道

出于道义的原因，人类很早就开始了对战争手段进行限制的努力。早在公元1139年，教皇因诺森特二世就呼吁在战争中禁止使用石弓；1868年的《圣彼得堡宣言》明确规定"作战的目的在于削弱敌人之军事威力，即使敌方军队失去其战斗能力。故使用使交战者过分痛苦而死亡的武器，实为超越此目的之范围"。"战争之行动应服从人道之原则，故需限制技术使用之范围"。在后来的海牙公约和日内瓦公约中，都有禁止使用极度残酷的武器的相关规定。但是，正如前面所述，在实际的军事冲突中，在战争手段上却是"无所不用其极"，乃至于产生了对战争手段的放任态度，进而演变成"工业技术和平主义"。其主要思想是科学技术的发展和工业化将导致战争的自行消亡，也就是由于科技的发展引起战争手段的变化，这种变化将消灭战争。不是限制科学技术在战争中的使用，而是希望通过科学技术的进一步发展和应用来最终消灭战争。门捷列夫、巴斯德和诺贝尔等科学家都持这一观点。比如巴斯德就认为，这样一天终将到来：即科学的进展促使毁灭有可能达到极度，以致任何矛盾都成为不可能，此时战争就会自行消灭。原子弹的成功爆炸，似乎证明了这种观点。因其相互毁灭而同归于尽的后果而实现了"恐怖的和平"。其实不然，核武器并未消除战争，核均势格局只是使战争回复到有限常规战争水平，为战争手段设定了上限而已，核战争的威胁，始终是悬挂在人类头上的"达摩克利斯之剑"。在这一上限之下，军事技术总有打擦边球的嫌疑，各种高技术武器的实际使用，使现代战争处于"亚核"状态。

　　武器本质上是非人道的。不管武器的形态如何变化，武器作为杀人工具的本质并没有改变。技术进步与武器改良的相互促进过程，就是利用最先进的技术制造更高效的杀人工具的过程。一方面，最先进的技术往往是最先被用于军事目的，技术越先进，武器的威力越大，杀人的效能越高；另一方面，军方也往往是高风险技术研发的最大投资者，最先进的技术往往诞生于军事技术的研发。因此，纳米技术作为最有发展潜力的高技术，其军事应用是必然的。从纳米武器的类型上看，一是运用纳米技术改进传统常规武器，二是制造新型武器。就改进后的常规武器而言，只会是精度更高，威力更大，目的是进一步提高战争的效能。就新型纳米武器而言，其最大的特点可能是不确定性。这种不确定性既包括武器性能的不确定性，也包括研制成功后是否使用的不确定性。也许这种不确定性完全可能与当初制造原子弹时的情况类似：以为它只是杀伤力更强的炸弹，与其他致命的爆炸武器没有本质的区别，然而结果得到的却是足以毁灭整个人类的凶器。科学家在原子弹研制初期就已经推断到了它的破坏力，试图通过发现其"理论缺陷"而名正言顺地放弃原子弹的研制；当原子弹研制成功时，他们又希望在是否使用原子弹上有决定性的发言权；当这些希望和要求落空后，他们还是希望不要把它用于战场而只是在无人区试爆以达到威慑的目的。可事实是，科学家们既无力阻止原子弹的研制，也无力阻止它的使用。这一过程似乎说明，技术一旦走上军事应用之道，战场才是其最后归宿。

更为重要的是，从研制到试验再到战场使用，除了战争对象日本成了原子弹的受害者之外，核试验场地的土著居民（美、苏、英、法等国的几乎所有核试验都是在殖民地或者被奴役的土著居民居住地上进行）、甚至本国公民都成为核武器试验的牺牲品。20 世纪 50 年代，美国在太平洋比基尼岛进行了 21 次核试验，过往船只的乘客和岛屿附近的居民直接受到核辐射影响导致病变和死亡，到 1968 年，回岛进行重新居住试验的人体内发现有异常量的放射性物质。为了研究放射性物质对人体的影响，美国政府还进行了"人体核试验"，即在病人、孕妇、囚犯、低能儿体内注入生产原子弹的钚和铀。由此推知，作为一种杀人工具，纳米武器是没有人道保障的；相反，与历史上的其他武器一样，它被非人道地使用也许更为可能。

战争无外乎是攻防的较量，纳米军事技术不仅增强了优势方的攻击能力，而且通过改进单兵作战系统和防护系统，还会大大降低士兵伤亡风险，从而引起民众和士兵对战争态度的变化。事实证明，一个国家如果有绝对的军事优势发动对外战争，战争的政治风险主要来自国内民众反战和士兵厌战。就反战的民众而言，他们真正关心的是战争的成本与收益，不排除也有对战争对象的人道主义同情，但前者是主要的。无论是两次世界大战还是最近的海湾战争，人道的因素并没能阻止战争的爆发，特别是第二次伊拉克战争，发动战争的理由是其拥有大规模杀伤性武器——但那仅仅是基于怀疑。尽管美国已经正式承认伊拉克战争是基于错误的情报而发动的，但美国仍然无须对战争造成的破坏负责。其实，只要对伊战争目标和决心已定，借口是可以随意"制造"的。归根结底，有了绝对的军事优势，就一定要据此谋取自己的利益，美国民众决不会因为对伊拉克平民的同情而放弃他们想要的石油。就士兵厌战而言，主要是源于士兵的伤亡率。这两个问题，都可能因纳米军事技术的发展而得到缓解甚至解决。也就是说，技术上的绝对优势使战争胜券在握，提高了民众对战争的认可度，降低民众反战的政治风险；而低死亡率则会降低士兵的厌战情绪，战争还可能成为士兵表现自己作为"超级战士"的机会。这些变化很可能会使政治家在面临是否选择战争方式解决争端时不再犹豫不决。

最后，纳米技术还可以实现对士兵身体机能进行非治疗性增强，通过纳米材料的注入和纳米芯片的植入，增强肌肉的力量，提高肌腱的韧性，增加记忆容量，提高反应速度，拓宽感知范围等，使士兵成为"人—机"嵌合体，从而成为真正的"超级战士"，以完成特殊的作战任务。但是，这是否侵犯了作为"自然人"的士兵的人格和尊严？士兵们会被事先告知吗？即使他们做出知情同意的选择，一旦战斗任务完成，这种增强对他们今后作为普通公民的生活将有何影响？也就是说，用于战争目的的士兵身体机能增强，对士兵而言本身就可能是不人道的行为。

三　纳米武器可能会降低军人的伦理水准

军人是战争的主体，是战斗任务的执行者。圆满地完成作战任务，是军人的天职。军人的职业角色决定了一旦战争打响，胜利才是其唯一目标。然而，作为正常的社会人，军人必定还有正义感与同情心。然而，远距离、信息化使战争所具有的间接性特点，容易使战争参与者漠视"敌人"作为人的尊严，战争手段间接化，杀人于无形，更易使战争非人道化。传感器、遥控装置、火箭、导弹导航系统早已使军队远离屠杀和毁灭现场，而不会对自身造成严重威胁。战场上面对面的对抗与拼杀，往往还有惺惺相惜的心理感受。如果不是面对面地施暴于受害者而引起的心理反应，我们很难确定"二战"后纳粹战犯和士兵还会对非人道的战争罪行（细菌战、人体实验、集体屠杀）进行深刻的反思和真诚的忏悔，更不用说科学家和有关人士对使用原子弹的反省。血淋淋的对抗变成远隔千里的实验室中技术研发人员间不流血的竞争，先进军事技术混淆了真实战争与杀人游戏之间的区别，对抗的双方仅仅针对电脑屏幕上的数据做出反应，把大规模屠杀变成仅仅是按一下按钮或者点一下鼠标的事，高空轰炸机上的投弹手，看见的只是被锁定的轰炸目标在仪表盘上的数据，而不是地面上活生生的人或物。战争形态的变化，将不再有"身临其境"和"感同身受"的体验，交战双方都可能因此而不再有人道方面的考量。

总之，缺乏道德情感的真实体验，仅靠逻辑推演很难实现道德情感和伦理原则的内化。相反，已有的研究表明，计算机杀人游戏会增加青少年的暴力倾向。到目前为止，已经有不少关于青少年因沉迷于杀人游戏而表现出攻击行为的报道。与此类似，纳米技术提供的更为逼真的实战模拟训练系统，可能会影响士兵的人格，强化士兵的杀戮倾向。

此外，如果用攻击性纳米机器人代替士兵进入战场，一旦启动攻击程序，那它们的杀戮可能没有任何同情心可言。反之，如果敌方能对纳米机器人进行"反向编程"，使其向"主人"倒戈，"主人"最后也会自食其果，成为"无情杀手"的牺牲品。再者，如果高智能纳米机器人在心智和情感上都优于自然人，那么它们是否还会服从其"主人"（制造者）的命令和差遣？它们是否会形成自己的伦理道德准则？如果可能的话，这些准则也许根本就不会顾及人的感受，人是否能被"人道"地对待？

四　纳米武器研发会浪费大量资源

高技术武器研发与制造成本越来越高。美国自 1945 年实施"曼哈顿工程"的半个世纪以来，已经花费了 40000 亿美元用于生产核弹头、战略导弹及其维护，约占国防开支的 1/4—1/3，而每销毁一枚核弹头，需要花费 3 万—15 万美元。据估计，目前武器研发汇聚了世界上 50 万名最优秀的科学家和工程技术人员，吸引了世界上 1/3 到 1/2 的人力和物力。F-15 战斗机的单机造价为 4700 万美元，F-22 战斗机为 13000 万美元，B-2 隐形战略轰炸机约为 20 亿美元，"杜鲁门"号核动力航母造价为 45 亿美元。在资源耗费方面，每年用于军工的钢铁约占全球总用量的 9%，铜、镍、铂等稀有金属每年用量超过发展中国家需求的总和，每年用于维持军备的石油占世界消耗总量的 6%，约为所有发展中国家消耗总量的 50%，全球用作军事基地的土地约占总量的 0.5%—1%，这一数字不包括军工工业、军队调动和飞行训练所占的土地。①

武器研发占用和消耗了大量的资源，这意味着使人类失去了解决诸如饥饿、疾病、饮水等民生问题的机会。武器研发的结果是制造出更有效的杀人工具，它们只是政治家用以维护"国家利益"的"底气"，从研发目的到真实使用再到其破坏性的结果，都不为人类生存与发展所必需，对人类来说都意味着科技的"恶用"。同样，以美国为例，从目前关于纳米技术研发的投入上看，纳米军事技术占了相当大的比例，必然会造成有限资源的浪费。更为重要的是，纳米技术一旦取得突破，其军事运用的潜力真

---

① 曾华锋等：《武器研发的伦理困境与科学家的道德责任》，《北京理工大学学报（社会科学版）》2007 年第 5 期，第 34 页。

正显现，围绕纳米军事技术展开的国际军备竞赛将会进一步加剧这种消耗和浪费。

纳米技术军事应用还可能带来进一步的风险，那就是可能会危及纳米技术本身的发展及其民用。如前所述，民用纳米技术与军事纳米技术可能共同发展，相互促进，那么，从民用纳米技术就能轻易地获得"分子装配器"技术。基于分子装配技术的纳米机器人，如果加上同步发展的人工智能成就，是否会形成能自我复制和具有自我意识的机器人世界？这个问题应该是开放的。即使在出现这种情况之前，如果民用分子纳米技术使得制造大规模杀伤性武器成为轻而易举的事，那么政府必定会采取更加严厉的监管措施，使纳米技术的研究与应用处于秘密状态。如此一来，无论是在发达国家，还是在发展中国家，利用纳米技术造福于公众的机会可能都会大大减小。

五　纳米武器研发的伦理原则

战争与人类历史如影随形，它作为文明的先天弊病，还将长期存在下去。作为一种客观现象，它又必然有其存在的道德合理性。有学者指出，"现代战争伦理的价值目标应当是追求历史之真和政治之善的和谐统一，即现代战争应当在消除国家之间的敌视和对立的僵局、制止霸权主义和强权政治、维护世界和平以及基于人类基本权利的普遍正义方面发挥积极作用"。战争本身不是目的，它是为政治服务的，是政治通过另一种手段（暴力）的继续。如果战争毁灭了人类，也就消除了政治，战争本身也就走向了异化。战争的伦理目的应该是向善的，作为战争手段的武器装备的研发，也应该受到战争伦理的制约。

武器作为战争工具，是一种特殊的人工自然物，它从一开始就蕴含着特定的目的，负载着特定的价值目标。现代高科技使武器装备更新换代速度越来越快，破坏性越来越强。然而，核武器的出现终结了对武器威力越大越好的追求。因为核武器的威力使核战争成为毁灭整个人类的行为，已经失去了战争作为政治手段的意义。从生存和安全的基本需要出发，人类不得不认真思考包括纳米技术在内的高技术武器研发应该遵循的伦理原则。①

第一，后果可控原则。如前所述，战争的伦理目的是向善，正义战争

① 陈晓兵：《武器装备研发的伦理原则》，《湖南社会科学》2006 年第 6 期，第 14—15 页。

是通过有限的暴力实现正义之目的，促进人类的整体进步。武器的研发应该服从和服务于这一目的和价值取向。特别是在当代高技术条件下，武器的破坏效能必须置于人类可以控制的范围之内，后果可控原则也因此成为武器研发首先必须遵循的原则。从既有的科技与武器研发的关系看，纳米技术已经并一定会继续被用于军事目的。从技术潜力看，它具有很大的不确定性。且不说它可能研制出比核武器破坏力更强的大规模杀伤性武器，就是围绕纳米军事技术的竞争而带来的军事力量失衡，本身就是一件极其危险的事情，因为这种失衡会使优势方和落后方都可能采取先发制人的手段。换言之，这种失衡极有可能成为核按钮的触发器。人类已经高度地依赖于技术，技术的可能性就是人类的可能性，只要毁灭性技术及其物化成果存在，人类毁灭概率就不会为零。所以，只有彻底销毁了大规模杀伤性武器，人类才有真正的安全可言。如何避免纳米军事技术重蹈核生化武器的覆辙，确实是个值得严肃思考的问题。

第二，生态原则。自然界是人类的无机的身体，适宜的自然生态环境是人类生存和发展的前提。"皮之不存，毛将焉附"，现代高技术武器不仅会对人的生命造成威胁，还可能会对特定的生态系统甚至整个地球造成毁灭性的破坏，从而使整个人类丧失生存的家园。因此，此处的生态原则，是指武器的毁坏效能应控制在生态阈值的范围内，即不超出生态系统的恢复能力。核武器、生化武器对生态环境的破坏能力和长远影响，已经为世人所熟知。尽管没有爆发大规模核生化战争，但处于其边缘的现代高技术战争，越来越凸显出对生态环境的破坏性影响，人对人的战争，同时也是人对自然的战争。特别是自 1991 年海湾战争以来的历次高技术战争对生态环境的巨大破坏，使人们对这一问题愈来愈关注。[①]

如前所述，纳米技术不仅可以用于改进既有的武器装备，提高战争效能，而且围绕它的竞争还可能出现先发制人地使用核武器及生化武器的冒险行为。此外，一旦具有自我复制能力的分子装配器失去控制或者出现技术上的差错，就会造成无止境地消耗地球资源，使地球最终变成一堆"灰色黏稠物"。

第三，人道原则。战争伦理的向善取向，决定了战争决不是以消灭敌

---

① 贾珺:《高技术条件下的人类、战争与环境》,《史学月刊》2006 年第 1 期, 第 114—123 页。

人肉体和残害生命为目的，而是应该将暴力限制在削减敌人的战斗能力和使其失去当下的反抗能力上。对于战争中武器的使用和研发而言，遵循人性原则就是把武器装备的功能定位于征服敌人的意志，剥夺敌人的抵抗能力和信心，而不是旨在彻底消灭其肉体。在战争没能彻底消灭前，作为杀人工具的武器就不会消失，运用科学技术制造新的武器的活动就不会停止，其非人道的一面还将继续显现。尽管如此，我们还是要尽可能使纳米武器的研发更接近人道要求，不能使其不加区别地毁灭一切或者增加不必要的痛苦。

　　显然，武器研发中的伦理限制，只是一种不得已的现实选择，不可能因武器的改进而最终实现战争的向善目的。以武力征服为特征的战争，总是包含着一些人对另一些人的强制——面对强敌的战争威胁，要么死亡，要么屈从。无论如何，身体杀戮和精神强制都不是人道的行为。

第七章 纳米技术的风险管理与
伦理规约

　　风险总是伴随着新技术的产生而出现。认识纳米技术的风险，目的在于加强风险管理，尽可能消除或降低其负面影响，达到趋利避害的目的。风险管理总是涉及责任问题，在对纳米技术风险的管理中，必须高度重视风险的伦理维度，强化主体的责任意识，明确主体的伦理责任。纳米技术的风险管理过程，也是解决相关伦理问题的过程。反之，对纳米技术的伦理规约，也是纳米技术风险管理的重要内容。

第一节　纳米技术风险的不确定性与管理原则

　　劳伦斯（W. Lowrance）认为，风险是"对发生负面影响的可能性和强度的一种综合测量"。[①] 负面影响即危害，风险实际上包括产生危害的可能性和总体强度两个方面。风险是发生危害的可能性与危害强度的综合产物。风险管理一般包括风险评估（风险确认、风险测算、风险评价）与风险控制。风险确认则是根据既有的科学水平确定会发生什么样的危害，即风险是什么；风险测算就是测算风险发生的概率；风险评价则是根据既有的价值原则，确认这样的风险是否可接受。风险控制则是以风险评估为基础，尽量避免风险变为现实伤害，或者把风险控制在可接受的范围内。可见，风险评估是对风险的理性认识，风险控制则是在操作层面对风险施加影响。在整个风险管理过程中，风险评估具有基础性的地位。而对风险本性的把握，又是整个风险管理的起点。

---

① 转引自王玉平：《科学技术发展的伦理问题研究》，中国科学技术出版社 2008 年版，第
189 页。

一　纳米技术风险的不确定性

前面各章分别探讨了纳米技术的健康风险、环境风险、社会风险、军事风险及相关的伦理问题。但是，对纳米技术风险的这些探讨主要还是基于一些有限的事实，还有很多猜测的成分，或者说主要是基于一种纯粹的可能性讨论（mere possibility arguments，MPAs）。正如前面已经论述过的，纳米技术风险的最大特征就是其不确定性。目前比较一致的看法是，纳米技术的风险不同于一般意义上的风险。与纳米技术相关的风险主要是指向尚未实现的可能性（unrealized possibility），比如纳米技术可能用于窃听、可能侵犯隐私，可能代替士兵或者纳米装置可以植入人体控制人的行为等，还不能对这些可能性做出有意义的概率估算。瑞典皇家理工学院技术哲学与技术史系的斯文·O. 汉森（Sven Ove Hansson）认为，"从风险分析的术语看，纳米技术的可能危险（danger）应该看作不确定性（uncertainties），而不是风险（risks）。从决策论看，二者的区别在于：在风险下的决策意味着我们知道可能的结果是什么，也知道这些结果发生的概率；而在不确定性下决策意味着或者根本不知道结果发生的概率，或者仅仅是知道得极不充分"。在巨大的不确定性下，不仅不知道结果发生的概率，也缺乏其他相关信息。"因此，在巨大的不确定性下决策，我们可能会既意识不到能够选择的选项是什么、这些选项的可能结果是什么，也不知道从他人（比如专家）那里获得的信息是否可靠，或者如何评价不同的结果。"① 归纳起来，造成这种不确定性的主要原因如下：

首先，纳米技术是不同技术的集合，涉及不同的学科和生产领域。荷兰代夫特理工大学的马克·J. 德弗里斯（Marc J. de Vries）认为，纳米技术是高度复杂的技术发展阶段，相对于我们现有的知识而言，它具有许多不确定性。他运用"技术人工制品的两重性"方法（the "Dual Nature of Technical Artifacts" approach），对纳米技术的复杂性进行了分析。这一方法认为，任何技术人工物都具有物理本质（physical nature）和功能本质（functional nature）两个方面。物理本质就是其非关系或者非目的

---

① Sven Ove Hansson, Great Uncertainty About Small Things, Joachim Schummer, Davis Baird, *Nanotechnology Challenges*: *Implications for Philosophy*, *Ethics and Society*, London: World Scientific Publishing Co. Pte. Ltd. , 2006, pp. 315 – 325.

（the non – relational or non – intentional）的方面，比如尺寸、形状、重量和结构等，也就是其描述性的方面；所谓功能本质就是技术人工物能完成什么功能。德弗里斯把纳米技术理解为在纳米尺度上对单个原子和分子的操作，纳米科学则是在纳米尺度上对自然现象的科学知识的发展。然后他逐一分析了纳米科技的各个方面的复杂性和相应的不确定性。在量子力学领域，微观粒子的确定数目与宏观状态的描述完全不同，要实现德雷克斯勒"自下而上"微观操作的宏观结果，必须要有大量的分子装配器，通用分子装配器的合理性本身还存在不少问题；在空间尺度上，纳米科技操作的对象都是难以观察和操纵的东西；在物理学和运动学方面，纳米粒子的运动和能量都需要根据量子现象来描述，而相应的量子现象还不完全清楚，对其物理本质的创造与对其功能本质的归因往往是同时发生，这一过程与传统技术完全不同；纳米物质已经产生了不少生物效应问题，而其作用机制和更多的效应也还处于不确定之中；对于纳米物质到底是什么样子，我们只能以通过非常间接的手段获得的间接信息为基础，进行抽象和概念化而已；在纳米尺度上，生命与非生命的界限已经模糊；对于纳米技术的研究，则是建立在我们对它的想象的基础上的——我们认为纳米技术是什么样子，我们就按照我们的认识方式开展研究；这种不确定性其实在术语上就表现为"纳米科学"与"纳米技术"之间区分的模糊性；纳米物质与传统技术物之间在审美意义上是否和谐还不得而知；在立法方面，由于对纳米物质的基本性质了解不多，还不能完全确定现有的相关法规是否已经滞后，如果建立新的法规，还不知道怎样的法规才是合适的法规；在实践中，不合意的纳米生产活动已经由于法规的滞后而有"违规"的机会，但我们又似乎还不能遏制这些现象的发生；由于不知道纳米技术在将来到底是什么样子，我们对其伦理问题也还难以进行具体的讨论，因此似乎也难以给出指导纳米技术发展的伦理准则；而最不确定的方面是人们对纳米技术的信心，目前推动纳米技术发展的动力主要来自它带给未来的希望——它终将给予我们彻底控制世界的手段，而问题在于这种手段是用于控制自然呢，还是实现一些人对另一些人的控制？总之，由于纳米技术跨学科的特点，决定了要做出发展纳米技术的明智决策是困难的，相应地，其发展过程中到底会遇到什么风险具有很大的不确定性。[1]

---

[1] Marc J. de Vries, Analyzing the Complexity of Nanotechnology, Joachim Schummer, Davis Baird. *Nanotechnology Challenges：Implications for Philosophy，Ethics and Society* , London：World Scientific Publishing Co. Pte. Ltd. , 2006, pp. 165 – 179.

其次，由于纳米技术还处于起步阶段，甚至对特定特性与特定风险之间的关系都还缺乏最基本的理解。用于描述纳米物质特性、检测和测量它在不同环境（工作环境、人体和环境媒介）中的存在的许多方法和工具等都还处于发展的初级阶段。

再次，由于纳米物质与其相应的块体物质之间的性质差异极大，目前还不知道在何种程度上现有的常规化学知识能用于预测纳米物质的潜在风险。从已有的知识看，与其新颖特性相伴的新风险及其毒性机制似乎都不能从其相应的块体材料的性质推演出来。危害是由物质的内在特性引起的，潜在的风险与新颖的理化性质和不同的运用相关。纳米材料及其应用的多样性，既是纳米技术的希望所在，也是研究纳米技术潜在风险的困难所在。纳米技术使各种材料的性质大相径庭，而且同种材料还有成百上千种变体，这就进一步加增了把握其理化性质及生物和环境效应的难度。此外，风险评估还得考虑暴露的概率，特定材料及其运用又有不同的暴露源和暴露途径。总之，纳米技术的风险研究需要理解纳米物质的特性、生物和环境效应、转移方式、急性的和长期的毒性等。在所有这些领域，现有的测试和评估方法都需要重新检视，但还不知道通过何种程度的修订和改进才能适用于这些新物质状态。

最后，支撑纳米技术及 NBIC 会聚技术的形而上学研究纲领（the metaphysical research program）蕴含着新颖的哲学态度，使纳米技术对未来的影响具有新的不确定性。法国巴黎理工大学（Ecole Polytechnique）的让－皮埃尔·杜普伊（Jean－Pierre Dupuy）和阿列克谢·格林鲍姆（Alexei Grinbaum）认为，NBIC 会聚可以追溯到 1948 年冯·诺伊曼在加州理工学院关于复杂性和自我复制自动机的会议报告。诺伊曼在其自动机的研究中，对复杂性提出了如下看法：复杂性意味着把功能还原为结构的方法是无效的。他假定，一个热力学系统，当其大小（magnitude）小于某一阈值时，它就会退化，也就是说它的组织度只会降低，而当大于这一阈值时，它的复杂性就可能增加。他推测，复杂性的这一阈值也是物体的结构变得比对其特性的描述更简单之处。据此，诺伊曼预言，自动机的制造者在其创造物面前会发现自己茫然无措，就与我们在面对复杂的自然现象时的感觉一样。在这种意义上，诺伊曼已经建立了所谓的"自下而上"的方法，这其实就是纳米技术的最初的灵感。根据这一方法的哲学假定，未来的工程师就不再是那些构思和设计一个结构以实现某种功能的人，而是那些当他们被其创造物震惊时才知道自己取得了成功的人。对于纳米技术而言,纳米物体不可预测的特性,就意味着工程师只有直到真正开始制造纳米机器时,才知道如何制造它。

当然,并不是所有的纳米技术创造物质都属于复杂性范畴,就目前的纳米技术风险而言,主要还是如何处理纳米材料的毒性。但无论如何,纳米技术的影响并不仅仅局限于技术本身,还包括驱动技术发展的形而上学理念——按照我们的意愿支配世界。而创造(或再造)自然、接管自然和生命的工作、扮演进化的工程师,正是这一形而上学理念重要的维度。创造生命、制造生命、设计分子装配器,就不得不面对复杂性问题,而这正是把我们引向另一种新型的不确定性的"野心"和"梦想"。①

纳米科技基础研究究竟意味着什么呢?似乎就是当我们在做我们所不知道的事情时,我们所做的事情。在科学和技术领域,冯·诺伊曼设想的复杂性和自组织范式正在加速推进,而且正取代控制论的范式。在科学研究这一"永不回头的过程"(progress of no return)中,对于未来的纳米科学家来说,一个不可避免的诱惑,就是开启他们不能控制的进程。正是在这种意义上,我们面对的纳米技术风险不是传统意义上可以预知其危险并能测算其发生概率大小的风险,而是一个具有巨大不确定性的过程,这一过程也是产生冯·诺伊曼意义上的复杂现象的过程。这种意义上的不确定性是纳米技术最根本的特征。

二 纳米技术风险管理的预防原则

正像汉娜·阿伦特在对人类行为脆弱性的研究中所指出的,我们时代最基本的悖论是:人类的力量随技术进步而增强,可是我们却越来越无力控制我们行为的后果。不管人们如何理解纳米技术,纳米技术的未来实现形态如何,纳米技术都将"向前"推进。尽管人们在面对纳米技术风险的巨大不确定性时,觉得有些无能为力,但并没有因此而放弃对纳米技术风险的管理和控制的探讨。这方面的成果主要体现在围绕预防原则(Precautionary principle,PP)展开的讨论中。

---

① Jean–Pierre Dupuy, Alexei Grinbaum. Living with Uncertainty: Toward the Ongoing Normative Assessment of Nanotechnology, Joachim Schummer, Davis Baird, *Nanotechnology Challenges: Implications for Philosophy, Ethics and Society*, London: World Scientific Publishing Co. Pte. Ltd., 2006, pp. 287 – 290.

（一）预防原则的内涵与有效性

澳大利亚查尔斯特大学的约翰·韦克尔特（John Weckert）和美国达特茅斯学院的哲学教授詹姆斯·莫尔（James Moor）认为，预防原则在处理纳米技术的风险中是一个合理的、明晰的和有用的原则。他们将这一原则表述为如下一般形式：

如果行为 A 具有引起伤害性影响 E 的可能性 P，那就应该运用补救方法 R。

他们对质疑 PP 有效性的批评意见（比如关于技术预测的有效性、运用中的悖论、威胁和伤害中的因果关系的可信度等方面）进行了一一的驳斥，同时也吸收了批评意见中的合理因素，对 PP 的一般形式做了修订，重新表述为：

如果行为 A 带来了可信的威胁 P，P 正在导致某些严重性伤害 E，那就应该运用一个恰当的补救方法 R 以减小 E 发生的可能性。

他们指出，这一修订与开始的形式确有不同，要求行为 A 必须带来可信的威胁，而不仅仅是一种逻辑上的可能性。（1）根据现有的科学知识，即使不能给出威胁的概率，但威胁存在的假定必须是合理的；（2）恰当的补救方法可以是一系列事件，比如完全停止研究，或者将研究中止与推迟一段时间以确定威胁的严重程度、或者允许有时间发展克服与缓解威胁的对策、或者寻找替代性行动方案。尽管这一修订形式相对于其他形式较弱，但它仍能发挥作用。比如，将它运用于纳米粒子的情况，它至少要求采取一致的努力确定纳米粒子对人体健康和环境的影响，并且还会要求在威胁得到恰当评估之前，推迟纳米粒子的生产；当其运用于隐私问题时，在相关的技术研究持续推进过程中，它要求制定恰当的法律和管理规定以保护隐私，确保在这些对隐私具有潜在威胁的技术广泛运用之前，使它们能处于恰当的状态。①

加拿大萨斯卡彻温大学的社会学教授米塔认为，在纳米技术发展过程中遵循 PP 也是我们从生物技术中吸取的有益教训之一。预防原则（或者方法）已经成为许多国际国内法律和公约的主要特征。联合国《关于环

---

① John Weckert, James Moor. The Precautionary Principle in Nanotechnlogy ［A］. Fritz Allhoff, Patrick Lin, James Moor, John Weckert. Nanoethics: The Ethical And Social Implications of Nanotechnology ［C］. Hoboken: John Weley & Sons, 2007. 133 – 145.

境与发展的里约宣言》（1992）的第15条对这一原则作了如下经典表述：

……为了保护环境，各国应该根据其能力广泛运用预防方法。当存在严重的威胁或者不可逆性伤害时，不应以它们缺少科学上的完全确定性为由推迟采用划算的方法去阻止环境的恶化。

米塔指出，作为一种"安全比后悔好"（better safe than sorry）的方法，预防原则在核安全、温室气体排放和全球气候变化、转基因生物安全等的讨论中发挥了重要作用。看起来纳米技术的支持者和管理者也不得不以明确的态度认真对待这一原则。纳米技术中的创新会带来大量社会的和科学上的不确定性，从生物技术中吸取运用该原则的教益，肯定是十分有价值的。当然，在加拿大也有人站在商业利益的角度对运用该原则提出了反对意见。对此，米塔承认，在纳米技术发展过程中，很可能需要新方法以处理不确定性和提高认识以平衡风险与收益之间的关系——在纳米技术风险管理的初期，预防原则的强应用可能会取消对其收益的追求；相反，不识别和限制严重的风险（比如失控的复制）又必将付出高昂的代价。[①]

英国萨里大学环境技术教授罗兰德·克里夫特（Roland Clift）认为，由于有足够的理由认为纳米材料对人体健康和环境存在伤害性的影响，但又几乎不知道这样的风险的本质，因此必须对它们运用预防原则。对于传统化学物质的风险管理和控制，目的就是消除它们对人体健康和环境的危害，或者至少是把风险降低到可接受的程度（acceptable levels）。风险来自对危害的可能暴露，对于纳米材料来说，如果与暴露相关的危险和暴露途径还不清楚，那么就只有避免暴露才能避免风险。据此，从管理的角度看，就只能把纳米材料视为新的化学物质，欧盟对此采用"新物质通报制度"（Notification of New Substances，NONS）进行管理，要求生产企业提供产品无风险的证据。美国也采取了类似的做法，不过它要求政府管理部门而不是企业负责证明新的化学物质会带来不合意的风险，企业对新物质的有意使用则属于其商业秘密。

英国皇家学会和皇家工程院建立的研究小组认为，对纳米材料的风险进行预防性管理，就意味着要引进"生命周期思维"（life cycle thinking）。

---

① Michael D. Mehta. From Biotechnology To Nanotechnology: What Can We Learn From Earlier Technonologies? [A]. Geoffrey Hunt, Michael D. Mehta. *Nanotechnology: Risk, Ethics and Law* [C]. London: Earthscan, 2006. 125–127.

这一思维是指对产品的生产、使用和使用后的整个过程进行评估与管理，而且必须包括整个产品供应链和工作场所。这意味着：（1）应该把纳米材料纳入具有最高危险的范畴，除非有足够的信息可以证明它们属于风险管理的较低层次；（2）为了避免释放的风险，应该更加关注把纳米材料加入其他已经完成的产品中去的过程；（3）必须对包含纳米材料的产品做好用后管理，确保这些物质不会进入环境。循着这一逻辑，该小组还提出了如下建议："在对纳米粒子和碳纳米管对环境的影响有更多了解之前，应该尽可能避免人工纳米粒子和碳纳米管排放到环境中。"①

挪威的安妮·英博格·迈尔（Anne Ingeborg Myhr）和罗伊·阿碧利·达尔默（Roy Ambli Dalmo）从复杂性、不确定性与风险的角度提出，由于缺少纳米材料和纳米粒子应用与释放所带来的意料之外的影响的知识，对纳米技术风险的管理，就必须运用预防性原则。在他们看来，PP是在具有科学上的不确定性的条件下做出实际决策的规范性原则。其核心内容包括四个方面：（1）对科学上的不确定性采取预防性措施；（2）将寻找证据的责任转交给具有潜在伤害性活动的支持者；（3）寻找达到相同目的的其他替代方式；（4）使利益相关者参与决策过程。他们同时承认，从不同的角度，对PP有不同的理解，而且在实际执行过程中，也都存在分歧。但是，执行PP都有如下共同的假定：（1）必须识别一些伤害的威胁；（2）关于潜在的伤害存在科学上的不确定性；（3）存在采取事前行动和预防措施的指导标准。他们特别强调，在具有科学上的不确定性的背景下决策，使传统的成本/收益衡量方式变得错综复杂。像风险－成本－收益等技术和经济的分析方法，也许只能用于简化的科学框架中某些特定的不确定性。纳米材料和纳米粒子与人体和环境的相互作用，是一种复杂系统行为，具有一种内在的不确定性，这种不确定性不大可能被简单地界定为相关知识的缺乏，也不可能随着进一步研究而减小。换句话说，与复杂系统相关的不确定性，与知识的暂时不足无关。每个事物都与复杂系统的目的和结构特性有关，因为系统的各部分相互依赖，对一处施加作用，可能会在另一处显示出影响来。因此，试图产生最好估计或者获得最

① Roland Clift. Risk Management and Regulation in an Emerging Technology ［A］. Geoffrey Hunt, Michael D. Mehta. *Nanotechnology*: *Risk*, *Ethics and Law* ［C］. London: Earthscan, 2006. 140－149.

终答案的常规科学方法对复杂系统是无效的。我们必须意识到，有限的实验条件与真实环境之间总是存在着差距，在现实的复杂系统中，永远不可能对一个行为的结果做出完全的预测。总之，对复杂系统的不确定性的认识，要求我们必须运用预防性原则来处理与纳米技术有关的风险问题。①

三　对预防原则的评析

尽管研究者们普遍同意由于纳米技术的复杂性和不确定性，传统的成本与收益分析方法不再适合于处理纳米技术的风险问题，但也不是所有人都认为 PP 就是最好的或者是最合适的方法。杜普伊就认为，纳米技术所具有的新型不确定性与运用 PP 所依据的不确定性不相关，因此，PP 并不适合于处理纳米技术的风险问题。他指出，PP 引入了两种相互区别的风险——已知的风险和潜在的风险；与它们相应的处理方式是阻止与预防。但是，仔细考察就会发现：（1）"潜在风险"是一个蹩脚的表达，它并不是一个等待变为现实的风险，而是一种假定性的风险，仅仅是猜测而已；（2）已知的风险与假定的风险之分是基于一种过时的经济思想，即凯恩斯和弗兰克两位经济学家在 1921 年各自独立地提出的风险与不确定性之分。根据这种区分，风险原则上可以根据基于可观察频率而获得的客观概率进行量化，而不确定性则不可能实现这种量化。可是，1950 年伦纳德·萨维奇（Leonard Savage）引入了主观概率概念和相应的在不确定条件下的选择哲学——贝叶斯主义。根据萨维奇的观点，每种不确定性都可以看成认识上的不确定性，意味着不确定性与主体的知识状态相关。这样一来，使风险与不确定性、风险与风险的风险、阻止与预防之间的区分不再具有意义，"预防原则"也就只不过是"成本—效益"分析方法的美称而已。

不过，杜普伊认为，并不是所有的不确定性都是认识上的不确定性。我们不能预测一个不可预测的随机事件（random occurrence），并不是因为我们的知识的缺乏（这种知识的缺乏可以通过进一步的研究予以克服），而是因为我们作为主体所具有的不可改变的有限性。因此，我们应

---

①　Anne Ingeborg Myhr, Roy Ambli Dalmo. Nanotechnology and Risk：What Are The Issues？[A]. Fritz Allhoff, Patrick Lin, James Moor, John Weckert. *Nanoethics：The Ethical And Social Implications of Nanotechnology* [C]. Hoboken：John Weley & Sons, 2007. 149 - 159.

该把随机事件的不确定性正确地视为一种客观不确定性。我们要处理的与复杂现象相关的情况，也不是认识上的不确定性，而是属于客观不确定性。不过，与复杂现象相关的不确定性，既不是与随机事件相关的不确定性，也不是认识上的不确定性，它完全是一种新型的不确定性。复杂现象最关键的概念就是信息的不可压缩性（informational incompressibility），它在形式上呈现出本质上的不可预测性。决定复杂系统的唯一方式就是真实地运行它，此外别无捷径。与作为随机性之源的决定性混沌不同，这种复杂现象的不确定性是一种彻底的不确定性，具有初始状态的完备知识，并不足以预言系统的未来状态，它的不可预测性是不可弥补的。对这种复杂性运用 PP，就意味着：（1）PP 从一开始就把自己置于认识上的不确定性这一框架之内，其基本假定是我们知道我们处于某种不确定状态中。然而，一旦我们离开这一框架，我们就得接受这样的可能性，即我们确实不知道我们不知道什么。在这种情况下，不确定性就是使不确定性本身变成了不确定的东西。如此，就不可能知道运用 PP 的条件是否已经得到了满足。（2）认为通过科学研究的努力就会消除这些不确定性，它们的存在只是暂时现象，似乎通过科学上的努力能填平已知和须知之间的鸿沟。可是，常见的现象却是，知识的增加带来的却是不确定性的增加。

那么，如何应对纳米技术这种与复杂性相关的不确定性呢？杜普伊在伦理学上求助于德国哲学家约纳斯（Hans Jonas）提出的"责任的绝对命令"（the imperative of responsibility）思想，认为它令人信服地说明了在技术时代，我们为什么需要一种全新的伦理学以调整我们与未来的关系。"未来伦理学"并非是"未来的伦理学"，而是"为了未来的伦理学"（an ethics *for* the future, for the sake of the future），也就是说，未来必须成为我们最主要的考虑对象。鉴于我们的技术选择的可能后果非常重大，探索、预想这些后果，对它们进行评估，并把我们的选择建立在这些评估之上，对于我们来说就是一种绝对的义务。用哲学的语言来说，就是当风险太高，我们担负不起不选择后果论而选择道义论作为我们的指导性道德原则的代价。然而，也正是使后果论成为强制性选择并因此要求我们预想未来的同样的理由，使我们不可能做到这一点。处理复杂过程是一个非常危险的行为，它既需要先见之明，又要求禁止先入为主。正如前面所言，纳米尺度物质不可预知的行为，就意味着工程师们只有直到真正开始实际制作纳米机器时，他们才知道如何制造它们。为数不多的无懈可击的普适形而上学原则是：应然以能够为前提（might implies can）。一个人没有义务做他不能做之事。然而，在技术时代，我们确实必须履行我们不能够履行的急迫义务——预想未来。这是摆在我们面前的一个伦理困境。

那么，这一伦理困境的出路何在呢？杜普伊同意约纳斯的观点，即没有无形而上学的伦理学。伦理困境的唯一出路就在于彻底变革伦理学的形而上学基础。这一伦理困境的形而上学基础或者说主要障碍就是我们关于"不确定未来的观念"（the conception of the future as indeterminate）。从对自由意志的信念（我们可能会以别的方式行动），我们得出"未来不真实"的结论，即未来是偶然的。如果未来是不真实的，那么它就不是我们能认识的某种东西、能将其自身投射到现在来的某种东西。即使我们知道灾难将会发生，我们也不会相信——我们确实不相信我们所知道的东西。如果未来不是真实的，那其中就没有什么让我们感到害怕或者有所期望的东西。然而，在杜普伊看来，从自由意志得出未来不真实的结论纯粹是个逻辑谬误。他主张未来具有真实性——设想自己置身于未来并从那里回看和评价现在。他把这种在未来和过去之间的时间闭环称之为投射时间的形而上学（the metaphysics of projected time）。

在杜普伊看来，作为未来学主要形态的情境分析法（scenario approach）有其合理之处，它从一开始就把自己植入从现在到未来的延伸中，从而使自己与纯粹的预言和预见不同。这一方法已经帮助个人、团体或者国家通过共同的努力寻找到所有人共同分享的未来图景，从而使其找到对新技术保持协调一致的新方法。然而，这是通过一种自相矛盾的方法获得的——这一方法旨在强调未来的重要性，同时又否认未来本身的真实性。这样一来，最重要的问题就是能否保持情境分析法的民主原则而抛弃其有缺陷的形而上学。于是杜普伊沿着约纳斯的思路，提出在未来的真实实在本体论地位上重建未来，也就是把自己置身于未来并且从未来回看现在。从现在看，未来是开放的；但从未来的视角看，通向未来的路就已经是必然的了。我们可以自由选择，但我们选择什么则已经是我们的宿命了。具体地说，纳米技术的未来取决于社会对根据纳米技术的未来建立的预期所做出的反应。但是，如果这些预期是通过情境分析法获得的，那它们对解决纳米技术的伦理问题就毫无帮助，因为这一方法本身无法将纳米技术的未来建立在其真实的本体论地位上。①

　　杜普伊在其投射时间的形而上学框架中提出了"持续规范评估方法论"（Methodology of Ongoing Normative Assessment）。这一方法不同于一次性的概率分析，也不是依赖于像 PP 之类某个优先原则的运用。他主张没有一个原则可以用于处理新技术浪潮所带来的新型不确定性。因此，他认为他所提出的方法论不是一个原则，而是一种实践，一种生活方式，或者是提供给所有主体的一种程序性解决方法——从个别科学家到研究团体直至知情的整个社会，告诉他们在其日常工作过程中，在一个合乎规范的基础上、在事关未来的问题上如何前行。这一方法就是通过研究、公众协商及其他各种方式以获得一个合意的、足够乐观的未来景象，并且有足够的可靠性采取行动以使其变为现实。这一方法要求对未来的景象的建构中要在乐观与可靠、过早与太迟之间保持必要的平衡——对于未来过于乐观就不可靠，但是当预想的未来已经成为不可挽回的灾难时，又造成认识上的无能为力；过早宣布一个预言不可信，但是如果等待时间过长，预言就不再是预言，它已经变成了事实。也可以从相反的方面来理解这一方法，那就是期望实时地获得关于未来的必须加以排除的灾难性景象，并且能可靠地采取行动以阻止灾难性景象变为现实。这意味着未来是真实的，灾难总是不可避免，它是内在于未来之中，人类主体必须时刻铭记自己的生活总是与灾难相伴，唯有如此，才可能避免灾难的发生。在这一方法论中，所谓"持续"（ongoing）是指在面对的复杂系统中，人类观察者内在于系统本身，他在系统中处于一个观察者 – 参与者（observer – participant）地位。他与系统总是处于不断的相互联系与相互作用之中，这种循环关系要求观察者必须不断修正自己的预测。这里的"规范性"（normative）是与 PP 的规范不同的，PP 的严重缺陷就是不能将规范的恰当性与概率计算区别开来，没能抓住在不确定性条件下作选择的伦理规范的实质。当伦理学要对未来事件做出判断时，伦理学必然是一种未来的伦理学（a future ethics）。但是这种未来伦理学的实际应用又受到未来不确定性的阻碍。人类作为一个整体已经做出了选择，这种选择可能会带来巨大的不可逆性的灾

---

　　① Jean – Pierre Dupuy. Complexity and Uncertainty：A Prudential Approach To Nanotechnology［A］. Fritz Allhoff, Patrick Lin, James Moor, John Weckert. *Nanoethics*［C］. Hoboken：John Weley & Sons, 2007. 119 – 131.

难，也有可能会找到办法避免、规避或者超越这些灾难。不过谁都不知道到底会发生什么。对这种选择的判断只能是回溯性的。可以做出预想，但不是因为判断本身，而是因为做出预想所必须依据的事实——一旦遮蔽着未来的"无知之幕"（the veil of ignorance）被揭开，就将会知道的东西。如此，则可以保证我们的后代还有足够的时间去处理他们面对的纳米技术风险，而永远不会说"太迟了"（too late）。

判断的回溯性特征意味着：一方面要运用现在的规范判断事实，另一方面又要评价新事实以更新现存的规范和创立新规范，这是两个互补的过程。前一过程几乎存在于人类行为的所有领域，而后一过程在对未来的预想中则超过了第一个过程并获得了最重要的地位。规范被不断地修正，同时这一不断变化的规范又被用于新的事实。正是在这种意义上，持续规范评价方法论要求评价是规范的，而规范本身又需要被不断修正。①

笔者认为，PP 与杜普伊提出的"持续规范评估方法论"其实并不矛盾，二者也有相容之处：比如 PP 提倡对纳米产品风险管理要贯彻生命周期思维，而"持续规范评估方法论"其实也强调风险管理的过程性。从技术过程论的观点看，对纳米技术的风险管理，应该是一个动态的综合过程。无论是大多数学者支持的 PP，还是杜普伊在质疑 PP 的有效性基础上提出的"持续规范评估方法论"，不管它们内容上有多大差异，但它们都是面向未来的风险管理和控制方法，它们的目的和伦理态度都是相同的，即面对纳米技术风险所具有的巨大不确定性，试图确定我们如何行动才能够规避其风险，或者说我们怎样的行为才是对人类未来负责任的行为。

第二节　纳米技术风险的伦理规约

技术与社会相互缠绕，人是技术活动的参与者，技术改变着人的生存方式，人又塑造着技术的未来。核技术和转基因技术的教训告诉我们，在新技术风险管理过程中，如果将其技术方面与社会价值方面分割开来，忽视社会价值的地位和作用，不仅达不到技术服务社会的目的，最终也会给

---

① Jean – Pierre Dupuy, Alexei Grinbaum. Living with Uncertainty: Toward the Ongoing Normative Assessment of Nanotechnology [A]. Joachim Schummer, Davis Baird. *Nanotechnology Challenges: Implications for Philosophy, Ethics and Society* [C]. London: World Scientific Publishing Co. Pte. Ltd. 2006. 309 – 313.

技术自身的发展带来困境。风险管理总是涉及责任问题，在对纳米技术风险的管理中，必须高度重视风险的伦理维度。"在纳米技术发展过程中，伦理考量在管理上具有优先性。"① 在伦理学上，纳米技术风险的不确定性特征，就是要求我们采取未来导向型的思维方式，遵循约纳斯关于技术时代"责任的绝对命令"，担负起对未来的道德责任。

一　责任伦理是应对纳米技术风险的重要思想资源

责任伦理是适应 20 世纪后半叶科技时代的挑战而产生的一种新的伦理观念。人们常常将责任伦理称为"科技时代的伦理"，约斯将其称为"责任的新维度"（new dimensions of responsibility）。约纳斯在分析责任伦理之前的伦理学特征后，指出在科技时代，伦理学的情境和特征"已经发生了决定性的变化。现代技术行为的规模、对象和结果是如此之新奇，既有的伦理学框架再也容纳不下它们了"。②

面对科技的创新能力与摧毁性潜能的快速发展而引起的许多全球性危机，伦理学自然会把目光从当下指向未来，对"人类能否持续地存在下去"这样的问题表示深深的忧虑。约纳斯认为，当代科技文明的危机迫使我们阐发出一种新伦理，一种责任意识——它要求人类通过对自己力量的自愿限制，从而阻止已经变得如此巨大的力量最终摧毁我们自己或者我们的后代。科技时代道德的正确性取决于对于长远的、未来的责任性。

德国学者伦克（Hans Lenk）则深入探讨了"责任"的含义，他对"责任"的定义是：某人/为了某事/在某一主管面前/根据某项标准/在某一行为范围内负责。他对这一定义包含的五项要素做了如下解释：（1）某人，即行为主体，也是责任主体。他特别强调，在当今科技时代，人类团体性、整体性的行为已经扮演着越来越重要的角色，与此相应，行为主体也就由个体扩展到团体。而且团体的责任绝不能简单地还原为个体的责任。（2）为了某事，即行为对象及其后果。（3）在某一主管面前，即责任的监督机制，是指通过评判与制裁的方式为责任主体履行责任提供有效

---

① Mihail C. Roco . Ethical Choices in Nanotechnology Development ［A］, Fritz Allhoff, Patrick Lin, James Moor, John Weckert. *Nanoethics: the ethical and social implications of nanotechnology* ［C］. John Wiley & Sons, Inc. 2007. foreward, xii.

② Hans Jonas. *The Imperative of Responsibility: in Search of an Ethics for the Technological Age* ［M］. University of Chicago Press, 1984. 6

保障的监督机制。在主观上是主体的个人良心，在客观上是指上帝、社会、人类、法律和媒体等。（4）根据某项标准，即行为主体在何种情况下对自己的行为后果负责，这由行为主体所处的具体情境而定。主要包括行为与后果的关系，后果是否可预见，该行为及后果是否可以避免等。（5）在某一行为范围内，是指相应的行为与责任领域。

美国学者雷德（John Ladd）对责任伦理的特点进行了深入的阐释。他认为，传统的责任概念关注的是过失责任，以追究少数人或者唯一的过失者、责任人为导向，其逻辑基础是行为—过失—责任的直线式因果关系。然而，这种简单的因果关系并不适合于今天复杂的社会运行系统。特别是当今人类对自然的干预能力越来越强，后果越来越危险、越来越不可控的情况下，已经很难把过失归咎于某个个体或者某个组织，更为重要的是，这种毁灭性的、不可逆转的后果一旦发生，对责任的追究已经没有任何意义。因此，科技时代新的责任意识，就是它必须以未来的行为为导向，是一种预防性、前瞻性、关护性的责任。与新旧责任意识相应的责任模式的主要区别在于：旧的责任模式是以个体行为为导向，新的责任模式是以许多行为者参与的合作活动为导向；旧的责任模式专注于过去发生的事情，是一种消极性的事后责任追究，新的责任模式是以未来要做的事情为导向，是一种积极性的事先责任；旧的责任模式倾向于将责任划归为法律责任，而新的责任模式中却没有法律责任，主要强调主体的自觉自愿。

从对责任伦理的内涵及新旧责任意识的比较中，我们可以看出约纳斯等人所倡导的"责任伦理"具有两个基本特征：（1）责任伦理是远距离伦理。约纳斯认为，以前的伦理学无论从时间上还是从空间上看都是近距离伦理学，所涉及的都是当代人之间的直接关系，更主要的还是同一种族、同一文化圈内的当代人之间的关系。在科技高度发达的今天，科技的目的、发生条件和影响范围都是全球性、长远性的，这就要求对科技的伦理考量不能仅仅局限在某一场域，必须突破直接的人际关系，将整个他人、人类、甚至非人类自然纳入伦理视野；更明确地以整个人类为导向，更社会化、更合作化，特别是对未来人类的尊重、责任和义务。约纳斯坚信，他对人类未来的责任意识的呼唤不会落空。因为不同年龄的人同时并存的事实，本身就说明我们与未来并非相互隔绝而存在，而是时时刻刻与未来的一部分相连，从而感受到未来与我们同在。（2）责任伦理是整体性伦理。传统伦理学几乎都与个体行为相关，而现代社会使个人行为空间越来越窄小，个体行为与整个社会的行为整体相比，可以说是微乎其微，在复杂的社会巨系统中，"我"将被"我们"、整体及作为整体的高级行为主体所取代，决策与行为将"成为集体政治的事情"。①

二　纳米技术主体的伦理责任

如前所述，责任伦理作为科技时代的新伦理，它所强调的人类整体对于未来的预防性、前瞻性、关护性的责任意识，为我们应对纳米技术的风险提供了宝贵的伦理资源。纳米技术与其他会聚技术的融合，代表了人类技术化生存的前沿之一，但它们同时也使人类处于高风险的边沿。这种人为风险具有高度的不确定性，而且在一定意义上，这种风险也是全球性的，是不可分配的。如果造成了灾难性后果，这些后果也只能由人类共同承担。纳米技术风险是人为风险，"主体责任的缺失是高技术伦理困境的源头"。② 责任伦理之于纳米技术风险规避，就是要求我们进一步强化主体的责任意识，建立风险共担的责任体系。

第一，必须强化人类主体的责任意识，建构纳米技术风险的全球治理机制。当今人类面临的全球性风险或者说与高科技相关的风险，都不是局域性质的，都要求全人类作为一个"类"主体共同应对。正如联合国前秘书长科菲安南在离任前指出的："在当今世界，我们所有人都对其他人的安全负有责任。没有一个国家能够借助相对于其他人的优势地位来保证自己不受核武器扩散、气候变化、全球性流行疾病或恐怖主义的威胁。只有人们同时为其他人带来安全，我们才会为我们自己获得长久的安全。"③前面我们讨论了纳米军事技术对世界和平的挑战，如果不从"类"主体和人类未来命运的视角出发，就不可能建立彼此间的相互信任，就不能超越主权国家和民族国家的狭隘利益，就不能从"霸道"和"王道"向"人道"转变，纳米技术对世界安全的影响就必然会重蹈核技术和生化技术的覆辙。

联合国《千年宣言》指出："我们认识到，除了各国要单独承担自己

---

① 甘绍平：《应用伦理学前沿问题研究》，江西人民出版社 2002 年版，第 98—124 页。
② 赵迎欢：《高技术伦理学》，东北大学出版社 2005 年版，第 109 页。
③ 科菲·安南：《我的遗嘱》，《每日镜报》（德国），2006 年 12 月 13 日；摘自新华网：安南：任联合国秘书长 10 年的五大教训。http://news.xinhuanet.com/world/2006-12/18/content_5500792.htm

那部分责任外，我们还有在全球范围内实现人类尊严、平等和公平原则的集体责任"。[①] 人类必须作为一个整体对当代人和自己的种的未来命运负责。如果纳米技术能带来巨大福利，那这些利益如何公正地分配？纳米技术的新成果是优先用于解决粮食、能源、饮水和环境等人类共同面对的人道难题，还是在现有的知识产权保护制度和世界经济秩序下用于保持甚至加大发达国家与发展中国家、富有者与贫穷者之间的差距，形成"纳米鸿沟"？对此，洪特根据约纳的"责任伦理"提出了纳米技术全球伦理的概念，即应该在全球与境中展开对纳米伦理问题的讨论。他提出了四个方面的论题，包括全球公正（global injustice or justice）、冲突与和平（conflict or peace）、环境恶化与可持续发展（environmental degradation or sustainability）、过度消费与节制（over‑consumption or moderation）。通过对这些论题的讨论，洪特提出要改变我们的世界观并不容易，可是，如果没有伦理上的更新，其他方面的更新就很难取得成功。最后，他进一步追问道：我们能够很好地认识我们自己，使国际社会共同致力于让纳米技术的发展服务于人类和生态的福利，还是使其变成为更加过度消费服务的技术工具？并不是先发展纳米技术，然后再决定如何使用。纳米技术已经植入并塑形于我们业已选择的社会经济生活中，事关纳米技术的构想、优先性、设计、资源分配和管理等事项，取决于我们对自己作为人类的图景的认识。随着纳米时代的到来，我们到了该问如下问题的时候——我们实际拥有的人类生活图景到底是什么？它们是否能满足人类生活的真实目的？或者什么样的生活图景才会有助于人类未来的全球福利？[②] 要发挥"类"主体的作用，就必须更加重视联合国等国际组织的建设，增强其权威性和组织协调能力，充分发挥其国际对话与沟通的平台作用，形成纳米技术风险全球治理的机制。

第二，必须强化主权国家的责任意识，强化政府的国家责任。"国家责任"是指国家作为一个行为主体，必须为其国民的安全、健康、幸福生活和可持续发展承担和履行责任，同时，国家作为国际社会中的一员，出于道义和社会责任，应为全人类的安全、健康、幸福和可持续发展承担

① United Nations: United Nations Millennium Declaration, Resolution adopted by the General Assembly (55th session), http: //www. un. org/millennium/declaration/ares552e. pdf.

② Geoffrey Hunt, The Global Ethics of Nanotechnology, Geoffrey Hunt, Michael D. Mehta. *Nanotechnology*: *Risk*, *Ethics and Law*, London: Earthscan, 2006, pp. 183 – 189.

和履行责任。① 据此，在纳米技术发展过程中，主权国家责任主要有两个方面：一是代表国家行使管理与监督职能的相关部门，必须切实履行职能，为公民守好纳米技术安全的防线。政府管理者应该更多地从保护公众的整体利益以及对风险实施有效管理的角度来看待风险。政府以保护公众为己任，在事关风险管理的决策时，不能等待风险产生严重后果或在掌握足够证据后才对风险进行管理。政府在对纳米技术研发资助中，应该进一步加大对其社会、法律和伦理影响的研究支持。在重大研究项目中，强化伦理敏感意识，综合运用各种管理原则或方法（比如预防性原则、持续规范评估方法等），必要时可以采取"有罪推定"原则，确保公众的健康和环境安全。然而，从目前情况来看，政府对纳米技术的监管显然落后于纳米技术本身的发展，这也是引起人们对纳米技术风险极其担忧的重要原因之一。政府还应该通过制定法律法规来加强风险管理。技术进步与道德和法律问题紧密结合，技术发展要求修订法律法规并更新道德观念。伦理论证为纳米技术的立法奠定了合理基础，而关于纳米技术的法规则可以提升纳米伦理的规约能力。从纳米伦理到相关的法律法规的建立，体现了从形而上到形而下的制度安排。关于纳米技术立法有两个出发点：一是反映公众对减少纳米技术风险的诉求；二是协调风险与效益。当然，在实际操作中，法律究竟是应该更加注重保护风险受害者的权利，还是应该更加注重促进经济效率和社会福利，这是一个长期争论不休的伦理难题。为了获得比较正确的风险认知，政府管理者应该综合考虑不同的利益诉求，建立利益相关者对话和协商的平台，把相关的风险放到社会情境中进行分析，通过增进相互理解以达成共识。

　　二是必须强化主权国家的国际道义责任，共同履行应尽的国际义务。在事关纳米技术的发展方向、信息交流和优先使用方面，应该切实履行国际公约，共同致力于消除贫困、疾病和环境等国际人道主义问题，以纳米技术为契机，不断推动国际政治经济秩序向着更加公正合理的方向变革。当然，从核裁军、环境公约、温室气体排放等方面的经验看，主权国家要改变"国家利益至上"的思维，真正超越国家利益而切实承担国际责任，还是一个十分艰难的过程。

---

① 周志田、胡淙洋：《国家责任的内涵与评估初探》，《科学对社会的影响》2008 年第 4 期，第 13 页。

　　第三，要强化企业的社会责任，推行安全准入和产品标识制度。企业是以盈利为目的的经济组织，对利益的追求是其永恒的主题。在纳米技术研发投入中，企业所占的比例越来越大，而且有实力的大企业几乎都处于纳米技术研发的前列。政府积极资助和推进纳米技术的研发，目的是在激烈的国际竞争中不至于落后。政府把纳米产业作为经济增长的动力，必然要通过企业行为表现出来。而企业参与竞争的内在驱动力是盈利，当然也有市场竞争的外在压力。从目前的情况看，企业总是力图将与纳米技术有关的产品纳入既有的产品管理体系中，不愿把纳米材料和纳米产品视为一种新物质和新产品。从理论上说，任何企业都愿意自己的产品是安全无害的，从而赢得公众的信任，建立良好的市场基础。但是，激烈的市场竞争又使企业在风险处置时面临着两难选择和"冒险"心理，将企业的风险成本向外部转移，如果缺乏有效的监管，没有安全保证的产品最终还是有可能进入市场。当把寻找纳米产品风险证据的任务交给政府管理部门时，由于管理者的专业知识难以（事实上是根本就不可能）真正跟上纳米技术的进展，有效的监管其实难以落到实处，相应的风险往往就只能由消费者来承担。

　　目前，由于国内外都无纳米技术标准，从研究到生产再到市场都还处于无序状况。由中国纳米科技信息网给出的信息，"截止 2004 年年底，（中国）纳米产业公司达到 800 多家投资约 400 多亿……但真正生产纳米产品的有几家呢？在没有进行产品鉴定之前，谁也不敢下结论，不过有一点可以肯定……市场上很多的'纳米产品'还不是真正意义上的'纳米产品'，纳米产品识别问题已经成为突出的问题"。[①] 鉴于政府对新技术的监管和立法滞后，笔者建议借鉴转基因食品的做法，尽快建立纳米技术的行业标准，对纳米产品生产企业进行准入制度，加强企业自律，尊重消费者的知情选择权利，对纳米产品进行标识，达到利用市场机制增强企业责任意识的目的。

　　第四，要增强纳米科技专家的伦理敏感性和责任意识，加强科学家的道德约束。科学家和工程师是在特定领域受过专门训练的专家，他们最有可能对科技风险进行相对准确的预测、评估和控制，相应的管理也通常以他们的意见为依据，他们"扮演着公众利益托管者的角色"。尽管我们强

　　① 任红轩、鄢国平：《纳米科技发展宏观战略》，化学工业出版社 2008 年版，第 150 页。

调纳米技术风险最大的特征是其不确定性，但是，相对于管理者和公众而言，纳米技术的一线科学家对纳米技术的潜在风险应该有更多的感知，纳米科技专家应该更加自觉地关注和研究纳米技术的风险，他们的责任意识，对规避纳米风险具有举足轻重的作用。就纳米技术的未来发展图景而言，一线科技专家的意见在图景的建构过程中往往起着决定性作用。从逻辑上说，科学上的可能性和技术上的可行性，往往是政治决策的前提。无论是生化武器还是核武器，其观念总是最先来自科学家而非政治家，在大科学时代，科学家必须为科技的后果承担其应有的责任。刘大椿教授认为："当我们将科学建制放到社会情境中考察的时候，科学建制的职责不再仅仅是拓展确证无误的知识，其更为重要的目标是，为人类及其环境谋取更大的福利，且前者不得有悖于后者之要求。"①很明显，建制化的科学技术研究，既是"求真"的活动，更是谋利造福的"行善"活动。

科学家们对科技风险特别是对高科技风险的高度关注与伦理反思，应该说是始于 20 世纪中后叶以来与科技有关的几件大事。它们主要包括第一颗原子弹在广岛爆炸、1945 年对纳粹战犯医生的纽伦堡审判、50 年代末出现的"寂静的春天"、70 年代初的基因重组技术。这些大事使科学家们不得不关注和思考科学研究的社会后果、应用这些研究成果对社会、人类和生态等的影响，这些反思甚至触及科学本身的目的、意义和价值。可以说，科学家对科技后果的伦理反思过程，也是科学家职业道德特别是其责任意识的自觉的过程。

作为科学家职业道德的"科技伦理"，应该是"科技时代的伦理"的重要组成部分。"科技伦理的核心问题就在于：探寻科学家在其研究过程中、工程师在其工程营建的过程中是否及在何种程度上涉及以责任概念为表征的伦理问题。"② 对于一线纳米科技专家的责任，主要涉及以下方面：（1）尊崇科学的终极价值目的，确保自己关于纳米技术的研究运用于增进人类的福利和可持续发展。对于有悖于人道目的的研究和不当运用，应该坚决抵制并告知公众或者有关当局。（2）通过正常的程序和渠道，将纳米技术的研究信息和相关风险告知政府管理部门和社会公众，并倾听公

---

① 刘大椿：《科学伦理：从规范研究到价值反思》，《南昌大学学报（人社版）》2001 年第 2 期，第 2 页。

② 甘绍平：《应用伦理学前沿问题研究》，江西人民出版社 2002 年版，第 103 页。

众对纳米技术的利益诉求和风险忧虑，使纳米技术真正做到从研发、概念设计、产品生产到消费使用的生命周期全过程都体现价值敏感性。（3）增强风险意识和对于人类未来的责任感，不断评估自己研究成果的潜在风险，并根据风险评估结果调节自己的研究工作，不能因自己的研究兴趣而将学术价值置于社会价值之上，从而使整个社会处于不可控的风险之中。对于企业中的纳米科技专家，更是要处理好企业利益与社会效益的关系，不能为了获取研究经费或者为了企业的"小利"而牺牲社会和人类的整体利益。

第五，公众和非政府组织的责任。在应对纳米科技带来的风险中，公众既是潜在风险的承担者，也是规避风险的参与者。他们有权利也有责任为了自己和他人的利益而关注纳米技术的风险，表达他们对风险的感知，参与风险管理。技术的发展不仅受制于自然法则，更是受制于人类的兴趣和利益，如果说纳米科技的目的是增进人类的福利，那么无论是人类中的群体还是个体，都有权知情它的进展，并通过适当的方式提出自己对纳米科技的期望和诉求。特别是在具有巨大不确定性的纳米技术未来发展愿景的建构过程中，公众有权表达自己的看法，因为他（们）既可能分享发展的利益，更是必须共同承担发展中的风险。公众更多的是从风险的不公正的分配和面对风险时缺乏知情同意和自主选择的视角来理解风险。公众可能不会像专家那样用严格精确的术语定义风险，但他们会考虑许多其他因素，他们倾向于认为非自愿接受的风险比起自愿接受的风险具有更大的危险性。公众对待风险的视角更加强调的是每个人都应该受到尊重的道德诉求。社会的每一个成员都享有以公正为基础的神圣权利。为了大多数人享受风险所带来的收益而让少数人被迫接受风险，其实就是多数人对少数人的暴政。因此，如果一种风险不被公众所理解（知情），没有足够的补偿，不能自主选择或者风险分配悬殊，那么无论它能给社会带来多大的利益，公众也会认为这种风险是不可接受的。这也是从转基因食品的发展过程中得出的教训。根据市场经济的观点，如果说技术最终表现为某种技术商品的话，如果这种商品不能为消费者所接纳，技术最终也是失败的。因此，技术的健康持续发展，始终离不开公众的支持。在对纳米技术未来的建构中，公众始终扮演着非常重要的角色。无论是纳米科技知识的生产，还是纳米产品的研发，都绝不仅仅是科学家和工程师的事情"无论如何，对会聚技术的评价和决策都不应该仅仅成为科学家的'独唱'，应该在整个公共伦理空间实施，成为包括公众在内的整个社会的'大合唱'"。①

此外，一些国际性非政府组织在推进环境保护、增进国际合作方面发挥了重要的作用。尽管他们在一些问题上观点较为激进（比如 ETC 就呼吁中止纳米技术研究），但其非营利性和第三方立场，使其出发点和目的不容置疑，它们的声音也必须得到理性的对待。由于纳米技术的风险对所有社会成员都会带来不可避免的影响，面对纳米技术的未来性质及其风险的巨大不确定性，我们可以遵循对话伦理的基本精神，按照其自主与公正的核心原则，通过所有当事人的交往，在理性交谈中达成共识。在实践中，参与对话的人员只能是有一定理性能力的代表，比如纳米技术专家、伦理学家、政府部门的管理者、非政府组织代表、媒体及公众代表等，通过他们的直接互动，使对话获得的共识能体现所有当事人的利益、尊重各群体的道德信念、促进各种信念之间的理解，并为解决各种冲突的道德理念奠定基础。②

第六，要强化媒体的责任意识，尊重科学事实，准确表达公众的意见，客观报道，避免误导，形成纳米技术发展的良好舆论环境。"新闻舆论可以影响科学成果的转化与扩散。"正如科学技术是把双刃剑一样，"舆论环境也是一把双刃剑，适当的舆论控制可以促进纳米科技产业化的发展，失控的舆论环境对纳米科技的产业化是极大的伤害。"③ 从已有事实看，媒体的介入，对于纳米技术的发展具有双重作用。一方面，媒体对纳米技术乐观前景不遗余力的宣传报道，引起了决策者和公众的关注，对促进纳米技术的迅速发展起到了积极的推动作用；另一方面，由于纳米技术的未来性质和媒体的"新闻"特点，有关报道很难将科学事实与科学幻想区别开来，甚至为了宣传报道能吸引公众的眼球，故意夸大其词，既包括不切实际的纳米幻想，也包括种种恐怖的纳米梦魇，显然对公众造成了误导。此外，虚假的纳米产品也通过媒体走向公众，让公众对纳米技术产生逆反心理，对纳米技术的健康发展带来了负面的影响。

① 陈万求、易显飞：《会聚伦理：研究的现状、挑战与对策》，《内蒙古社会科学》（汉文版）2013 年第 3 期，第 30—37 页。

② 朱敏：《纳米技术的潜在风险及其伦理应对》，《牡丹江教育学院学报》2008 年第 109 卷第 3 期，第 30—31 页。

③ 任红轩、鄢国平：《纳米科技发展宏观战略》，化学工业出版社 2008 年版，第 203—209 页。

　　需要说明的是，我们从责任伦理的角度讨论纳米技术风险的规避问题，并不意味着责任伦理是应对纳米技术伦理问题特别是与其风险相关的伦理问题的唯一伦理资源。我们认为，约纳斯之所以将责任伦理称为"新意识"、"新维度"，是因为"新"是从"旧"生长而来，"新"往往包含着"旧"，而且有可能含有弥补"旧"之不足的意味。传统伦理对科技"善"的强调，恰恰为责任伦理的合理性辩护提供了形而上学基础——科技的终极目的是增进人类的幸福和可持续发展。再者，"没有监控与制裁，道德起不了作用"。正如海德堡大学维兰德（Wolfgang Wieland）对责任伦理的批判所言，责任伦理由于缺乏像法律系统那样的制裁机制，因而难以发挥作用。① 伦理为制度提供了价值合理性，而制度则可能使伦理成为具有强烈约束力的普遍意识。对纳米技术的伦理审视，主要目的是发现其中的伦理困境，引起伦理观念的变革，从而为相应的制度规范奠定伦理基础。"纳米科技带来的责任不仅需要各个层次道德主体的认识和观念的改变，更重要的是责任落实问题。而制度是实现管理职能的基本形式和保证。"② 所以，要规避纳米技术的风险，还必须由伦理观念的"软"约束向政治、经济、法律等其他制度层面的"硬"约束转移。

---

① 参见甘绍平《应用伦理学前沿问题研究》，江西人民出版社 2002 年版，第 130—131 页。
② 王勇：《纳米科技带来的伦理问题研究》，《科技管理研究》2008 年第 12 期，第 519—520 页。

结 束 语

诺贝尔奖获得者海·罗雷尔说:"未来将属于那些明智接受纳米,并且首先学习和使用它的国家。"[①] 由于纳米技术诱人的前景,人们对它寄予了厚望。主流观点认为,随着纳米科学技术的发展及其应用,过去作为发展瓶颈的主要问题都将得到彻底解决或者缓解。这些问题包括健康与重大疾病防治、食品安全、水安全保障、油气安全保障、战略矿产资源安全保障、海洋监测与资源开发利用、清洁能源与再生能源、环境污染控制与生态综合治理、防灾减灾等。总之,世界各主要国家普遍认为,纳米技术的发展是不以人的意志为转移的必然趋势,21 世纪前 20 年又是发展纳米技术的关键时期,只有加速发展、抢占先机,才能在未来竞争中占据有利地位。

然而,纳米技术在为人类带来巨大希望的同时,也带来了巨大的风险和伦理挑战。纳米材料、纳米食品、纳米医药直接与人体健康相关。目前,已有的关于纳米材料毒性的动物实验和流行病学研究结果都表明,纳米材料对暴露人群会产生不同程度的健康伤害。同时,纳米产品作为全新的人工制造物,在其毒性机制尚不明确的情况下,相关的健康伤害可能会在毫不知情的情况下发生,而伤害一旦发生,又可能无法得到及时有效的康复治疗甚至根本无法救治。与这些风险相关的伦理问题主要是纳米科学家、纳米产品的研发人员、生产试制人员和纳米产品的消费者的健康权利与国家、社会和企业利益之间的可能冲突。纳米技术以添加剂、原材料、新工艺等方式进入食品生产各环节,会对食品的产量、品质等带来新的变

---

① 转引自白春礼《纳米科技现在与未来》,四川教育出版社 2001 年版,第 17 页。此引为罗雷尔在 1993 年写给江泽民主席的信的一部分,他将纳米科技与 150 多年前的微米科技所具有的希望和重要意义相类比。

革，也会因此给人类健康带来新的风险。为了规避纳米食品的健康风险，应该对纳米食品采取"有罪推定"的原则，进行人体实验，对相关产品进行纳米标识。

纳米技术在医学领域的应用，主要包括治疗性介入和增强性介入两类。纳米技术可以提高重大疾病的早期诊断水平。早期诊断既会带来医学的进步，也会给患者带来希望。可是诊断不等于治疗，它也会给患者带来极大的痛苦。对早期诊断出的疾病，社会是否会投入足够的医学资源进行研究和寻找有效的治疗方法，这会涉及资源分配的公正与患者健康权利之间的伦理冲突。纳米技术将进一步促进基因技术的发展，开创后基因时代。发展具有高度针对性的基因药物治疗会遇到基因歧视这一伦理问题。纳米医学技术作为一种稀缺资源，在医学实践中又会遇到医学资源分配上的公平、滥用和过度使用的伦理问题。利用纳米技术进行基因优生，就是为未来人作决定，外来设计将人变成了他人的工具，善良的愿望变成了对他人的强制，违背了任何人都享有自决权的伦理原则；基于遗传设计与性状的人工选择，必然减少遗传的多样性，可能会危害人类的整体利益。通过遗传设计将随机的差别变成先天的命运，"出生前的不平等"将会进一步加大后天的不平等，并在一定程度上对通过后天努力获得成功的价值取向提出了挑战。利用纳米技术复制人，生育就不再是婚姻和家庭的功能，家庭可能将不再存在，与家庭相关的各种社会规范也不再有效。纳米技术有望探明端粒与细胞寿命之间的关系，通过对端粒的调控达到控制细胞寿命的目的，从而给人类长寿带来希望。长寿不等于健康，用纳米技术延长生命存在健康风险，可能会降低生命质量；长寿可能引起生命价值与意义的危机；长寿可能引起代际公平与冲突，不利于整个社会的持续发展。

由于纳米材料优异的性能，可以为竞技体育提供越来越符合需求的器材，从而大幅度提高运动成绩。但是，纳米技术在竞技体育中的运用，也可能会带来一些新的问题。包括运动器械高科技化与运动员主体地位之间的冲突与平衡；纳米技术可能成为另一种形式的"兴奋剂"，不仅会带来比赛中的不公平和体育精神的异化，而且可能会对运动员的人格和尊严造成严重的伤害。此外，纳米医学技术的应用，还会涉及疾病的标准问题、治疗与增强之间的合理界限问题、自然人与人机杂合体的界限问题，"扮演上帝"与对人的尊重问题。

纳米技术的成败很大程度上取决于它处理环境及其相关问题的能力。

尽管目前对纳米物质的传播机制和环境效应还不清楚，但从已有的初步研究结果看，物质的尺寸是决定它对生态系统是否有害的相关因素之一。纳米物质在生产、使用和处置过程中都可以向环境中释放，并造成相应的环境暴露和可能的污染。与纳米污染相关的伦理问题主要有生物伤害、复制物逃逸、全新种类物质的制造、对自然过程"扮演上帝"的傲慢和对人之为人的意义的威胁等。对于重视历史进化过程的环境伦理学来说，纳米材料作为全新种类的材料的大量生产并替代自然物，会引起自然物价值的丧失。人和其他生物现有的基因遗产作为有价值的自然选择力之手精巧制作的结果而存在，是值得保护的东西，允许仅限于自然世界的复制和进化过程成为人类努力的领域时，它们也就跨越了道德的底线。纳米技术能满足所有人的需求，只是技术乐观主义者为向公众兜售其技术主张而制造的乌托邦，主要目的是想获得对纳米技术的政治和经济支持。在环境伦理学看来，对纳米技术的盲目乐观态度常常给人们带来巨大的误导。它很容易鼓励人们放松警惕，放弃其在环境方面的审慎行为。在不能确保会"比自然做得更好"之前，人们必须谨慎行事，遵循自然自身演化和发展的规律，承担起对自然的道德责任。面对纳米技术的环境风险，当我们从人与自然的关系回到人与人的关系时，公正问题就是首要的环境伦理问题。其核心内容是如何协调不同群体之间的环境利益关系，它涉及代内公正与代际公正两大问题。要消除不同群体之间的环境利益冲突，必须以环境正义原则为基础，建立有效的环境利益协调机制，强化利益相关者的责任意识。

作为可能引导下一次产业革命的新技术，纳米浪潮对个人和社会都会带来一系列深刻的影响。纳米技术在信息领域的广泛应用，可能会造成私人领域公开化，对保护个人隐私提出了严峻的挑战，涉及信息伤害、信息平等、信息不公及对主体道德自主性的尊重等伦理问题。不同利益群体在塑造纳米未来中的博弈、不同的经济基础和研发条件及现行的知识产权保护制度和财富分配方式的综合作用，可能造成类似"数字鸿沟"那样的"纳米鸿沟"；纳米技术上的领先优势，可能用于谋求经济霸权和殖民掠夺、加剧地缘政治的紧张和冲突，也可能用于促进合作、和平与环境可持续发展的全球性运动；可能遵循资本的逻辑追求自身利益最大化，也可能优先用于解决国际社会共同面临的困难，特别是改善贫困人口的生存状况。这些可能的选择会影响到国际公正问题。纳米技术带来的产业结构调整对不同国家和不同人群有不同的影响，对一些人可能是机遇，对另一些人可能是挑战。纳米教育作为公民进入纳米时代的准备，教育机会这个起点直接影响着未来的就业机会和财富分配方面的公正。

纳米技术是未来军事高科技的制高点，纳米技术在军事领域的应用，将会根本改变战争的形态和方式。纳米军事技术的风险主要是纳米技术及纳米武器对国家安全和国际安全的潜在威胁。就国家安全而言，纳米技术为其提供了种种防护手段和措施，但也存在着这些技术手段被滥用和被恐怖主义运用的风险。纳米军事技术可能打破现有的国际军事平衡，引发新一轮国际军备竞赛，增加国际安全风险。纳米武器是纳米军事技术的物化，在本质上是科技成果被"恶用"的产物，它对战争伦理的影响最为明显：它可能消解正义战争标准；使战争手段更不人道；可能降低军人的伦理水准等。出于对人类的责任，要求对纳米武器的研发要遵循人道原则、后果可控原则和生态原则。

认识纳米技术的风险，目的在于加强风险管理，尽可能消除或降低其负面影响，达到趋利避害的目的。纳米技术风险最重要的特征就是其不确定性。这种不确定性的根源不仅仅在于技术的复杂性，还在于它与社会相互作用的复杂性。过于谨慎，会失去发展的机会；过于乐观，可能承受不起潜在风险的代价。从技术过程论的观点看，对纳米技术的风险管理，应该是一个动态的综合过程。

风险管理总是涉及责任问题，在对纳米技术风险的管理中，必须高度重视风险的伦理维度，强化主体的责任意识，明确主体的伦理责任。纳米技术的风险管理过程，也是解决相关伦理问题的过程。反之，对纳米技术的伦理规约，也是纳米技术风险管理的重要内容。责任伦理作为科技时代的新伦理，它所强调的人类整体对于未来的预防性、前瞻性、关护性的责任意识，为我们应对纳米技术的风险提供了宝贵的伦理资源。责任伦理之于纳米技术风险规避，就是要求我们进一步强化主体的责任意识，建立风险共担而又责任明确的责任体系。

参考文献

1. David Malakoff, Congress Wants to Studies of Nanotech's "dark side", Science , Jul 4. , 2003, Academic Research Library.

2. Daniel Burrus, Future Shock, Network World: Mar 27, 2006, Academic Research Library.

3. Fritz Allhoff, Patrick Lin, James Moor, John Weckert, *Nanoethics: The Ethical and Social Implications of Nanotechnology.* , Hoboken: John Weley & Sons, 2007.

4. Fritz Allhoff, Patrick Lin, *Nanotechnology & Society*, Springer, 2008.

5. Geoffrey Hunt, Michael D, Mehta, *Nanotechnology: Risk, Ethics and Law*, London: Earthscan, 2006.

6. G. Pascal Zacbary. Ethics for a Very small World [J]. Foreign Policy. Jul/Aug, 2003, Academic Research Library.

7. Hans Jonas, *The Imperative of Responsibility: In Search of an Ethics for the Technological Age*, Chicago: The University of Chicago Press, 1984.

8. Jeffrey Winters, No small Risk, Mechanical Engineering, Sep 2006, Academic Research Library.

9. Jeffrey Winters, small Risk From Nanotech, Mechanical Engineering, Nov 2005, Academic Research Library.

10. Jo Anne Shatkin, *Nanotechnology: Health and Environmental Risks*, New York: CRC Press, 2008.

11. Joachim Schummer, Davis Baird, *Nanotechnology Challenges: Implications for Philosophy, Ethics and Society*, New Jersey: World Scientific Publishing Co. Pte. Ltd, 2006.

12. Jürgen Altmann, Military *Nanotechnology: Potential applications and*

preventive arms control, Routledge, 2006.

13. Kenneth David, Paul B. Thompson. *What Can Nanotechnology Learn from Biotechnology?* Boston: Elsevier inc. 2008.

14. K. Eric Drexler, Chris Peterson, Gayle Pergamit. *Unbounding the Future: the Nanotechnology Revolution*, New york: William Mprrow and Company, Inc. , 1991.

15. Leonard Sweet, Bradford Strohm, Nanotechnology—Life – cycle Risk Management, Human and Ecological Risk Assessment, Jun 2006, Academic Research Library.

16. Louis Theodore, Robert G. Kunz, *Nanotechnology: Environmental Implications and Solutions*, New Jersey: John Wiley & Sons, 2005.

17. Maureen D. Avakian, The Origin, Fate, and Health Effects of Combution By – Prodcuts: A Research Framework, Enviromental Health Perspectives, Vol. 110, No. 11. (Nov. , 2002).

18. Mihail C. Roco, William Sims, Bainbridge, *Societal Implications of Nanoscience and Nanotechnology*, Dordrecht: Kluwer Academic Publishers, 2001.

19. Mike May. Nanotechnology: Thinking Small. Enviromental Health Perspectives, Vol. 107, No. 9. (Sep. , 1999).

20. Mitch Leslie. Gauging Nanotech Risks. Science; Sep 2, 2005, Academic Research Library.

21. N. Richard Werthamer, K. Eric Drexler, Susan G. Hadden, Jorge Chapa, Nanotechnology: The Past and the Future, Science, New Series, Vol. 255, No. 5042. (Jan. 17, 1992).

22. Phil Lopicolo, Weighing Nanotech's Risk and Rewards, Solid State Technology, Feb 2007, Academic Research Library.

23. Philip E. Ross, Tiny Toxins?, Technology Review, May/Jun 2006, Academic Research Library.

24. Robert F, Service, Nanoscientists Look to the Future, Science, New Series, Vol. 294, No. 5546. (Nov. 16, 2001).

25. Ron Hardman, A Toxicological Review of Quantum Dots: toxicity Depends on Physicochemical and Environmental Factors, Environmental Health Perspectives, Vol. 114, No. 2. (Feb. , 2006).

26. Rosalyn W. Berne, Nanotalk: *Conversations with scientists and Engineers About Ethics*, *Meaning*, *and Belief in the Development of Nanotechnology*, London: Lawrence Erlbaum Associates, Inc., 2006.

27. Stephen J Mraz, Nanowaste: The Next Big Threat?, Machine Design, Nov 17, 2005, Academic Research Library.

28. Stevev A. Edwards, *The Nanotech Pioneers*: *Where Are They Taking Us*?, WilLEY – VCH Verlag GmbH & Co. KgaA, 2006.

29. Thomas F. Budingger, Miriam D. budinger, *Ethics of Emerging Technologies*: *Scientific Facts and Moral Challenges*, New Jersey: John Wiley & Sons, 2006.

30. Toby Shelley, *Nanotechnology*: *New Promises*, *New Dangers*, Canada: Fernwood Publishing Ltd, 2006.

31. UNESCO, *the Ethics and Politics of Nanotechnology*, 2006.

32. Armin Grunwald:《伦理学对于纳米技术风险评估意义重大》, 祈心译、王国豫校,《中国社会科学报》2010 年 9 月 21 日第 2 版。

33. 安东尼·吉登斯:《现代性的后果》, 田禾译, 译林出版社 2000 年版。

34. 白春礼:《纳米科技现在与未来》, 四川教育出版社 2001 年版。

35. 白春礼:《纳米科技及其发展前景》,《科学通报》2001 年第 1 期。

36. 白春礼、赵宇亮:《关注"纳米安全"》,《科技潮》2005 年第 7 期。

37. 白茹、王雯、金星龙、宋文华:《纳米材料生物安全性研究进展》,《环境与健康杂志》2007 年第 1 期。

38. 彼得·辛格:《实践伦理学》, 刘莘译, 东方出版社 2005 年版。

39. 本刊编辑部:《世界纳米科技发展态势和特点》,《全球科技经济瞭望》2005 年第 9 期。

40. 曹南燕:《科学与伦理》,《科学对社会的影响》2000 年第 2 期。

41. 曹南燕、胡明艳:《纳米技术的 ELSI 研究》,《科学与社会》2011 年第 2 期。

42. 曹南燕:《中国纳米科技发展需要人文社会科学的加盟》,《中国社会科学报》2010 年第 8 期。

43. 曹荣湘：《解读数字鸿沟》，上海三联书店 2003 年版。

44. 曹新、赵振华：《纳米科技时代—奇迹、财富与未来》，经济科学出版社 2001 年版。

45. 陈爱华：《试论高技术的道德选择及其本质》，《道德与文明》2004 年第 6 期。

46. 陈爱华：《略论高技术的伦理价值》，《学海》2004 年第 5 期。

47. 陈爱华：《科技伦理的形上维度》，《哲学研究》2005 年第 11 期。

48. 陈爱华：《高技术的伦理风险及其应对》，《伦理学研究》2006 年第 4 期。

49. 陈国永、廖岩等：《纳米颗粒物生物安全性研究进展》，《国外医学卫生分册》2007 年第 4 期。

50. 陈佳、杨艳明：《技术会聚——技术哲学研究应关注的新对象》，《东北大学学报》（社会科学版）2013 年第 2 期。

51. 陈来成：《论纳米科技及其产业意义》，《高科技与产业化》2001 年第 3 期。

52. 陈乾旺：《纳米科技基础》，高等教育出版社 2008 年版。

53. 陈万求、黄一：《NBIC 会聚技术的"后人类"议题》，《湖南师范大学社会科学学报》2013 年第 4 期。

54. 陈万求、沈三博：《会聚技术的道德难题及其伦理对策》，《自然辩证法研究》2013 年第 8 期。

55. 陈万求、贺冰心：《会聚技术的发展及其伦理规约机制》，《伦理学研究》2013 年第 4 期。

56. 陈万求、易显飞：《会聚伦理：研究的现状、挑战与对策》，《内蒙古社会科学》（汉文版）2013 年第 3 期。

57. 陈勇、郭玉松：《科学与伦理：科技伦理责任功效探微》，《伦理学研究》2006 年第 5 期。

58. 陈勇、蔡继业：《纳米技术在克隆技术中的应用前景》，《微纳电子技术》2002 年第 5 期。

59. 川合知二：《图解纳米技术的应用》，陆求实译，文匯出版社 2004 年版。

60. 丁亚红：《纳米：革命与颠覆的时代》，昆仑出版社 2005 年版。

61. 董晓丽、徐爽、赵迎欢：《纳米技术的伦理深思——以纳米制药技术为例》,《佛山科学技术学院学报》(社会科学版) 2013 年第 2 期。

62．杜鹏、曹一雄:《公众在纳米技术创新中的角色与纳米技术传播》,《科普研究》2012 年第 5 期。

63．樊春良:《积极应对纳米技术社会和伦理问题》,《中国社会科学报》2010 年 9 月 21 日第 2 版。

64．费多益:《灰色忧伤—纳米技术的社会风险》,《哲学动态》2004 年第 1 期。

65．甘绍平:《应用伦理学前沿问题研究》,江西人民出版社 2002 年版。

66．甘绍平:《科技伦理:一个有争议的课题》,《哲学动态》2000 年第 10 期。

67．甘绍平:《基因工程伦理的核心问题》,《哲学动态》2001 年第 1 期。

68．龚威:《重视对纳米技术风险的研究》,《世界科学》2008 年第 3 期。

69．顾世民、刘伟等:《人工纳米材料对海洋生态系统的潜在生态风险》,《海洋信息》2013 年第 4 期,

70．汉斯·兰克、马赛厄斯·马林:《谁能在科技实践和发展中承担责任》,《西安交通大学学报》(社会科学版) 2005 年第 3 期。

71．韩跃红:《科学真的无禁区》,《科学对社会的影响》2005 年第 2 期。

72．何晓晓等:《纳米技术在干细胞研究中的应用》,《科学通报》2010 年第 8 期。

73．何桢、张凯、弗里德里希·斯坦霍斯勒:《纳米技术与社会安全风险分析》,《科技管理研究》2009 年第 11 期。

74．洪克强、曹欢荣:《现代高科技的价值体现及其伦理化趋向》,《科学技术与辩证法》2004 年第 8 期。

75．侯海燕、王国豫等:《国外纳米技术伦理与社会研究的兴起与发展》,《工程研究——跨学科视野中的工程》2011 年第 4 期。

76．黄军英:《发展纳米技术的潜在风险及对策》,《中国科技论坛》2006 年第 5 期。

77．汲志华等:《纳米技术产业化过程中的主体行为》,《中国工程科

学》2010 年第 3 期。

78．金吾伦：《科学研究与科技伦理》，《哲学动态》2000 年第 10 期。

79．蒋晓文：《纳米技术安全性研究的进展》，《西安工程科技学院学报》2006 年第 5 期。

80．金一和、孙鹏、张颖花：《纳米材料对人体的潜在性影响问题》，《自然杂志》2001 年第 5 期。

81．兰毅辉：《科技与伦理道德冲突的四种类型》，《北京理工大学生学报》（社会科学版）2006 年第 2 期。

82．联合国教育科学及文化组织：《纳米技术的伦理、法律和政治含义》，《中国医学伦理学》2008 年第 1 期。

83．李春秋：《当代生命科技的伦理审视》，江苏人民出版社 2002 年版。

84．李德胜等：《微纳米技术及其应用》，科学出版社 2005 年版。

85．李德顺：《沉思科技伦理的挑战》，《哲学动态》2000 年第 10 期。

86．李建会：《生命科学哲学》，北京师范大学出版社 2006 年版。

87．李建会、张江：《数字创世纪：人工生命的新科学》，科学出版社 2006 年版。

88．李建会：《走向计算主义：数字时代人工创造生命的哲学》，中国书籍出版社 2004 年版。

89．李建会：《与真理为友：现代科学的哲学追思》，上海科技教育出版社 2002 年版。

90．李建会主编：《与善同行——当代科技前沿的伦理问题与价值抉择》，中国社会科学出版社 2013 年版。

91．李建会、刘松涛：《在理想与现实之间：赖西科学价值中立论研究》，《自然辩证法研究》2008 年第 11 期。

92．李庆臻、苏富忠、安维复：《现代科技伦理学》，山东人民出版社 2003 年版。

93．李三虎：《纳米伦理：规范分析与范式转换》，《伦理学研究》2006 年第 6 期。

94．李三虎：《纳米技术的伦理意义考量》，《科学文化评论》2006 年第 2 期。

95．李三虎：《纳米现象学：细微空间建构的图像解释与意向伦理》，

《哲学研究》2009 年第 7 期。

96. 李三虎：《纳米的复杂性和不确定性及其意义认知》，《洛阳师范学院学报》2013 年第 7 期。

97. 李文潮：《技术伦理与形而上学——试论尤纳斯〈责任原理〉》，《自然辩证法研究》2003 年第 2 期。

98. 李醒民：《科学的精神与价值》，河北教育出版社 2001 年版。

99. 李亚青、贾昊、邢润川、张培富：《试论纳米技术》，《科学技术与辩证法》1998 年第 3 期。

100. 李正孝、龚岩：《纳米技术在环境保护方面的应用》，《节能与环保》2001 年第 7 期。

101. 林火旺：《伦理学入门》，上海古籍出版社 2005 年版。

102. 林坚、黄婷：《科学技术的价值负载与社会责任》，《中国人民大学学报》2006 年第 2 期。

103. 林捷：《欧盟 2005 —2009 年纳米科技行动计划》，《全球科技经济瞭望》2005 年第 9 期。

104. 刘大椿主编：《在真与善之间——科技时代的伦理问题与道德抉择》，中国社会科学出版社 2000 年版。

105. 刘大椿：《科学伦理：从规范研究到价值反思》，《南昌大学学报》（人社版）2001 年第 4 期。

106. 刘焕彬、陈小泉：《纳米科学与技术导论》，化学工业出版社 2006 年版。

107. 刘婧：《风险社会与责任伦理》，《道德与文明》2004 年第 6 期。

108. 刘锦淮、孟凡利：《纳米技术环境安全性的研究及纳米检测技术的发展》，《自然杂志》2008 第 3 期。

109. 刘丽珍：《纳米技术及其在燃气行业的应用前景》，《城市管理与科技》2002 年第 3 期。

110. 刘松涛、李建会：《断裂、不确定性与风险：试析科技风险及其伦理规避》，《自然辩证法研究》2008 年第 2 期。

111. 刘松涛、李建会：《普雷斯顿对纳米技术的环境伦理审视》，《科学技术哲学研究》2010 年第 4 期。

112. 刘松涛：《纳米技术的伦理挑战》，《理论与改革》2012 年第 1 期。

113．刘扬：《关于纳米技术的伦理思考》，大连理工大学 2006 年硕士学位论文。

114．刘芸：《国际数字鸿沟问题解决方案：基于经济学角度的研究》，经济管理出版社 2012 年版。

115．卢风：《应用伦理学导论》，当代中国出版社 2002 年版。

116．吕洞庭：《梦幻纳米》，中共中央党校出版社 2001 年版。

117．马文彬、孙向军：《科技与伦理的思考》，《道德与文明》2000 年第 2 期。

118．毛新志：《转基因食品的伦理审视》，湖北人民出版社 2005 年版。

119．马智：《科技伦理问题研究述评》，《教学与研究》2002 年第 7 期。

120．美国 NSF：《〈纳米科学和技术的社会影响〉之要点》，《新材料产业》2001 年第 5 期。

121．牛顿 – 史密斯主编：《科学哲学指南》，成素梅、殷杰译，上海科技教育出版社 2006 年版。

122．曲秋莲、张英鸽：《纳米技术和材料在医学上应用的现状与展望》，《东南大学学报》（医学版）2011 年第 1 期。

123．邱仁宗：《科学技术伦理学的若干概论问题》，《自然辩证法研究》1991 年第 7 期。

124．让·拉特利尔：《科学和技术对文化的挑战》，吕乃基、王卓君、林啸宇译，商务印书馆 1997 年版。

125．任红轩：《人工纳米材料安全性研究进展及存在问题》，《自然杂志》2007 年第 5 期。

126．任红轩：《纳米科技的伦理学观察》，《新材料世界》2013 年第 7 期。

127．任红轩等：《纳米科技产品及应用——纳米产业揭秘》，科学出版社 2010 年版。

128．任红轩、鄢国平：《纳米科技发展宏观战略》，化学工业出版社 2008 年版。

129．沈电洪、王孝平：《纳米技术的标准化进程和伦理问题》，《科学通报》2011 年第 2 期。

130．申建勇、傅静：《纳米技术的发展给竞技体育带来的伦理道德问题及对策研究》，《体育与科学》2001 年第 1 期。

131．沈铭贤：《科技与伦理：必要的张力》，《上海师范大学学报》（社会科学版）2001 年第 1 期。

132．沈铭贤：《科技伦理与两种文化》，《毛泽东邓小平理论研究》2005 年第 11 期。

133．史兆光：《科技未来的伦理关怀》，《自然辩证法研究》2003 年第 10 期。

134．斯皮内洛：《世纪道德：信息技术的伦理方面》，刘纲译，中央编译出版社 1999 年版。

135．舒尔曼：《科技文明与人类未来》，李小兵译，东方出版社 1995 年版。

136．汤宏波：《纳米材料在生态环境方面的应用及潜在危害》，《新材料产业》2008 年第 3 期。

137．陶明报：《科技伦理问题研究》，北京大学出版社 2005 年版。

138．田志环：《纳米材料的毒理学研究进展》，《现代预防医学》2008 年第 18 期。

139．托马斯·A. 香农：《生命伦理学导论》，肖巍译，黑龙江人民出版社 2004 年版。

140．王国豫：《纳米技术：从可能性到可行性》，《哲学研究》2011 年第 8 期。

141．王国豫：《纳米伦理：研究现状、问题与挑战》，《科学通报》2011 年第 2 期。

142．王国豫：《纳米技术的伦理挑战》，《中国社会科学报》2010 年 9 月 21 日第 1 版期。

143．王国豫、冯烨：《纳米技术的伦理维度》，《学习与探索》2012 年第 7 期。

144．王国豫、朱晓林：《纳米技术在食品中的应用、风险与风险防范》，《自然辩证法研究》2012 年第 7 期。

145．王健：《技术伦理规约的过程性》，《东北大学学报》（社会科学版）2003 年第 4 期。

146．王娜、程炳佳、金焰等：《人工纳米材料的生物效应及其对生态环境的影响》,《生态毒理学报》2007年第3期。

147．王前、朱勤、李艺芸:《纳米技术风险管理的哲学思考》,《科学通报》2011年第2期。

148．王前、朱勤:《实践有效性视角下的纳米伦理》,《中国社会科学报》2010年9月21日第1版。

149．王天成、王江雪、陈春英等:《大剂量纳米二氧化钛对小鼠血清生化指标的影响》,《工业卫生与职业病》2007年第3期。

150．王文科:《科技行为选择的前瞻性责任伦理》,《西南师范大学学报》(人文社会科学版),2006年第2期。

151．王翔、闫蕾等:《纳米材料潜在健康影响的研究进展》,《毒理学杂志》2005年第1期。

152．王玉平:《科学技术发展的伦理问题研究》,中国科学技术出版社2008年版。

153．汪冰、丰伟悦、赵宇亮等:《纳米材料生物效应及其毒理学研究进展》,《中国科学》(B辑、化学)2005年第1期。

154．乌尔里希·贝克:《风险社会》,何博文译,译林出版社2004年版。

155．乌尔里希·贝克:《世界风险社会》,吴英姿、孙淑敏译,南京大学出版社2004年版。

156．邬焜:《纳米技术的理性思考》,《江南大学学报》(人文社会科学版)2005年第4期。

157．吴忠民:《社会公正论》,山东人民出版社2004年版。

158．希拉里·普特南:《事实与价值二分法的崩溃》,应奇译,东方出版社2006年版。

159．肖峰:《略论科技元伦理学》,《科学技术与辩证法》2006年第5期。

160．肖峰:《从元伦理看科技的善恶》,《自然辩证法研究》2006第4期。

161．肖峰:《从元伦理看技术的责任与代价》,《哲学动态》2006年第9期。

162．谢尔格、(乌)S. 戈尔博:《微/纳米生物摩擦学》,李健、杨膺等译,机械工业出版社2004年版。

163．徐国财：《纳米科技导论》，高等教育出版社 2005 年版。

164．薛其坤：《小尺度带来的不确定性与伦理问题》，《中国社会科学报》2010 年 9 月 21 日第 2 版。

165．薛增泉：《纳米科技探索》，清华大学出版社 2002 年版。

166．杨通进：《转基因技术的伦理争论：困境与出路》，《中国人民大学学报》2006 年第 5 期。

167．应贤平：《纳米颗粒对大气环境和人类健康的影响》，《环境与职业医学》2006 年第 1 期。

168．尤瑞恩·范登·霍文、彼得·埃·弗马斯：《纳米技术与隐私：有关全景敞视监狱外的持续监视》，赵迎欢、高健、杨雪娇译，《武汉科技大学学报》（社会科学版）2012 年第 1 期。

169．余谋昌：《高科技挑战道德》，天津科学技术出版社 2001 年版。

170．约瑟夫·P. 德马科、理查德·M. 福克斯：《现代世界伦理学新趋势》，石毓彬、廖申白、程立显等译，中国青年出版社 1990 年版。

171．约翰·罗尔斯：《正义论》，何怀宏、何包钢、廖申白译，中国社会科学出版社 1988 年版。

172．张锋：《高科技风险与社会责任》，《自然辩证法研究》2006 年第 12 期。

173．张浩、黄新杰等：《纳米材料安全性的研究进展及其评价体系》，《过程工程学报》2013 年第 5 期。

174．张凯等：《纳米技术对社会安全影响的风险评估——基于军事国家和恐怖分子的使用》，《科技进步与对策》2009 年第 20 期。

175．张利平：《论风险社会中的科技风险》，《齐齐哈尔大学学报》（哲学社会科学版）2007 第 5 期。

176．张扬：《对现代科技的伦理预见和伦理评价》，《自然辩证法研究》2004 年第 2 期。

177．赵建军：《科技伦理——走向哲学探究的视野》，《华侨大学学报》（人文社科版）2001 年第 4 期。

178．赵培杰：《科技发展的伦理约束和科学家的道德责任》，《道德与文明》1999 年第 1 期。

179．赵迎欢：《高技术伦理学》，东北大学出版社 2005 年版。

180．赵迎欢、宋吉鑫、綦冠婷：《试论纳米技术共同体的伦理责任及使命》,《科技管理研究》2011 年第 1 期。

181．赵迎欢：《纳米药物的风险及控制》,《医学与哲学》（人文社会医学版）2010 年第 7 期。

182．赵宇亮：《纳米技术的发展需要哲学和伦理学》,《中国社会科学报》2010 年 9 月 21 日第 2 版。

183．周昌忠：《普罗米修斯还是浮士德—科技社会的伦理学》,湖北教育出版社 1999 年版。

184．朱葆伟：《科学技术伦理：公正与责任》,《哲学动态》2000 年第 10 期。

185．朱葆伟：《工程活动的伦理问题》,《哲学动态》2006 年第 9 期。

186．朱凤青、张凡：《纳米技术应用引发的伦理问题及其规约机制》,《学术交流》2008 年第 1 期。

187．朱敏：《纳米技术的潜在风险及其伦理应对》,《牡丹江教育学院学报》2008 年第 3 期。

188．诸颖、李文新：《碳纳米管的细胞毒性》,《中国科学》（B 辑、化学）2008 年第 8 期。

189．朱曾惠：《纳米技术对人体健康的影响》,《化工新型材料》2007 年第 2 期。

190．庄友刚：《风险社会中的科技伦理：问题与出路》,《自然辩证法研究》2005 年第 6 期。

后　记

　　本书是教育部人文社会科学研究规划项目——纳米技术的风险与伦理问题研究（10YJA720020）的最终研究成果。自2006年以来，在导师李建会教授指导下，我开始了纳米技术伦理问题的相关研究工作，并于2009年顺利完成博士论文。博士论文工作完成之后，在继续跟踪研究基础上，我联合成都理工大学周世祥、成都信息工程大学郑莉、周晶晶等诸位同行，于2010年成功申报了教育部人文社会科学研究规划项目。几年来，课题组成员分工合作，较好地完成了课题研究任务。

　　在课题申报和研究工作各环节，先后得到成都信息工程大学和西南民族大学的大力支持，并将本书出版纳入西南民族大学哲学博士点建设系列专著计划之中，在此表示真诚的谢意。同时，李建会教授、刘孝廷教授、董春雨教授、田松教授、吴彤教授、任定成教授、刘晓力教授等专家的建议和指导，为我深化纳米技术伦理问题研究奠定了良好基础，在此也对他们的帮助一并表示衷心的感谢。

　　令人高兴的是，纳米技术作为NBIC会聚技术的基础，其伦理问题越来越受到学术界的关注。国内学术同行在吸收国外研究成果基础上，也不断有新的学术成果涌现。本课题研究过程中，也大量借鉴吸收了他们的成果，对此也表示衷心感谢。

　　由于作者学力所限，书中错误和疏漏在所难免，敬请学术界专家和读者批评指正！

刘松涛

2014年2月11日于成都